大学功能与市场化

朱新涛　著

黄河水利出版社

图书在版编目(CIP)数据

大学功能与市场化/朱新涛著. —郑州:黄河水利出版社,2007.12
ISBN 978-7-80734-320-2

Ⅰ.大…　Ⅱ.朱…　Ⅲ.高等教学—研究　Ⅳ.G64

中国版本图书馆 CIP 数据核字(2007)第 182962 号

出 版 社:黄河水利出版社
地址:河南省郑州市金水路 11 号　　邮政编码:450003
发行单位:黄河水利出版社
发行部电话:0371-66026940　　传真:0371-66022620
E-mail:hhslcbs@126.com
承印单位:黄委会设计院印刷厂
开本:890 mm×1 240 mm　1/32
印张:8.5
字数:252 千字　　印数:1—3 000
版次:2007 年 12 月第 1 版　　印次:2007 年 12 月第 1 次印刷

书号:ISBN 978-7-80734-320-2/G·32　　定价:25.00 元

这种状况使任何一个现代高等教育的专业研究人员都会汗颜，但是怪罪他们无能却不公平。因为，在本文看来，现代高等教育属性复杂与现代高等教育理论贫乏之间反差的形成，是一个“历史之局”。这一“历史之局”决定了陷身于其中的任何一个高明的专业研究人员难以脱逃的窘迫的专业命运。

我们身处这个“历史之局”中，要想获得对于现代高等教育复杂属性的清晰认识，正像本书所作的尝试那样，注定是一个缓慢的、艰难的过程。但是，倘若要说明这一“历史之局”的来源，似乎却是可能的。在这里，作者从以下几个层面作一尝试。

其一，高等教育变动不居的历史属性。它的组织机构的诞生和发展，几乎和人类文明的历史一样古老。但是，从历史的角度看，它的活动内容和机构使命所呈现出来的属性，却不是恒久不变的（就某一历史时期看可能是这样，而恰恰是某种历史时期的恒定感，往往深重地影响了人们对于它变动不居的历史属性的认识）。在历史进程中，高等教育属性的嬗变，起因于高等教育机构作为一个社会子系统，它的内部机构组织不断增生并且功能分化和多样化。进一步说，高等教育系统（指存在于一个国家单位内的社会子系统）内部组织机构的不断增生并且功能分化和多样化，起因于社会影响因素的变化，这些影响因素，可以归结为政治的、经济的、文化价值观的和知识进步状况的。在不同历史时期，这些因素所施加于高等教育组织机构及其活动的影响力，不仅大小是变化的，而且有时方向是抵牾的。由此决定了高等教育属性的历史嬗变既具有继承性，又具有反叛性。

其二，现代高等教育属性历史嬗变的内在矛盾性。承上所述，社会政治、经济、文化价值观念和知识进步状况等因素所施加于高等教育的影响力，要求高等教育组织机构及其活动承载起相应的社会功能。但是，由于这些社会因素所施加于高等教育的影响力方向有时是抵牾的，因此高等教育组织机构，无论是作为一个社会子系统还是作为一个单个的组织机构，其社会功能也是内含矛盾和抵牾的。正如本

作者自序

20世纪七八十年代以来，市场经济制度作为一种基础性社会制度，在世界各国获得巨大拓展。与此同时，西方世界以英美国家为首，在包括公立大学在内的公共部门掀起了市场化改革运动，世界似乎进入了一个市场化时代。公立高等教育系统的市场化改革，在实践上逐步展开的同时，在理论上也备受关注和争议。在中国，20世纪90年代以来，高等教育迅速从精英化阶段迈入大众化发展阶段，传统的高等教育管理体制和大学组织经营模式正面临挑战。而在高等教育的外部宏观环境中，社会主义计划经济体制已经并正在深入地向市场经济体制转型。在社会学家看来，市场经济不仅作为一种制度，而且作为一种意识形态，对社会组织包括大学组织从其资源配置方式、价值取向和生存目标，以及其内部的角色、行为、动机等都产生了深刻的影响。

可以说，没有什么现代社会系统比高等教育这么性质驳杂，以至于在价值评判上矛盾冲突，难以辨识，难以取舍。所以，对于现代高等教育管理实践来说，高等教育系统变得如此难以操控。这种状况使得现代高等教育理论研究工作显得尤为窘迫。

体现在现代高等教育理论研究工作中的这种窘迫感，主要就是，仅仅从高等教育理论学科视角、理论范畴、研究方法已经远远不能获得对于现代高等教育的足够的认识。虽然，古今中外的思想家在关于高等教育的理论认识上不乏真知灼见。但是，这些真知灼见在帮助现代人把握复杂的现代高等教育现象、认知复杂的现代高等教育属性方面，只能显示为理论上的“只鳞片爪”，远远不能够对现代高等教育管理与决策真正有所助益。

书的探讨所表明的，现代高等教育的经济功能与其政治功能、文化功能之间就存在这种抵牾性。或许，它们之间并非一定会产生抵牾，但是，在市场经济制度背景中，在人文意义的现代变迁背景中，这种影响方向的抵牾性不仅客观存在，而且尤为激烈。在这种背景之中，现代高等教育机构及其活动注定是价值取向多元而矛盾。

其三，现代高等教育属性的内在矛盾性，来源于并反映了人类社会进步的现代性病态和矛盾。在人类信仰和文化价值观层面，自从19世纪科学研究和科技知识传播进入大学教育以来，“两种文化”（人文文化和科学文化）之争，就一刻也没有停止地影响着高等教育的价值观和知识选择。西方文艺复兴和启蒙运动以来所开启的“祛魅”运动，在科技文明的迅速进步中，在把传统信仰和传统文化推向更深刻的危机的同时，并直接引致了现代人文教育的危机。20世纪70年代以来，当市场经济制度在世界范围内获得拓展的时候，现代经济学、管理学的“经济人”、“理性人”的“人性恶”文化观，越来越深刻地与教育学等人文学科的“人性善”、“人性可塑”文化观产生冲突，并在市场经济社会的观念市场中驱逐后者。在高等教育实践层面，来源于外部社会的文化价值观矛盾，直接给高等教育组织机构的经营和运作带来困惑。面对现代人文教育的危机问题，面对现代高等教育的市场化和产业化问题，面对现代高等教育的国际化和本土化问题，仅仅从高等教育学科的理论视角、理论范畴和研究方法，已经远远不能够具备解读能力。

其四，现代高等教育研究迫不及待地需要多学科理论视角。我国高等教育学科理论的创始人、我的导师潘懋元先生，在谈到高等教育发展的外部规律时曾言：高等教育发展被一定社会的政治、经济、文化和科技状况所决定。无疑，这一表述是经典性的。但是，作者这里想要说明的是：在精英教育时代，在计划经济时代，在国家对于高等教育实行完全包办的情况下，我们对于高等教育外部规律问题的认识，达到以上的宏观层次可能已经足够。但是，高等教育的现代发展，无论在国际或国内，都已经越来越变异出既具有共同性又具有特殊性的新属性、新特质。如上所言，具有新属性、新特质的现代高等教育是内含着矛盾冲突的。这些内含于现代高等教育的矛盾冲突来源于并反映着人类社会进步的现代性矛盾。在现代高等教育实践决策需要面前，现代高等教育的理论研究在面对这些矛盾时不可能也不可以采取“俟河之清”的态度，坐等矛盾的消失或他人来帮助解决。它必须“走出去”——现代高等教育理论研究，客观地要求它的专业研究工作者必须涉猎和通晓现代多学科理论知识的发展概况，否则，他就无法深刻理解现代高等教育的内在矛盾，也就无法对于现代高等教育实践作出有理有据的判断或取舍。它必须“请进来”——现代人文社会科学的分裂割据状况，决定了任何一个学科关于现代高等教育的理论认识都只能是“一家之言”。现代高等教育的理论发展和实践决策，要求多学科理论视角的共同关注。可喜的是，这种多学科研究已经开始启动，例如美国的伯顿·克拉克和我国的潘懋元先生，都分别组织了多学科研究工作。这些研究是一个良好开端，但是这些研究只是初步的——他们分散、独立地进行，各言其是，互不冲突。在现代教育问题上，尚未体现出现代人文社会科学这一分裂的体系内部必然存在的理论前提和价值观冲突。如前所述，现代高等教育的内在矛盾及其来源，必然也会体现为多学科理论研究中的视角和观点冲突。

作者认为，这就是现代高等教育的复杂属性与现代高等教育理论贫乏之间反差的“历史之局”。

很明显，本书的研究内容正是陷入这种“历史之局”中，以作者的知识和能力去作这样的研究，几与“雕虫”和“屠龙”无异。但是，作者认为，作为一个高等教育理论研究工作者，面对高等教育的迫切现实问题，总是有一种职业责任感和理论冲动。“要有理论的勇气”，这也是潘懋元先生多年来对弟子一再强调的。

本书在博士论文的基础上形成，第六章的内容是毕业后增加的。

怀着对于高等教育研究“历史之局”这一窘迫情景中的理论冲动和理论能力的卑微意识，作者的写作实际上采取了第三者的立场，即以追溯高等教育和大学功能发展历史的线索、汇总多学科关于高等教育的思想和理论观点为前提的条件下，提出自己关于“大学功能与高等教育市场化（市场机制）”问题的思考。虽然作者明确意识到自身水平有限，但是，在“大学功能与高等教育市场化（市场机制）”这一具有强烈现实意义和理论意义的命题之下，尽自己之所能，把有关的历史状况作一粗浅的整理和叙述，把有关的思想理论资源作一个应有的串联，并尝试性地提出自己的观点和思考，也算是一个微薄贡献吧。由于本书的理论、观点和方法所引致的批评和指导，也是作者诚意接受的。

朱新涛

2007 年 4 月

目录

导言 …… (1)
一、问题、概念与方法 …… (1)
二、高等教育市场化(市场机制) …… (2)
三、市场化时代的大学危机 …… (14)
第一章 大学功能的历史发展 …… (22)
第一节 欧洲中世纪大学的产生和功能 …… (22)
一、中世纪大学产生的社会背景 …… (22)
二、中世纪大学的活动特征 …… (24)
三、中世纪大学的功能 …… (30)
第二节 近代欧洲大学功能的发展 …… (32)
一、近代欧洲民族国家的出现、民族主义的形成与大学政治功能的确立 …… (32)
二、文艺复兴运动与大学的育人功能 …… (35)
三、科学教育、科学研究、科技开发与大学的经济功能 …… (40)
第三节 现代社会大学功能嬗变和大学功能特征 …… (45)
一、现代社会大学发展的一般趋势和特征 …… (45)
二、现代社会的大学功能嬗变与特征 …… (49)
小结 …… (54)
第二章 大学功能与市场机制 …… (56)
第一节 当代市场经济理论向公共部门和高等教育领域的扩张 …… (56)
第二节 经济学视野中的大学功能与市场机制 …… (60)
一、亚当·斯密关于大学功能与高等教育市场机制 …… (61)
二、约翰·斯图加特·穆勒的大学功能观与高等教育市场机制 …… (63)
三、凡伯伦的大学功能观与高等教育市场机制 …… (67)

第三节　当代高等教育市场化改革的缘起和实践 …………… (71)
一、英国的高等教育市场化改革模式 ……………………… (72)
二、美国的高等教育市场化改革模式 ……………………… (74)
三、日本的高等教育市场化改革模式 ……………………… (78)
小结 …………………………………………………………… (80)
第三章　多学科视角的当代高等教育市场化理论及其大学功能观 …………………………………………… (81)
第一节　新自由主义经济学的高等教育市场化理论 ……… (81)
一、哈耶克的高等教育市场化理论 ………………………… (83)
二、弗里德曼的高等教育市场化理论 ……………………… (90)
三、哈耶克和弗里德曼的大学功能观评价 ……………… (94)
第二节　新公共管理的高等教育市场化理论 ……………… (95)
一、传统官僚制行政管理的特征及其缺陷 ……………… (96)
二、新公共管理的特征 ……………………………………… (98)
三、新公共管理理论的高等教育市场化观点 …………… (100)
四、新公共管理理论视角的大学功能 …………………… (104)
第三节　全球化理论与高等教育市场化 ………………… (105)
一、全球化理论基础 ………………………………………… (105)
二、全球化理论视角中的高等教育市场化观点 ………… (108)
三、全球化理论与大学功能 ………………………………… (109)
小结 …………………………………………………………… (110)
第四章　市场环境中的大学组织变迁和大学功能嬗变 ……… (112)
第一节　大学组织的历史发展和特征 …………………… (113)
一、大学组织的历史发展 ………………………………… (113)
二、大学组织的特征 ………………………………………… (117)
第二节　市场化改革与大学组织变革 …………………… (122)
一、丘伯和默对美国学校市场化改革的分析 …………… (123)
二、大学科层制组织模式与高等教育发展的协调与冲突 …………………………………………………… (126)
三、市场化改革与大学组织结构、组织行为的转变 ……… (129)

第三节　市场化改革中的大学功能嬗变 …………………… (132)
一、市场竞争意识与大学的经济功能和社会服务功能 …… (133)
二、"去政治化"、"去科层化"组织变革倾向与大学的政治功能 …………………………………………… (134)
三、学生选择权利与大学的文化功能和育人功能 ………… (135)
四、利己主义的市场理性与大学传统组织文化和大学批判功能 …………………………………………… (139)
小结 ……………………………………………………… (140)
第五章　需求与回应 ………………………………………… (142)
第一节　大学功能发展与需求主体形成 …………………… (143)
一、需求主体概念的界定 ………………………………… (143)
二、国家需求主体的形成与特征 ………………………… (143)
三、社会需求主体的形成和特征 ………………………… (147)
四、个人需求主体的出现和特征 ………………………… (150)
第二节　需求主体变化与高等教育市场机制 ……………… (153)
一、知识进化的逻辑对于高等教育市场机制的支持 ……… (153)
二、新自由主义的高等教育市场化改革主张与意识形态争端 …………………………………………… (156)
三、消解和定义高等教育市场化 ………………………… (159)
第三节　大学理念与高等教育市场机制 …………………… (163)
一、传统大学理念的发展和特征 ………………………… (163)
二、市场机制与大学理念的分化 ………………………… (169)
小结 ……………………………………………………… (172)
第六章　中国现代大学功能与高等教育市场化改革 ……… (174)
第一节　大学理念的历史缺失与新中国大学的同质化、齐整化 ………………………………………………… (175)
一、民国时期大学理念的幻灭 …………………………… (176)
二、新中国大学的同质化和齐整化 ……………………… (179)
第二节　新中国大学功能的演变与当代高等教育改革 …… (180)
一、毛泽东时代——大学政治功能的强化阶段

(1949～1978) …………………………………… (180)
二、邓小平时代——大学经济功能发展阶段
(1979～1991) …………………………………… (182)
三、后邓小平时代——大学经济功能分化发展阶段
(1992年至今) …………………………………… (184)
第三节　当代中国高等教育市场化改革问题与思考 ……… (187)
一、当前我国高等教育市场化改革的理论分歧和进展 …… (188)
二、我国高等教育市场化改革的实践困境和出路 ………… (191)
小结 …………………………………… (194)
第七章　市场化时代的大学危机 …………………… (196)
第一节　市场化时代的人文道德危机 …………………… (196)
一、"除魅"运动与资本主义社会信仰危机和道德
虚无的肇始 …………………………………… (197)
二、科技进步、工业文明与生命意义的消失 …………… (200)
三、"学科规训"与人文教育的功利化 ………………… (202)
四、亚当·斯密经济学学科规训与利己主义、他律主义
道德牢笼 …………………………………… (206)
第二节　市场化时代的高等教育危机 …………………… (222)
一、高等教育的功利主义目标及其危机 ………………… (223)
二、高等教育理想主义目标的危机——道德教育危机 …… (227)
第三节　现代大学的科学使命和文化使命危机 ………… (229)
一、古代社会生产方式、社会权力构成与现代大学起源 … (230)
二、中世纪大学的"反"现代化属性 ………………… (234)
三、现代大学起源诠释中的理性与情结 ……………… (237)
第四节　现代大学危机的后现代视角及批判 …………… (241)
一、现代性高等教育的形成与特征 ……………………… (242)
二、高等教育的后现代走向 …………………………… (248)
三、高等教育危机的后现代视角及后现代视角批判 ……… (249)
第五节　市场化时代大学危机的中国语境 ……………… (250)
参考文献 …………………………………… (253)

导　言

一、问题、概念与方法

把“大学功能与市场化”作为本书的题目，出于这样一种立意：既然大学被创造和存在在于它的价值和功能，那么，市场机制或我们所讳言的市场化，作为大学运作或经营的理念、手段或制度安排，与大学功能的表现和发展存在什么关系，是这一命题下所要追问的。这一立意也可以理解为，怎样从大学功能的表现和发展的角度去理解和评价当代高等教育改革中的市场机制或市场化；或者换句话说，怎样在从业已开始的高等教育市场化改革的世界潮流中去关注大学功能的表现和发展。所幸的是，颇具“宏大叙事”性质的这一立意并非本文独创，从亚当·斯密开始，经由穆勒、凡伯伦、韦伯等，直到今天的哈耶克和弗里德曼、华勒斯坦等，他们在探讨高等教育朝向市场道路的改革中，总也无法摆脱大学功能与市场机制或市场化之间关系的价值判断的纠缠。试图回避或不能令人信服地回答这一问题，将会为人所诟病，事实上也正是如此。

这一立意和问题的特点，在于对大学功能与市场机制的关系的阐释，是一个价值观层面的理论视角。有人赞成高等教育市场化或市场机制，有人则反对之。双方都有各自的理由。本文也以一种辨证思维的方法，从正反两个方面去论述高等教育市场化的利弊得失。本文的论述所依靠的方法主要是历史分析法、文献分析法和理论思辨法。

大学功能的内涵有哪些？从何种视角看待大学的功能？首先，这是一个需要根据大学的历史发展变化来回答的问题。大学发展的历史，是大学作为一个特殊的社会组织或机构，其自身行为的内容和形式、理念和目标不断在各种因素影响下，或者说在与社会互动关系的过程中不断变化的历史。在此过程中，大学功能的嬗变有着可以辨识的历史轨迹。其次，怎样看待和界说大学功能，是一个主观性问题，如果我们在充分延展开的历史变化图景中去观察和思考，如果我们不想只沉湎于我们熟悉的自身语言环境、不固执于我们的大学功能观仅指大学的社会功能的说法，那么，大学的功能也就是指大学的功用——在国家、社会和个人的不同视野中，对此会有着不同的观照和理解。

本文中的"大学"概念，是指包括所有高等教育机构的总称。而今天存在的让我们在概念使用中烦恼的无数"非大学高等教育机构"，在这里被看做是传统大学在如上所述的历史过程中，机构不断专业化和分化[1]的结果。尽管情况并非完全如此，例如不断成立的新大学或新的高等教育机构和传统大学并无直接联系，但如果把大学作为抽象的历史概念来看，可以做如斯观。

二、高等教育市场化(市场机制)

高等教育市场化改革从20世纪80、90年代的英美两国开始，到今天已经成为世界潮流。然而，世界各国、各国内部对此改革的反应不同，褒贬不一，甚至激烈争论。实践中的做法也各异其趣甚至大相径庭。如何来看待和解释这种现象呢？

围绕这些问题，本书在前半部分主要沿着两条线索展开，即大学功能嬗变的历史线索和高等教育市场化的理论线索，后半部分则以史论结合的方式展开自己的分析和认识。

大学功能嬗变的历史线索追溯，以中世纪大学为起点，以欧美有代表性的国家为主要对象，力求以客观的立场，对大学功能的历史嬗变作出表征性描述，为今后的分析和讨论提供基础或为思维和分析提供支点。

理论线索的建构，则主要选取那些历史上有代表性的经济学家关于高等教育与市场机制关系的理论观点，通过回溯和构建这些理论的

---

[1]"专业化是指建立特定教育机构使之服务于特殊功能"。"分化指的是教育从社会的各个部门赢得自主的过程。"见：安迪·格林《教育与国家形成》，教育科学出版社2004年版，第82页。

历史脉络和关联,作为比较和评点现代高等教育市场化理论得失的依据之一。

在此基础上,本书的后半部分,以史论结合的分析方法,寻求影响大学功能历史嬗变的社会力量。提出:国家、社会和受教育者个人高等教育需求的主体地位演变,是与大学功能嬗变互为成因的影响力量。国家、社会和受教育者个人高等教育需求的本质,是基于各自的利益不同、需求指向性不同的“自我本位”高等教育需求。他们各自对于大学组织建构和大学行为的影响力是一个历史变化的过程,他们主体地位的获得是一个随着大学功能的历史嬗变而渐次出现和形成的历史过程。分析国家、社会和受教育者个人高等教育需求主体地位的历史变化与大学功能嬗变之间的应然关系,是本文阐释当代高等教育市场化改革或市场机制改革的必要性与合理性的依据。同时,从此出发,也是评价现代西方多学科、多学派的高等教育市场化理论合理性及其实践中利弊得失可能性的依据;评点高等教育历史发展中集权式(限制型)和分权式(替代性)国家模式利弊得失的依据;探讨当代我国高等教育市场化改革问题的理论依据。也是本文阐释和定义市场化概念的理论依据。这是本文所追求的理论或观点创新之处。

(一)历史的线索

中世纪大学是现代大学的原生形态,也是一个在特殊社会条件下存在的特殊形态:“学者行会”、“学生行会”和“教师行会”的组织和管理形式,没有集中统一的外部控制力量和强力意志干预,开放入学的态度,“国际化”特点的学生成分,低成本的轻便运作和依靠学费维持教师生计的经济生活特点等,决定了中世纪大学自由自治的可能性。同时,在知识发展的历史性阶段特征上,形而上学知识型占据中世纪社会知识生活的主导地位,决定了中世纪大学的功能特征是知识传播和文化维持。这一时期的大学组织方式和行为特征,在自由自治方面,为以后民族国家大学的建立和发展提供了最为原始的历史经验和宝贵理念。从中世纪后期,到进入民族国家形成与发展的历史,大学一步步地改变了与外部社会的关系,改变了自身的结构、功能和行为方式。探讨中世纪大学的发展和功能状况,旨在寻找中世纪大学与当时外部环境的关系和自身组织结构与组织活动特征对于其功能表现的影响；以及它作为现代大学的“原生细胞”，对于进入民族国家历史以来的大学发展的影响。其中，中世纪市民社会和受教育者创建大学的权力、受教育者管理大学的权力和学生的学习选择权力，在本书受到关注。因为，这些方面，对于后来的人们考察民族国家的大学功能与发展、大学与社会的关系等问题，具有“原型启发”作用。

大量的文献资料直接或间接地支持了本书关于中世纪大学功能的讨论和描述，各种版本的外国教育史都随时成为本书寻找哪怕最细微疑惑问题答案的参考资料。尤其要说明的是，黄福涛等人所编著的《外国高等教育史》，贺国庆、王保星、朱文富等人所编著的《外国高等教育史》，为本书把握中世纪大学和以后的大学发展历史脉络提供了较为翔实的文献依据。法国社会学家爱弥尔·涂尔干❶的《教育思想的演进》为本书探讨大学功能的本质、大学功能与社会需求的关系等，提供了理论视角和思想启迪。例如，他关于“功能会创造器官”的说法；他关于大学起源的阐释：“这是因为，大学不仅仅是一所教授一定数量学科的学校，而且是最如实、最具代表性地反映这个时期的机构，甚至可以说强于教会和封建制度。欧洲民众的精神生活所配备的器官，从来没有这样的精确，从来没有获得过这样普遍的认可，一句话，从来没有这样良好地适合于它的功能。”❷又如他对巴黎大学的历史变化和社会需求关系的理解：“要知道，在他诞生时，只是一个松散的同盟，没有任何官方的性质，没有任何具有约束力的章程，没有一块限定的安定处所；曾经一度，它只是一些学院的集合。而就在这样的时代，这样

---

❶爱弥尔·涂尔干(Emile Durkheim 1858～1917)，法国社会学家和教育家，19世纪法国结构功能主义教育思想的创始人。他强调教育的社会功能，认为教育首先是满足社会的需求，教育的目的是使青年一代社会化。他对于教育的社会功能的解释是：社会类似于生物有机体，各个组成部分相互独立又依赖地为社会运转发挥功能；教育是社会结构中的一个重要部分，其功能是传授观念和知识，维持社会稳定。他强调国家干预教育，但反对国家垄断教育，并认为教育的“多样化”、“专门化”是合理的，教育变迁是社会变迁的反映。

❷[法]爱弥尔·涂尔干著，李康译：《教育思想的演进》，上海人民出版社2003年版，第107页。

的时刻，发生的变化又是多么剧烈！尽管如此，这些变化的发生却没有造成什么剧烈的停顿，基础的动摇，或是革命性的巨变，而只是日积月累的缓慢过程的结果。这种过程在多大程度上能够对新的需求作出回应，完全取决于这些需求在多大程度上得以展现出来。”❶本书关于高等教育需求主体概念的提出和问题论述，也部分地得益于他的思想观点的启示。法国史学家雅克·勒戈夫（Jacques Le Goff 1924～）所著《中世纪的知识分子》，为本文较为深入地认识和把握中世纪文化与知识分子对于大学的影响提供了难得的可贵帮助，虽然这本著作在本书中很少直接引用。

欧洲文艺复兴运动解构了基督教神学信仰，树立了以人为本的绅士教育目标，使得大学的育人功能得以确立；宗教改革运动，瓦解了基督教的大一统统治，形成了宗教信仰和文化的多元格局。应该说，这一切都为大学的自由、自治和繁荣创造了无限可能。然而，随着世俗王权的集中，随着欧洲民族国家、民族主义的出现和形成，中世纪大学一步步落入外部权力的控制和干预之中，失去了自由、自治和国际化的原生形态，逐渐成为服务国家的工具。民族国家新建立的大学更是一开始就是国家意志的产物。初创时期的民族国家，为了维护共同体的利益和稳定，把教育当做形成公民政治认同感和文化认同感的重要途径和手段。伴随着整个国家的政治社会化进程，大学变成了为国家意识形态服务的工具。法国、普鲁士王国和19世纪以后的德国，在这一方面表现突出，形成了统一的国家控制和干预的国民教育体系。安迪·格林在《教育与国家形成》一书中关于教育与国家形成的关系的分析，在这里得到了实证性支持：即教育被看做是国家的功能，学校是灌输国家意识形态的工具。而且还不仅如此，大学在国家功利主义控制和干预下，还积极地把科学技术教育、科学技术研究引入大学，促进了近代大学的专业化发展和机构分化。综合理工学院、工科大学、专门学院等，作为明显不同于中世纪大学的新型高等教育机构越来越多地出现了。国家创建的这些新型高等教育机构和被国家改造过的传统大学，为国

❶［法］爱弥尔·涂尔干著，李康译：《教育思想的演进》，第226页。

家培养了政治官吏和技术精英。在国家集权式管理之下，近代欧洲的大学为新兴资产阶级的军事竞争、工业竞争、经济竞争和对外战争与扩张极富效率地发挥了应有功能和作用。而英国作为一个地理位置封闭的岛国，缺乏威胁和竞争的外部国际环境、自由放任的文化传统和新兴资产阶级政治经济权力的弱小，使得它在这一时期没有建立起集中统一的国家教育体系，而是采取政府不干预政策。一种分权制的“捐助教育”发展模式，使得大学的发展落入教会和贵族阶层控制之中，沉湎于自由教育和绅士教育的理念，实际上走向学术衰退、思想保守和道德堕落。著名的牛津和剑桥，一时成为教会学府和贵族阶级的绅士教育场所。虽然如休·尼克所说，“1530 至 1570 年期间的某段时间里，绅士阶级子弟开始大量进入牛津、剑桥。大学不再仅仅是教会的教育机关，他们开始至少是部分地适应世俗统治阶级对教育的需要”❶，但是，直到 19 世纪中叶以前，英国大学在为国家的科学技术发展、工业发展和国际竞争方面，都没有发挥出令人满意的功能和作用。亚当·斯密(Adam Smith 1723 ~ 1790)❷当时所设想和主张的学生选择的教育，在“自由放任”的环境中变成了阶级选择的教育，这是后来人们指责分权制国家教育体制不合时宜之处的一段历史证明。当然，人们也同样指责集权制教育体制的弊端，例如希特勒时期的纳粹教育，曾经为世界带来灾难。

在以上分析和描述大学政治功能的形成与近代民族国家、民族主义形成的关系时，《世界民族主义论》(王联)、《教育与国家形成——英、法、美教育体系起源之比较》(安迪·格林)、《外国高等教育史》(黄福涛)等文献著作和一些有关文章为本书提供了主要帮助。

科学技术教育和科学研究引入近现代大学，是大学经济功能发轫的原始动力。科学技术和科学研究的经济功用深刻地改变了社会经济

❶[美]伯顿·克拉克主编，王承绪、徐辉等译，《高等教育新论》，浙江教育出版社 2003 年版，第 33 页。

❷18 世纪英国著名经济学家，西方经济学之父，《国富论》是其代表作，也是西方经济学经典著作。

结构和民众经济生活，从而也改变了社会组织和社会民众的高等教育需求，使得高等教育大众化、普及化发展成为可能和现实。与此同时，大学也不断地嬗变着自身结构、属性和功能。在精英教育时代，大学从事科学技术教育和科学研究工作，主要服从于国家需求——专家型人才需求和科学技术需求。在大众化和普及化时代，大学在继续服务于国家需求的同时，越来越多地服务于社会生产组织（部门）、服务组织（部门）和受教育者个人的需求。尤其在市场经济环境中，社会和个人作为私益领域，越来越直接地与大学发生经济联系并从中受益。美国政府在19世纪最早顺应了大学功能发展的这种趋势，积极推动了大学新功能的形成和发展，使得19世纪以来，美国大学在服务工农业发展、服务社区需求、服务个人选择方面成为成功的世界典范。大学的经济功能，从精英时代服务于国家的经济、技术发展需求，到大众化、普及化时代拓展为服务于企业界追逐利润的需求、服务于受教育者职业需求和提高个人收入的需求，大学的经济功能分化了，大学与社会、与个人之间的关系，尤其是经济关系也改变了，大学可以因此而营利，具有营利功能。

高等教育规模扩张的一个危机性结果是政府财政负担加重，吸收民间资金投入高等教育领域是一个明智选择。那些拥有庞大公立高等教育系统的国家，那些在高等教育领域实行福利政策的发达国家，在经济发展遇到波折或困难时，都会面临高等教育财政的窘迫状况。英美两国的当代高等教育市场化改革，就是在这种情况下启动的。然而，其新自由主义的理论背景存在已久——哈耶克和弗里德曼早在20世纪50年代就提出了高等教育市场化改革主张。可见，西方高等教育市场化理论起源，原本不是因为要解决政府财政困难。

关于大学功能发展状况的历史分析和描述，是本书探讨当代高等教育市场化改革利弊得失的基础。

（二）理论的线索

英国18世纪古典自由主义经济学家亚当·斯密，在其《国富论》一书“关于青年教育机构的支出”等章节，最早探讨了利用市场手段调节大学行为的问题。他认为，利他主义动机只存在于少数伟大人物身上，对于大多数人来说，自利的本性使得竞争成为促使他们努力工作的有效手段。因此，他认为，利用学生选择学校、选择教师、选择课程并支付学费的手段，来促使教师为收入和名誉而竞争，是矫正当时英国大学弊端的出路。然而，他的主张遭到了19世纪另一位古典自由主义经济学家约翰·斯图加特·穆勒的反对。在《政治经济学原理——及其在社会哲学上的若干应用》一书中，穆勒虽然也和亚当·斯密一样反对教师取得收入的固定工资办法，但他认为，做到这一点不一定非要采用亚当·斯密所主张的市场原理和手段。他反对的理由主要基于两点：其一，大学的社会功能是通过造就"伟大的头脑"（Great mind）来保持哲学的鲜活。他认为，大学功能在这一层面的意义和价值，依靠学生选择是不能实现的，因为学生无法胜任这种价值判断。而把"生活的一般事务"的知识传授给那些"普通的头脑"（Common Mind）的事情，是可以放心地交给那种按照个人利益去追求、按照市场原则来供给的方式。其二，他对利用市场道路支付教师工资的制度合理性表示怀疑。他认为，这样一来，"教师和其他文化工作者只是为生计而工作，这是否应该是或可能是一个永恒的事情，是值得思想家们考虑的"。穆勒的教育思想与其经济思想是一致的，虽然他主张经济上的自由放任，但是，他在政府干预与市场选择之间，认为有些事情是不能完全交给个人去做的，政府应该设立自己的机构来做，比如举办大学。在对大学功能和价值的看法上，他把职业教育（或科学教育）与古典教育（或自由教育）分开的观点显然是有道理的。他的这一分析方法或思路，为以后的很多经济学家（包括本书涉及到的凡伯伦、弗里德曼、哈耶克）谈论大学或高等教育问题时所继承，尽管他们所得的见解不同。

和亚当·斯密批评他所处时代的英国大学失败一样，美国经济学家凡伯伦，在《美国高等教育——商人管理大学备忘录》一书中，批评20世纪早期的美国大学没有发挥出"真正的大学"应有的功能。他认为，真正的大学，其功能在于探究高深知识和训练学生适合学术生活。

他从知识进化的社会心理本能角度，分析了现代高深知识的"面向事务性"特质，并认为：现代社会尊重"面向事务性"高深知识，就像古代社会尊重神学信仰知识一样虔诚。从而，在某种程度上避免了把信仰性知识与科学技术知识割裂开来的看法和由此而造成的矛盾纠缠。凡伯伦从大学的"进化性机构发展"的角度、从大学行为的经济学分析的角度，力求客观地分析和阐释造成美国大学变化的多方面因素。他承认美国大学的市场化、商业化或企业化运作是大学"进化性机构发展"的结果，而不是简单、盲目地否定它。凡伯伦提出了"真正的大学"这一概念，确认探究高深知识的社会意义和价值，并认为探究高深知识的功能已经不适宜于由市场竞争中的大学来承担，必须寻求另外的途径来承载这一活动及功能。提出了用类似"隔离"的办法将高深学问研究从被"污染"的美国大学中拯救出来。

在大学功能与市场机制的关系问题上，凡伯伦的分析比他以前的任何人都具有说服力，以至于后来的美国人觉得：拿凡伯伦关于20世纪早期美国大学的分析来看第二次世界大战以后的美国大学，尤其是巨型大学，还是那么新颖贴切。可以说，他对美国大学的商业化或市场化运作倾向是持部分反对态度的，因为他关注"真正的大学"的功能。

亚当·斯密《国富论》的有关章节、约翰·斯图加特·穆勒的《政治经济学原理——及其在社会哲学上的若干应用》的有关内容以及巴蒂·瑞恩斯(J. Patrick Raines)和卡尔斯·里舍斯(Charles G. Leathers)合著的《高等教育的经济机构——大学行为的经济学理论》(The Economic Institution of Higher Education_Economic Theories of University Behavior)是本书建立以上描述和分析的主要参考文献。

20世纪30年代资本主义国家的经济危机，使得资本主义社会深入人心的自由市场经济观念发生动摇。强调政府干预经济的凯恩斯宏观经济学理论主张，一度被资本主义国家政府接受。80年代的经济"滞胀"，又使得西方经济学家对于国家干预经济的发展模式发生信念危机，自由市场经济理论在实践中的地位止跌上扬，新自由主义理论崛起。

美国新自由主义经济学家哈耶克和弗里德曼，在主张高等教育市场化改革方面的理论观点，对于当今世界影响巨大。弗里德曼主张"学券制"改革，哈耶克更倾向于大规模地私营化。相比之下，哈耶克比弗里德曼在理论上也走得更远。

哈耶克从多学科的角度论证了他的关于高等教育市场化或私营化改革主张的合理性。他不仅论述了在高等教育领域实现经济自由的必要性,还论述了教育自由(追求教育过程中受教育者个人思想自由和选择自由)的合理性和迫切性。在经济自由方面,他主张取消考试制度,依靠社会经济力量来决定大学的举办权和入学机会;在思想自由方面,他质疑国家为利用学校教育来灌输和形成统一的文化价值观从而干预课程设置的必要性和合理性。他继承了古典自由主义先驱亚当·斯密的思想传统,并在论述高等教育市场化改革的理论视野开阔性方面,弥补了亚当·斯密的不足。但他在关于教育领域的个人思想自由方面,显然继承了詹姆斯·穆勒的哲学、社会学思想中反对专制的传统。哈耶克对于现行高等教育体制和价值观的变革主张,是明显具有立场性和颠覆性的。所以,在关于教育的"公平"、"正义"等层面引起意识形态的争端也不足为奇。尽管如此,哈耶克的理论是"自圆其说"的,其中的某些见解是发人深省的。未来人们在多大程度上能够接受他的理论学说,或者说,如果按照"理论市场"或"观念市场"的自由竞争逻辑,在未来的社会发展中,他的理论面临如何被选择和对待的命运,还是一个未知数。

哈耶克的《自由宪章》、《通往奴役之路》、《法律、立法与自由》和格尔哈德·帕普克等人的论文集《知识、自由与秩序》是本书了解和分析哈耶克思想的重要参考文献;弗里德曼的《资本主义与自由》一书中"政府在教育中的作用"一章,是了解他本人的高等教育市场化思想观点的主要参考资料。

新公共管理理论(管理主义、经济理性主义)和经济全球化理论也是现代高等教育市场化改革理论基础的一部分。但是,本书认为,二者从问题(和其他公共部门一样,公立高等教育系统的责任意识薄弱、预算最大化、激励机制不健全、腐败浪费、效率低下等)和利益(经济全球化过程中,世界贸易组织把高等教育当做服务产品纳入国际贸易活动、把教育引向产业化运作,目的在于经济利益)出发,在理论构建上有"头疼医头"和"见利忘义"之嫌。虽然在实践中具有积极意义,但在关于高等教育市场化的理论说服力上,与新自由主义关于高等教育市场化的理论相比,远远不及哈耶克和弗里德曼思想“深邃”、论证“周全”。

关于新公共管理和经济全球化理论的总结和评价,主要参考资料有:欧文·休斯的《公共管理导论》,托尼·布什的《当代西方教育管理模式》,戴晓霞、莫家豪、谢安邦等人编著的《高等教育市场化》,梁展编著的《全球化话语》等书籍和有关文章。

这就是本书所勾勒的理论线索。

(三)理论分析和创新

当代英美两国的高等教育市场化改革在理论和实践上已经营造了大学经营运作的内外部市场环境。大学的组织目标、任务、组织结构、组织行为、组织理念和组织角色都受此影响,大学作为一个组织机构经历着从非市场环境到市场环境的组织变迁。这种变迁究竟给大学功能的变化带来什么影响,本书借助于组织理论学家科恩(Cohen)和马奇(J. G. March)的松散结合系统理论、社会系统理论和科层制理论对于传统大学组织特性的分析;借助于当代美国斯坦福大学胡佛政治学院高级访问学者约翰·E·丘伯(John E. Chubb)和政治学教授泰力·M·默(Terry M. Moe)在《政治、市场和学校》一书中、美国学者罗伯特·G·欧文在《教育组织行为学》一书中、英国伦敦大学教授斯蒂芬·J·鲍尔在《教育改革——批判和后结构主义的视角》一书中对大学在市场化环境中的组织变迁的分析,建立了关于大学在市场环境和市场理念影响下的组织变迁和功能嬗变的分析。其结果是:在这一过程中,大学的经济功能、服务社会和个人的私益功能得到加强,而政治功能、文化功能和育人功能受到削弱。

怎样看待大学功能嬗变,怎样看待市场机制对于大学功能嬗变的关系,本书第五章以“需求与回应”为题,集中进行了分析,提出了自己的观点。

本书认为,大学的存在和发展的生命力在于它能够满足外部社会的需求,或者说,在于它具有满足外部社会需求的功能或功用。但是,在不同的历史时期,大学所主要满足的外部社会需求对象(国家、社会和受教育者个人)是不同的。而其所要满足的对象,只有在对于大学行为具备足够的独立影响力时,才能使得大学服务的内容和方式受到他的影响和左右，才能够获得其"自我本位"的需求主体地位。

因此，"需求主体"是建立本章理论分析的核心概念。需求主体指能够对于大学行为产生独立影响力，并能因此而改变大学的行为、使之为"自我本位"的教育需求服务的国家、社会和受教育者个人。

从充分延展开来的大学历史发展图景来看，中世纪早期的世俗性大学，如涂尔干所言，产生于民众社会的教育需求。城邦社会、追求知识的学者及其青年追随者——学生，共同为大学的出现组成了"需求与回应"的关系——或者说，提供了必要条件。只要没有外来干预，或者说只要外来干预限制在他们可以忍受的程度之下，大学的产生就具备了充分必要条件。事实上，中世纪大学就这样出现了：既是当时社会职业训练的场所，也是民众社会精神生活需求的"适配器官"。在这样一种状态下产生的大学，其追求自由自治的理念，一方面可以看做是学术生活的特质所必需；在另一方面，也可以看做是只有在自由和自治的状态下，大学才能积极而灵活地满足学生的教育需求和城邦社会的需求，并保持自身生命的鲜活。在那个时代，城邦社会、学生、教会和封建王国共同拥有大学的组建权力（建构权）和反映自我教育需求的权力（话语权）。大学在各种力量的制衡下存在。也正因为多种需求主体的力量制衡作用，避免了大学教育的"建构权"和"话语权"垄断。

民族国家、民族主义的出现和形成，为国家垄断大学提供了强大的政治、经济和文化力量，以及充分的理由和可能性。事实上正是如此，采取高等教育集权制管理的国家做到了。此时的社会和个人，丧失了中世纪那样的大学教育"建构权"和"话语权"，他们的主体地位被国家这一唯一需求主体遮蔽了。

在精英教育时代，集权制国家作为教育需求的唯一主体，对于社会和个人高等教育需求主体地位的遮蔽被认为是合理的、可行的。因为公民相信国家是社会正义的维护者，是自身利益的代表和保护者。国家通过教育灌输政治认同感和文化认同感、培养民族主义情感等，以维持民族共同体的团结和稳定，教育被认为是国家的功能和义务。受教育者通过大学生活获得地位升迁，使得他们乐意接受国家在教育过程中的各种限制性制度安排和要求。因此，精英教育阶段，大学功能的突出表现是在政治和文化方面。

科学技术知识的生产、传播和应用进入大学殿堂，是促使大学经济功能变化的内生变量。这种新功能，由于为自己创造了新的需求主体（或服务对象），而得以确立并不断发展。大学功能与外部需求之间是一种"刺激—反应"的互动关系。在这样一个互动关系的历史发展过程中，市场经济环境中的社会组织和受教育者个人，因为大学的经济功能向社会和个人私益领域的拓展，重新获得了教育需求的主体地位。这种拓展表现为：大学可以从人才培养和技术支持方面，帮助产业界创造或增加利润；可以帮助个人获得知识和技能以提高职业收入或创业。由于大学与国家、社会和个人的经济关系发生了巨大变化，为大学从传统的非营利部门走向营利部门创造了条件。

市场经济环境中国家、社会和个人三方高等教育需求主体的同时共在，使得政府在维护和保持大学服务国家的功能基础上，放松对大学的管制；适当采取经济手段使大学之间开展竞争，促使大学积极主动地回应社会需求和个人需求，以便最大限度地发挥现代大学的功用和价值这样一个市场机制的建立成为必要。这就是本书对于大学功能与市场机制关系的解读。概括起来说，解读大学功能与市场机制的关系，也就是寻求"需求与回应"之间的应然关系。运用市场机制来建立"需求与回应"之间的应然关系，是在教育需求主体演变和大学功能嬗变的之间建立合理的"耦合关系"的历史必然，是当代高等教育需求主体多元化与大学功能分化相互影响和制约的制度诉求。

安迪·格林的《教育与国家形成——英、法、美教育体系起源之比较》主要关注和探讨的是国民教育系统与国家形成的关系，对于本书探讨大学功能与国家需求主体之间的关系虽然没有太多的实证价值，但却具有启发作用。时中英博士在《知识转型与教育改革》一书中的"知识型"概念，被本书引用来说明知识转型对于高等教育需求国家主体、社会主体和个人主体的出现和形成的影响。《后工业社会中的阶级》（[美]埃里克·奥林·赖特）一书中的"自我雇佣"概念及分析，对于本书分析说明当代高等教育需求个人主体的出现起到了帮助。

在本书第六章——"中国现代大学功能与高等教育市场化改革"，

从理论层面探讨了当代中国高等教育改革市场化中的问题。

“后发外生型”的中国现代大学,出现于“救亡图存”那样一个特殊的历史时期和政治文化环境,决定了中国现代大学产生与国家政治和社会运动的紧密联系。“自由自治”的西方大学历史和理念,是中国现代大学的先天缺失。毛泽东时代的大学功能主要表现为政治功能和文化功能,邓小平时代的大学功能转向经济方面。计划经济体制向市场经济体制转轨、高等教育入学规模的快速扩张并接近大众化发展阶段、私有经济部门的发展,使得后邓小平时代的大学经济功能分化和需求主体多元化。引入高等教育市场机制,促进大学理念个性化发展,促进大学办学特色的形成,促进大学在竞争中富有效率地回应国家、社会和个人的高等教育需求或大学功能需求,成为当代中国高等教育改革与发展的时代要求。

本书认为,中国高等教育市场机制改革,可以看做是在中国社会经济体制转轨和高等教育大众化发展过程中,政府利用市场经济手段和市场原理来解决社会资源在高等教育领域配置问题、解决旺盛的高等教育需求与高等教育供给不足问题的过程;是一个转型国家的高等教育体制改革与经济体制改革相协调与适应的过程。改革的现实缺陷是尚未形成竞争机制,而形成竞争机制还需要调整观念,克服阻力。

三、市场化时代的大学危机

如果说本书前六章论述了高等教育市场化(市场机制)的必要性和合理性的话,那么,第七章的内容和宗旨则是从相反的方面、从更广阔的现实和理论背景,从着眼于高等教育发展的未来走向视角来检讨现代高等教育的现代性弊端,以及如果高等教育市场化(市场机制)手段运用不当,则极有可能对于高等教育现代性弊端的呈现和发展起到推波助澜的作用。

社会制度变迁和意识形态的变化,从来都是改变并重新形塑高等教育制度、大学组织及其运作方式的不可抗拒的力量。在世界历史的现代化进程之中,社会制度和意识形态发生了巨大变化,与此同时,还有那些高等教育自身的客观变化,例如学科知识自身的变化、大学自身规模和高等教育总规模的变化等，促使高等教育形成了现代性特征与弊端。高等教育现代性弊端最为深刻之处，就是现代大学在人文意义变迁的现代困境中，已经越来越失去了在价值和意义世界、在传统与现代之间的文化辨识、传承和创造功能。因为市场制度作为一种追求效率、利润和金钱的建制力量，正在社会制度安排中起着超越经济学意义范畴的"市场规训"作用等。这种"市场规训"作用，正在改变着人文世界的传统价值观念和道德意义，正在改变着人文学科以及人文教育的传统价值及其在高等教育中的地位和命运，同时，也促成了现代人文知识分子的功利主义生存态度、职业动机和人生观。社会制度变迁和人文意义世界的变迁，促成了现代大学及其知识分子的功利主义，而现代大学及其知识分子的功利主义，更进一步促成了大学文化使命的缺失和非功利性科学研究功能的式微。

（一）意义世界的变迁

科学知识积累、科学技术进步，深刻地改变了人们的世界观、人生观和社会进步价值观。西方文艺复兴和启蒙运动以来，追求思想和个性解放的西欧人从科学这一认识世界和事物的新知识、新方法身上得到了极大的精神鼓舞。他们把科学称为"打开上帝智慧宝库的钥匙"，认为"科学通向上帝"、"科学通向幸福"。17 世纪一位英国诗人蒲柏这样歌颂牛顿："大自然和大自然的法则躲在黑暗里，上帝说'让牛顿干去！'一切就大放光明。"以启蒙运动中的哲学家如康德和黑格尔为代表，他们认为，人类因为具有理性，所以离开了事实上并不存在的上帝和诸神，仍旧可以建立社会道德秩序（人为道德立法）。人类因为掌握了科学，就可以为自身谋求物质幸福（人为自然立法）。但是，随着科学技术的日渐发达和人们对于价值与意义世界的深思，这样一种科学中心主义或理性中心主义的价值观和方法论，逐渐遭遇到质疑。

19 世纪俄国伟大作家托尔斯泰，最早针对启蒙运动提出了疑虑：当人们抛弃了传统宗教那样一种建立在"天堂地狱"基础上的"生死轮回"生命学说和"因果报应"道德学说之后，人为什么还要道德？死亡如果没有意义，生还有什么意义？德国社会学家韦伯承接着这一问题的思考是：在一个不断追求进步的社会，死亡已经不再有意义。因为生活在有信仰的时代或古代农业文明时代的人,“年寿已高,有享尽天年之感”。因为他处于一个生命的有机循环之中,他临终之际,他的生命已经为他提供了所能提供的一切,再没有更多的困惑希望去解答。而一个置身现代社会的文明人,个人生活却被嵌入“进步”和无限之中,对于进步中的未来,个人永远是无知的,因此关于生活意义的理解,也不能得到一个像过去那样的圆满的自我理解。生命处于一个无限变化、永远未知的过程之中,再也没有建立在“不惑之年”意义上的“美丽的死亡”。死亡的意义消失了,生的意义也就消失了。“我们这个时代,因为它所独有的理智化或理性化,最重要的是因为世界已被除魅,它的命运便是,那些终极的、最高贵的价值,已经从公共生活中销声匿迹,它们或者遁入神秘生活的超验领域,或者走进了个人之间直接的私人交往的友爱之中。……今天,唯有在最小的团体中,在个人之间才有着一些同先知的圣灵相感通的东西在极端微弱地搏动,而在过去,这样的东西曾像燎原烈火一般,燃遍巨大的共同体,将他们凝聚在一起……”他认为,科学发展使世界走向一个“进步”和“无限”的过程之中,每个生命在其中所体验到的都是这一过程中短暂的一瞬,所谓生命的意义随着过程的消失而消失,不能在任何“永恒”的东西上面建立支点。在这样一个已经“除魅”的世界中,科学进步能够像文艺复兴时代的人们所想象的那样带给人类幸福吗?马克斯·韦伯说:“在尼采对那些‘发明了幸福’的‘末代人’做出毁灭性批判之后,对于天真的乐观主义将科学——即在科学的基础上支配生活的技术——欢呼为通向幸福之路这种事情,我已经完全无需再费口舌了。除了在教书匠中间和编辑部里的一些老稚童,谁会相信这些幸福?”在过去,“科学意味着通向真正的存在,真正的艺术,真正的上帝之路,通向真正的幸福之路——而这一切都被恰当地理解为通向真正的生活之路,其中尽管多少有些曲折。韦伯同意,这一切过去确实如此,但如今已不是这样了”。从“世界已被除魅”的角度出发,韦伯在回答道德来源于何处、人生应该如何才有意义这类问题时,并没有给出直接的答案。而是从分析学术与政治作为两个不同职业领域从而具有不同的道德、责任或义务要求出发,把道德来源阐释为个人当立志从事于某一职业时,就应该具备进入该职业领域所应具备的献身精神并履行该职业活动所要求的责任和义务。简单说,在韦伯那里,道德就是"充当一种志业的人格"。学术与政治相比较,韦伯认为学术是理性思维的领域,而政治则是非理性领域,是煽动家们的事业。

沿着理性中心主义思维道路和个人自由主义价值观,资本主义社会的关于道德和意义世界的解释越来越走向矛盾与危机。例如,在后现代思潮中对于知识与权力的解构,以及对于思想权威的反动、在新自由主义经济学家那里(如哈耶克)对于社会正义的消解,等等,都是这种矛盾与危机的表现。在这种矛盾与危机之中,传统的思想精英价值观随着资本主义社会意义世界的变迁走入迷途。

(二)自由竞争市场与人文教育的危机

18 世纪的道德哲学家亚当·斯密在 1759 年完成了他的《道德情操论》之后,一直处于关于人的自私自利倾向与自由市场竞争制度之间的困惑之中。因为,17 世纪英国哲学家霍布斯在其著作《利维坦》中提出了一个政治观点。他认为,个人永远都是非理性地倾向于自私自利,人类为了私利会无休止地争斗下去。因此,一个理性的社会必然需要专制统治者。针对人性自私前提下的自由竞争制度与专制统治制度之间的抉择困境,亚当·斯密在《道德情操论》第二版修订稿中提出了解决自由竞争中个人自私自利倾向与道德情操修养之间矛盾的理论观点。他认为:"当我们努力去省察自己的行为……很明显地,我往往要把自我分割成两个部分;作为省察者和裁判的我,代表着一种我被审查者和被裁判的我很不相同的性格。前者是旁观者,我努力想进入他关乎我的行为所发出的情感……后者是能动者,通常称为我自己的我。"这种个体的自我省察能力就能够使经济人免于不道德的自私自利,自此,亚当·斯密似乎为以"经济人"假设为前提的经济学现代论述扫清了障碍,为他的《国富论》写作找到了理论依据。迈尔斯在其著作《现代经济人的灵魂》中这样评价斯密的作用:"古典经济学的出现,解决了斯密之前一个世纪来,一直磨难着一些道德哲学领域内最有头脑的人的问题。"

但是,今天,在美国社会学家霍斯金看来,"不幸地,历史并非以大团圆结局写就的。尽管此言不是要否定斯密解决方案的历史作用。他建构了一个现代经济理论据之而行的假设,这个完全竞争的模型,是自我调节的市场,按由供求关系带动价格机制而运作。然而,现在看来已经很清楚,斯密的解决方案实在并没有解决什么。他没有克服霍布斯式的疑难,而只是搬弄过目标位置,把问题搁在一旁”。与这一问题相关,笔者曾经撰文《从“市场规训”视角审视“经济人”假设的局限性》,探讨了亚当·斯密经济学的理论偏差和自由竞争市场经济的弊端。笔者认为,由于资本主义自由竞争“市场规训”作用,把货币意义的社会领域与非货币意义的社会领域,统统纳入金钱至上的社会价值评价之中,扭曲了社会分工的本来面目,营造了一个道德他律主义和道德虚无主义的精神世界。关于“经济人”理性对于人文道德世界的伤害,韦伯的评价也许更为精彩:“那是一个以经济规律运行的宇宙……那里有的是已经扔掉灵魂的专才,有的是纵情声色埋没良心的人。他们其实已经身在牢笼,但脑里仍发着春秋大梦,认定自己就是将人类发展推向史无前例的颠峰的英雄。”在这样一个社会环境中,人文教育的意义与作用被轻视甚至否定,大学人文教育被认为是可有可无的。现代大学按照功利化、商业化原则运作,与外部社会有着各种各样的利益合作关系,同时,各种社会利益组织和力量也纷纷向大学“躯壳”渗透。

(三)精英高等教育的传统价值特征及其当代危机

马丁·特罗关于高等教育发展三阶段(精英化、大众化和普及化)理论,把现代社会高等教育适龄青年毛入学率5%以下的高等教育称为精英高等教育发展阶段,并对精英高等教育特征作了大致描述。事实上,精英高等教育是世界各国高等教育进入大众化发展阶段之前长期存在的一种高等教育历史形态。而高等教育大众化、普及化发展,即使在高等教育规模发展最快的发达国家,也不到百年历史。因此,可以说,精英高等教育就是传统高等教育。

精英高等教育作为一种已有几千年历史的高等教育形态,虽然在世界各国的表现方式不同,但是也有着基本趋同的价值观念和制度特征。首先,这种只有少数人才有机会接受的高等教育,在入学资格上,只有那些通过考试选拔出来的被认为有能力接受高深知识学习和思维培训的人(成绩优异的知识精英或学习精英),才有机会接受高等教育。其次,这些学习精英或知识精英经过高等教育培训之后,一般都经过社会流动成为具有一定社会地位的社会精英。其三,这些社会精英从其社会职业角色来说,大多都是从事社会管理工作的官员,属于"政治精英"或"管理精英"。这一特征在工业社会发展之前尤其明显。例如在古代西方,柏拉图关于国王应该是"哲学王"的思想,古代东方中国孔子"学而优则仕"的思想,影响了几千年来东西方社会的高等教育观念、英才观念和社会治理观念并使之成为传统。其四,与这种传统相适应,精英高等教育时代的官吏选拔制度与学校教育制度是密切关联的。例如中国的科举制和西方文官考试制度。尤其是民族国家出现以来,国家在教育制度和人才选拔制度安排上尽量或直接保证二者之间的高度匹配或贯通,并力求保证教育精英选拔和社会精英选拔过程中的公平与公正,并把这种做法看做是建立现代社会贤明政治的重要途径之一。其五,从精英人才的知识结构和人格品质看,由于精英高等教育长期处于科学技术知识不发达的"宗教知识型"、"形而上学知识型"那样一个"人文知识型"时代,与这样一个历史过程中的社会政治经济结构、文化价值观念和知识进展状况相适应,传统高等教育对于精英人才的培养主要体现在"价值思辨"和"人格修养"两个方面,因此传统高等教育所培养的精英人才,其内在品质是"思想精英"和"道德精英"的兼具双修。

精英高等教育,代表了作为一种长期存在的高等教育历史形态,这种长期存在的高等教育历史形态所赋予这一概念的核心内涵就是:教育精英等同于社会精英,精英人才的标准就是"价值思辨精英"和"人格修养精英"的双重身份。在民族国家的高等教育制度和人才选拔制度的密切配合下,高等教育机构事实上成为培养社会精英的场所。

科学技术进步不但和市场经济制度一起从世界观、人生观解构了西方资本主义社会的传统精神文化世界,而且,科学技术进步还直接促进了社会生产力和生产方式的进步。在工业社会、后工业社会,社会分工的精细化和专业化程度越来越高。这种精细化、专业化的社会分工,造就了社会精英标准的多元化和精英人才的多样化。社会分工发展、精英标准的多元化和精英人才的多样化，一方面促进了高等教育发展规模大众化、高等学校的学科专业设置越来越分化，培养人才的标准越来越专门化；另一方面，传统标准的所谓“价值思辨精英”或“思想精英”，在社会分工中不但很难找到自己的职业位置，而且，在一个传统价值观念越来越深重地遭受冲击和消解的意义世界，传统“思想精英”的存在合法性也正在经受着考验。

大众化、普及化高等教育时代，传统精英教育机构从内涵到形式正在发生蜕变。表现为，一方面，社会精英标准的多元化、社会精英人才需求的多样化消解了传统精英的培养标准和模式；另一方面，高等教育大众化发展，传统精英高等教育机构入学规模也相应扩张，任何一个传统精英高等教育机构都不能保证自己的毕业生全部顺利就业并实现社会上流动。因此，传统精英高等教育机构无论从内涵到形式，都包容在大众化高等教育时代的整个高等学校系统之中。他们在这个系统中的地位，往往通过在办学条件、培养层次、科研实力与成果、毕业生就业状况等方面的社会评价排名中，动态地、竞争性地获得。高等教育大众化时代，传统意义的精英高等教育机构已经不复存在或已经模棱两可。“××一流大学”也许就是今天所谓的精英高等教育机构。

（四）高等教育市场化（市场机制）及其潜在危机

无疑，现代大学功能多样性、层次多级性、高等教育需求主体多元性以及高等教育资金来源的多渠道性，等等，使得高等教育市场化（市场机制）成为促使高等学校系统敏捷及时地回应社会需求并形成办学特色、促进地方知识在高等教育领域的发展和满足地方经济文化发展需求并从中获得高等学校的发展资源、赋予并满足学生的主体选择权力、克服公立高等学校的种种腐败和平庸主义的一个重要的适配手段。

但是，约翰·斯图加特·穆勒认为，大学教育具有特殊的社会功能和价值。诚然，他承认社会需要职业教育，需要医学、法律、工程和工业艺术学校，但这些不是大学的功能，大学的特殊目的是要通过造就“伟大的头脑”（Great mind）来保持哲学的鲜活。而把“生活的一般事务”的知识教给“一般的头脑”（Common mind）的教育，可以放心地留给那种按照个人利益去追求、按照竞争的原则去供给的方式，因为在这个层次上，大众能够判断什么样的教育是最好的；但大学教育在造就“伟大的头脑”的功能和价值上，大众是不能胜任这个层面的判断的。他还认为，大学可以抵御时代环境中那种使社会个体个性衰弱的不良影响，为社会进步输送成功的头脑，“他们不是时代的傀儡，而是时代的改进者和再生者”。可以说，穆勒所强调的，正是传统高等教育的精英价值和现代高等教育的国家功能。

今天，现代社会的意义世界变迁和精神信仰危机，比以往任何时代都需要大学在文化价值的思辨和意义世界的重建中发挥作用。比以往任何时代都需要精英高等教育机构继续培养集“思想精英”和“道德精英”于一身的国家政府官员和公共部门人才，以抵御市场经济社会“经济人”文化、“理性人”文化对于教育乃至社会的负面影响。而如果不把这一成分的高等教育从高等教育市场化（市场机制）中区隔出来，就无法保障大学的国家政治功能和文化功能得到应有的发挥，相反，完全的自由放任的高等教育市场化，会使得高等教育的国家政治功能和文化功能丧失殆尽或极度扭曲。与此同时，那些具有社会精神文化价值但不具备市场交换价值的学科、知识和教育，在大学建制及其活动中，也必然遭遇被遗弃的危险。

第一章　大学功能的历史发展

第一节　欧洲中世纪大学的产生和功能

一、中世纪大学产生的社会背景

从西罗马帝国灭亡(公元 476 年),到文艺复兴和宗教改革,欧洲进入了基督教大一统信仰统治时期。大约在 12、13 世纪,诞生了中世纪以来留存至今且生命力日益勃发的社会组织——大学[1]。它在适应当时社会条件的情况下悄悄地出现,在与社会发展不断产生互动并不断调整自身的情景中发展。到了文艺复兴的曙光乍现时,中世纪大学已成为具备现代大学组织核心要素的组织“范型”。数百年之后,法国社会学家爱弥尔·涂尔干(Emile Durkheim 1858~1917)针对这一现象和过程,评价说:“要是有一个中世纪的学生回到我们中间,听我们谈论大学、院系、学院、业士学位、执教权、博士学位、学习课程、常设课和非常设课,很有可能这样想,除了从前使用的拉丁词被法语词所取代,其他一切照旧。只有当他坐进我们的讲演厅或课室,才会体会到已经发生的变化。他会就此看到,学术生活已发生了转型,但依然在中世纪为它挖就的沟渠里流动。”[2]在这一时期的欧洲,共出现了近百所中世

---

[1] 12 世纪时,大学指“学者行会”(university of scholars)、“学生型行会”(universitas scholarium)和“教师型行会”(universitas magistrorum et scholarium)。到 13 世纪,university 专指学者或师生行会。13 世纪后期,university 与 studium general(指接受学生学习的场所)意义统一,指传授高深学问的场所。据说,欧洲最早的大学 11 世纪已经产生,例如意大利的波隆那大学。参见:黄福涛《外国高等教育史》,上海教育出版社 2003 年版,第 56、57 页。

[2] [法]爱弥尔·涂尔干著,李康译:《教育思想的演进》,上海人民出版社,第 225~226 页。

纪大学,其中法国的巴黎大学和意大利的博洛尼亚(波隆那)大学,被认为是最早产生的,是其他后起的大学所要尊重和模仿的"始祖"和"典范"。关于是什么力量或因素促使了最早的大学组织的诞生,迄今为止中外文献中的讨论已给出了基本上一致的阐释。综合起来就是:①欧洲社会经济发展和新兴城市的形成。从8世纪到13世纪,欧洲经济复苏并加快发展,大量的手工业者和商人涌入城镇内和城堡下定居,出现了新的社会阶级——市民阶级。在新兴的城市中,市民阶级拥有很大程度上的城市管理权,因为市民阶级是由各个行业的人员所组成的,各个行业为了维护他们各自的集团利益纷纷成立自己的行会组织——基尔特。基尔特作为利益集团组织,不仅为维护各行业利益发挥作用,同时各个利益集团力量的相互制衡,促进了新兴城市民主管理制度和风气的形成。基尔特还作为一种组织形式,为其他有着自身利益的社会群体所仿效,建立自己的组织。大学,在其最初的形态上,仅仅是当时的学者、教师或学生群体为维护自身利益、协调群体活动而自发形成的教师"基尔特"(如巴黎大学)或学生"基尔特"(如博洛尼亚大学)。②知识积累、职业需求与世俗学者的出现。古希腊、罗马时期的知识遗产在中世纪社会稳定和经济发展的情况下得以继承和传播,尤其是那些贴近中世纪市民生活的知识,如医学、法律知识,在民间也得以研究和发展。在教会学校的教育内容中,也难以避免的包括世俗教育的知识成分,诸如语言和文法等。同时,由于教会学校没有入学的阶级限制,一方面,底层社会的子女也可以借以接受知识和文化的教养;另一方面,也催生了世俗学者。这样,在意大利,适应社会需求的博洛尼亚大学以法学教育为基础、萨勒诺大学以医学教育为基础建立了它们最初的组织。③对知识的兴趣和对精神生活的追求。早在大学组织产生之前,当时的欧洲社会就出现了游学的世俗学者及其年轻的追随者。他们是向往知识和精神生活的族群,在中世纪大学出现之前,如星星之火,普遍地存在于当时欧洲社会的各个角落。你可以把它看做是古希腊罗马的文化活动遗风在中世纪的继承,也可以把它看做任何文明社会在某个阶段或某一特殊时期都可能出现的自然的社会现象。总之,这类族群的存在是导致大学组织出现的核心要素。至于说他们在某个时期某个地点会聚成势,催生了大学组织,多半属于机缘凑巧的事情。在这种情况下,城市的声望、地理位置及其文化气氛等,就成为除了著名学者的影响之外最为关键的因素,因为著名学者也是在环境选择中自谋教职的。如哲学家阿伯拉尔和巴黎圣母院的结合,就印证了巴黎大学的出现是属于这样一种情况。

欧洲中世纪大学组织的最初形式,仅仅是学生或教师"行会",经过几百年间的曲折发展,到文艺复兴之前,才形成现代大学组织的基本"范型"。这一过程,对于我们如何理解和对待今天的大学组织,是一份很值得思考的历史遗产。因为关于这一方面的研究,充分体现了"仁者见仁,智者见智"的状况。在这里,本书无意对中世纪大学如何调整自身的组织结构和活动规范、最终形成了现代大学的组织"范型"作历史的追述,更不打算重复那些关于中世纪大学组织的特征等方面的已有结论,而是想从文化意义的角度对于中世纪大学组织的活动和特征作进一步的分析,以期能够分析中世纪大学的功能特征。

二、中世纪大学的活动特征

(一)争取自治权的斗争和西方大学自治传统的起源

欧洲中世纪大学产生的过程表明,早期的大学是这样一种组织:它的出现基于世俗的需求,有了追求知识和精神生活的社会群体——学者和学生,在不仰赖任何既成的社会权力——无论是宗教教会的权力或世俗政权的权力的条件下,高等教育最本质的活动——教学活动,就可以在师生之间展开了。教师是游学学者自谋的职业,他们只需从学生那里获得维持生计的报酬,学生甚至可以以自愿的方式交纳维持教师生活的费用。他们甚至可以不要固定的场所,在街道的旁边、在市镇的桥头就可以进行知识的授受活动。就这样担负起当时社会所需求的某种功能。正如法国社会学家涂尔干所言,"功能会创造器官"[1]。当外来权力(封建王权或宗教神权)横加干涉的时候,他们毫不犹豫地奋起抗争,或罢课、或罢教、或以迁移别处相要挟。它以自身的功能与社

[1] [法]爱弥尔·涂尔干著,李康译:《教育思想的演进》,第94页。

会的世俗需求紧密维系着，轻盈地、灵性地、桀骜不屈地去维护自治的权力并用它来守护着自己领地里的自由，直到获得外在权力的认可。斗争的结果具有如此伟大而深远的意义。因为它从那时起，形成了以西方世界为中心的、具有文化传统意义上的社会共识——在适当的程度上给予并保护大学组织自治的权力和自由探讨的权力，是符合大学组织自身特征及其活动本质的必须措施。这一社会共识，在1988年博洛尼亚大学创建900周年纪念活动中所签署的《欧洲大学宪章》里，得到了较为充分的表达："研究自由、教学自由和培养人才的自由，是大学存在的基本原则。国家权力机构和大学各有各的职责范围，但尊重和维护这一基本原则并使之进一步发扬光大，是国家权力机构和大学义不容辞的责任。"[1]可以看到的是，在今天的欧洲，即使是实行高度集权管理的国家，也能够在关于大学组织的制度安排上，主动给予其一定程度上自治和自由的权力。关于这一点，本书认为，完全可以从西方关于大学自治与自由的传统文化理念中找到解释。与此不同的是，在西方世界之外的国家，在那些以集权管理为特征、在高等教育历史上又缺乏大学为争取自治与自由而抗争的历史传统的国家，它们过度地诉诸于政府干预，其结果是在社会组织制度安排的齐整化方面取得了进展，但是对于大学组织的如此驾驭，失缺的很多。这种失缺，在其显著的层面表现为诸如大学的多样化存在及其满足社会多样化需求的程度方面、大学独立反映社会需求的灵敏性方面，以及大学在某种程度上作为一个相对独立的存在和以此为前提所能发挥的社会批判功能方面等，均受到限制或遮蔽。在其潜在的层面，则表现为由于大学起源的历史渊源及其发展轨迹不同，人们从中获得的关于大学组织活动特征和功能的社会认识与评价也有所不同。渊源不同所引致的历史和文化差异有时是巨大的，在文化意义的层面上，这种差异及其后果常常使人们感觉有一种应予澄清但又难以言说的困难。法国社会学家涂尔干借助于对法国学校膳宿制的集中化与统一化在本国教育历史中的形成的文化意义的评价，表达了他对于法国的学校制度安排过度齐整化的看法：

[1]罗红波：《博洛尼亚大学》，湖南教育出版社1993年版，第42、43页。

"实际上,我们有各种理由认为,我们的道德与政治上集中化与一体化发生的方式很有些过分。国家要想牢固地确立自身,原本不需发动如此广泛的齐整化运动,无须破坏国家中等教育中所有的多样性,也无须成为唯一主要的社会组织形式。总之,我们原本无须走得那么远,把生命搞成这些非人化框架内的囚徒,也可以成为一个道德上、政治上统合一体的民族。我想要揭示的就是:膳宿制只不过是一种本质状态和状况的特定征候。要想改变它,仅仅仰赖个别立法者的意愿是不够的,不管这种意愿是多么强劲有力。需要改变的是我们民族的性情。我们必须重新找回对于一种多样的生命的喜好,还有这种生命中所有的偶然、意外和不规则之处。这个问题尽管并非不好解决,确也十分艰巨。但是,只要我们意识到它的存在,也等于有所进展了。一方面努力要去解决问题,一方面却试图掩盖困难,再也没有什么比这更徒劳无益的了。这些时候提出的那些局部性改革,所做的无非就是塑造出短暂的进步幻觉,原本是要寻求解决根本缺陷的途径,实际上只能进一步强化这种缺陷,使它更加顽固。这是因为,开展欠妥的努力必然伴随着失败,这只能导致沮丧,让人觉得这种病已经无药可救了。"❶他的这一见解是见微知著的,对于本书以后关于大学制度安排与高等教育市场化改革的探讨,不无借鉴意义。

(二)经院哲学与中世纪大学教学方法

早期的中世纪大学,神、法、医、文四个学部中,神学部的神学知识传授是教学内容的重要组成部分。在神学知识的传授过程中,教师除了讲授《圣经》和教会的教义之外,还要论证上帝的本性和教会教义的合理性等,这就是经院哲学的任务和起源。❷ 人们认为,经院哲学产生于9世纪的查理大帝时代,那时,在宫廷学校和修道院学校,研究经学和讲授神学的教师(经院学者),借助于抽象论证的方法来阐释圣经的教义,最终发展成为经院哲学。经院哲学的研究和思维方法给予人们的一般印象是脱离实际、烦琐和保守。但是,经院哲学在漫长的、空洞

❶[法]爱弥尔·涂尔干著,李康译:《教育思想的演进》,第172页。

❷戴本博、张法昆:《外国教育史》,人民教育出版社1989年版,第223~226页。

的、烦琐的争议和探讨的历史中，却建立起富有意义的哲学命题。例如关于本质是什么的问题，一般与个别、思维与存在的关系问题，等等。同时，在这种脱离实际的论证过程中，产生了一种演绎推理的科学思维方法。那些具有独立思考和反叛精神的经院学者，把这种方法运用到中世纪大学的教学活动中，就产生了不同于关于经学哲学一般印象的有益结果。例如中世纪唯名论哲学家阿伯拉尔和他创建的巴黎大学就是这种情况。他在写给学生的教科书《是与非》中，提出了诸如“人类的信仰是否根据理智”、“上帝是否全能”等具有反叛和质疑精神的问题，一时影响了巴黎大学的思想空气。根据涂尔干在《教育思想的演进》一书中的描述，那时巴黎大学的哲学教学方法主要有两种：阐释和究问。阐释教学就是由教师作文本的讲解。这种阐释的方法并不是通过逐字逐句对文本进行释义来转述作者的思想，而是教师首先把文本理解为一个长篇的推理论证，然后把文本拆解为具有逻辑联系的核心要素，再用层层递进的三段论推理方式，把这些核心要素逐步推论出来，直到最终正面得出作者的结论。究问的教学方法比阐释法更有活力。教师把文本的内容分解为层次递进的论题，针对每一个论题，仍旧采用三段论的推理方式，但却举出支持与反对两条线索的论证，展开不偏不倚的双重的阐释。直至最后达到一个“本身自明的命题”。后一种教学方法直接导致了中世纪大学学术生活中“论辩”的盛行。“根据索邦神父的说法：‘这种练习甚至比诵读还有用，因为它能够有效地阐明所有的疑难。任何东西只有在论辩中经过反复咀嚼之后，才能获得完整的理解。’而学院在吸纳了巴黎大学的那种生活和职能之后，甚至进一步发展了这种保持论辩的惯例。学生们每个礼拜六都要开展由所在机构的院长主持的论辩。他们当中的每个人都会轮流充当立论者与反对者。当然，除了这些每周定期举行的论辩，还有其他一些论辩。比维斯在 1531 年写道：‘吃饭时他们论辩，吃完饭他们也论辩；公共场合他们论辩，私人场合他们还论辩。总之无时无地不在论辩’。”[1]这种思维训练的方法在中世纪后期发展到了极致而无聊的地步，例如论辩的

[1] [法]爱弥尔·涂尔干著，李康译：《教育思想的演进》，第 197 页。

目的是要决定到底是系着猪的绳子还是牵着绳子的人把猪拉到了市场。论辩还常常蜕变为相互漫骂、侮辱甚至拳脚相加。这种现象在文艺复兴时期遭到猛烈的批评，但是，论辩中所运用的辩证的、逻辑的思维方式与方法，在知识和理论的求真与求证方面，在自然科学知识的实验方法引入大学之前，不失为一种有效原则。尽管这种原则曾经以一种极端的方式被误用，但并不能说明其本身错误。虽然这种方法为后人所诟病，但这是欧洲人对自己文化与教育的检讨。而对于那些在知识的求真或证伪方面缺乏有效思维的方式与方法训练的民族、国家来说，如果忽视了这种方式和方法对于一个民族、国家的个人和社会群体的心智训练作用乃至精神风貌的有益影响，仅是漫无目标地盲从于文艺复兴时期欧洲人对其误用和滥用现象的激烈攻击，这种不能容忍的无知简直可以辱之以吠声随众。

辩难问疑的思维方法训练，不仅体现在巴黎大学的辩论或推论式教学中，也影响了那些仿效巴黎大学建立起来的大学。例如，牛津和剑桥的导师制教学，就体现了这种影响。这些教学方式，不仅有效地培养了学生的独立思考、严密论证的思维能力，更延展为一种对于知识和问题的怀疑精神和批判精神，是一种心智训练。

（三）亚里士多德与中世纪大学的自然科学教育

英国学者丹皮尔曾经这样评价古希腊学者亚里士多德：“亚里士多德是古代知识的集大成者，在现代欧洲的学术上的文艺复兴之前，虽然也有一些人在促进我们对自然界的特殊部分的认识方面取得客观的成绩，但是，在他死后的数百年间从来没有一个人像他那样对知识有过那样系统的考察和全面把握，所以，他在科学史上有着很高的地位。中世纪知识界早期的任务之一就是从一切不完善不完备的撮要中尽量吸收他的研究成果；在西方出版亚里士多德全集之后，中古时代后期的著作家们就尽其全力去重新发现他的原意。亚里士多德的著作是古代世界学术的百科全书，而除物理学和天文学之外，他在他所接触到的各种学术方面，大概也真正有所改进。此外，他还是归纳法的创始人之一，还是主张有组织研究的第一人。不过，他所以享有盛名的原因，仍在于他在科学方面和知识分类方面的劳绩。”❶亚里士多德的著作在公元6世纪流落东方,12世纪上半叶传入欧洲开始被译为拉丁文,之后约100年间全部被译为拉丁文。其自然哲学著作主要有《物理学》、《论天》、《论灵魂》、《论生殖》、《睡眠与行走》、《论天国与地球》、《陨星》、《论生命与死亡》、《论植物》、《论动物》、《记忆与回想》、《理智与感官》、《论梦》、《气象学》等。由于亚里士多德自然哲学著作与宗教信仰相抵触,传入大学后引起轰动并屡遭教会的禁令禁止。但求知的欲望使得各道禁令名存实亡。到1225年为止,亚里士多德的所有流行著作被列为巴黎大学艺学院的考试科目❷。在亚里士多德著作的影响下,中世纪大学出现了不少自然科学和自然哲学研究者。例如,巴黎大学学生、曾任牛津大学第一任校长的罗伯特·格罗塞特著有《论光》的代表作;他的学生罗吉尔·培根第一个提出了“实验科学”的概念,在方法论上把亚里士多德用于自然科学研究中的推理证明方法予以纠正并推进到实证,他的科学理论和探索给予近代经验科学创始人弗兰西斯·培根以很大启迪和影响。约翰·布里丹和他的学生萨克森·阿尔贝特都曾任巴黎大学的校长,他们在自然科学研究方面因受亚里士多德理论启发而成果卓著。

由此可见,欧洲中世纪大学虽然笼罩在基督教神学暗影之下,“科学是神学的婢女”,但是,“即使那些对中世纪的黑暗和愚昧深恶痛绝的非基督教历史学家,如果他们愿意站在一种不带感情色彩的公正立场上来批判那一段历史,他们就会发现,在腐败的教会中仍然有一些德行高尚、信仰纯正的基督教徒,在阴暗的修会中也不乏勇于追求真理和具有科学探索精神的真正殉道者。”❸即使亚里士多德及其继承者的自然科学研究和知识是相对简单和粗陋的,但自然科学知识毕竟在中世纪已被引入大学课程。从这一点来说,在人类历史上真正的科技发达

❶[英]W·C·丹皮尔著,李珩译:《科学史及其与哲学和宗教的关系》,商务印书馆1995年版,第68、69页。

❷徐兵:《欧洲中世纪大学的科学研究与科学教育》,《高等教育研究》1996年第6期。

❸赵林:《神旨的感召》,武汉大学出版社1993年版,第275页。

时代到来之前,西方大学早已埋下了迎接它的认知动机和文化基因。

三、中世纪大学的功能

欧洲中世纪大学组织类型是多样化的,虽然众多的大学组织是模仿巴黎大学或博洛尼亚大学的"范本",但是,从大学的类型和学部设置来看,"我们还是很惊讶地注意到,这些纷繁多样的大学尽管复制着同样的基本属性,在很大程度上只是同一范型的不同摹本,但是彼此之间的差异却是那么的大。有多少地方坐落着大学,几乎就有多少类型的大学。有些大学将人类知识一网打尽,有些大学则只限于一块专门的领地(如博洛尼亚大学、蒙彼利埃大学)。而在这两种极端之间,还有中间过渡类型。"❶从大学产生的原因看,黄福涛博士认为有自然产生型、国家/教会创立型和繁殖/衍生型。从管理方式看,大学又可以分为学生型、教师型和教师/学生型❷。

以我们今天关于大学的社会功能的视角分析,尽管这些大学类型不同,但是就其在中世纪这个特定历史时期时的社会政治、经济和文化条件而言,它们共同的基本社会功能是知识传播和文化维护。只不过在此层面之下,有些大学偏重专业教育,例如早期的波隆那大学偏重医学教育和法学教育,主要担负专业/职业知识传播功能;而有些大学一开始就有文、法、神、医四个学部,例如巴黎大学,在传播专业/职业知识的同时,偏重人文/信仰知识的传播,体现出形成学生共同信仰和价值观的文化功能。

如何看待中世纪大学的产生和功能之间的关系,涂尔干从社会学角度提供了解释。他认为,早期的中世纪大学,产生于当时社会对于某种社会活动功能的期望(或需求),对某种社会活动功能的期望催生了一种社会器官(机构)——大学,来从事这种活动、承载预期功能、满足社会期望(需求),即"功能催生了器官"。早期中世纪大学就是当时欧

---

❶[法]爱弥尔·涂尔干著,李康译:《教育思想的演进》,第226页。

❷黄福涛:《外国高等教育史》,上海教育出版社2003年版,第59~61页。

洲社会有机体上生长出来的民众精神生活的适配器❶。

从这个角度看不无道理，尤其是自然生成型的早期中世纪世俗大学，反映了社会民众的高等教育需求。大学组织活动的自治方式，也体现了参与者的意愿。至于在后来的教会和王权主导下创立的大学，虽然体现了一种权力意志或需求，而在当时，这种权力意志或需求还没有渗透到所有的大学建制和活动中，所以当时的大学并不承载我们今天大学所具备的政治功能，大学逐渐承载这一功能的过程是伴随着外部的权力的集中和强大开始的。在对于受教育者的个性与人格培养方面，当时的大学，对知识和信仰的关注超过了对人本身的关注。或者说，当时世俗性质的大学，还没有来得及像我们今天的大学这样关注对受教育个人在教育过程中的塑造和发展问题。在这一点上，它不如当时的教会学校那样，具有自己对于培养对象的人格——教徒人格的塑造功能。因而，中世纪大学对于受教育者个人发展的影响，是一种没有明确人格培养目标宣示的潜在功能。

在中世纪大学的产生、活动与外部社会的关系，在那样一个世俗政治权力和宗教教会权力制衡存在的条件下，大学拥有相对自主的权力；社会民众不仅拥有表达教育需求（期望）的自由（话语权），更重要的是，他们还拥有按照自己的教育需求（期望）创建大学组织的权力（建构权）。在"需求主体"❷和"大学行为"之间，不存在或很少存在"建构权"和"话语权"的阻碍。而在后来，随着民族国家的出现和政治权力的集中，随着社会个体公民身份的获得，随着公民对民族国家服从意识的增强和个体权力的削弱，情形就发生了改变。民众和受教育者表达教育需求（期望）的权力（话语权）和创建大学组织的权力（建构权）也逐渐集中于国家、上层社会的实力阶层和集团。

值得指出的是，大学作为一个特殊的社会组织，一经创造，就和其他社会组织一样具有了自身的期望和行为特征。中世纪大学不仅在组织活动上追求自由自治，而且在内部管理和运作上，创立了自己的组织

❶[法]爱弥尔·涂尔干著，李康译：《教育思想的演进》，第94、107页。

❷这一概念将在本书第五章予以界定和集中探讨。

结构和制度规范。它的学位制度,职员晋升机制和奖惩措施等,体现了大学的“自组织”能力,也体现了组织的活动原则和价值观。这对它以后的发展和演变会产生“原创性”影响。“机构的外在形式一旦形成,往往就会借助于某种惯性的力量,或是由于成功地适应了新的情况,而长久延续下来。从这个角度看来,教育的组织似乎比教会本身更为排斥变迁,更为保守和传统。这是因为,教育组织的功能就在于将某种源远流长的文化传递给新一代。”❶在以后的高等教育历史发展中,大学一方面调整自身,回应着外界的需求(期望);而另一方面,关于如何调整或发展自身,大学也始终在追求着自身的理想。

第二节　近代欧洲大学功能的发展

一、近代欧洲民族国家的出现、民族主义的形成与大学政治功能的确立

中世纪欧洲在意识形态上是由基督教占统治地位的精神一统世界,而在经济与政治统治方面,表现为日尔曼等蛮族在西罗马帝国废墟上建立起来的大大小小的封建邦国,“民族”与“国家”的概念几乎不存在。中世纪后期,经济发展形成了市民阶级,催生了资本主义的萌芽。商业经济活动中新兴资产阶级要求统一度量衡、统一市场和规章的要求及封建国王企图打败教会势力,统一王国政权分裂状况的愿望不谋而合。从这一点出发,资产阶级与国王势力结成了同盟。这一时期,教会的腐败也为基督教的分裂制造了事端,由马丁·路德和卡尔文发起的宗教改革运动和最早在意大利发起的文艺复兴运动,从精神信仰和社会思想上极大地瓦解了基督教大一统的意识形态。这些多种形式力量的纠合,在社会矛盾和经济利益的斗争中首先促使英法两国建立了封建君主国家。在王权的统治下,形成了领土完整的主权国家。“这

❶[法]爱弥尔·涂尔干著,李康译:《教育思想的演进·导言》,上海人民出版社2003年版,第3页。

个统一的空间使人们的经济、文化交往加强，社会生活日益一体化，过去分散甚至彼此对立的各个地区、阶层开始联合起来，结合成一个共同体。对共同体的热爱和忠诚促进了民族意识和民族情感，每个人都开始意识到自己与‘民族’息息相关。”❶各封建君主国家开始创立国教、使用民族语言、创造民族文化的过程开始了。封建王权建立的绝对君主国是向近代国家迈进的第一步，“日益明显的建立民族国家的趋势是欧洲中世纪进步的最重要杠杆之一。”❷但是，随着社会生产方式的变化和生产力进步，封建王权的专制统治和“家天下”思想越来越成为资本主义发展的障碍。资产阶级启蒙思想家进一步诉求建立符合资产阶级利益要求和价值观念的新型国家。他们一方面针对封建王朝提出“专制之下无祖国”的口号❸，一方面指出：国家是全体公民利益的共同体，国家主权是属于全体公民的，全体公民的利益就是民族利益，国家要保护全体公民的利益而不是封建王朝的利益❹。资产阶级革命胜利后，建立了自己的民主共和国，最大限度地实现了国家利益与公民利益的一致，保障公民的自由、平等和幸福。“这种近代民族国家是民族情感和民主主义的结合，其基础不仅是民族的共同心理、情感，而且有共同的政治文化，即对自由、平等、人权等观念的认同。于是，民族主义诞生了。”❺资产阶级民族国家的建立和民族主义的形成，无疑对于本国政治、经济和文化发展提供了强有力的制度基础和思想基础。的确，在资本主义上升时期，资产阶级的价值观念和制度安排为资本主义原始积累提供了支撑。但同时，在国内政治上的自由、民主不能代替全体公民社会地位的阶级差别；在国际上，对资本和资源的贪婪造就了它的扩张和侵略本性。民族国家、民族主义形成和发展的历史，从某种意义上说，也是发达国家和民族对外扩张和侵略的历史。换言之，在刺激—反应模式下，也是其他地区反抗侵略和压迫、建立民族文化或争取国家和

---

❶王联：《世界民族主义论》，北京大学出版社 2002 年版，第 26 页。
❷《马克思恩格斯全集》第 21 卷，第 452 页。
❸李宏图：《论近代西欧民族主义和民族国家》，《世界历史》1994 年第 6 期。
❹王联：《世界民族主义论》，第 32 页。
❺王联：《世界民族主义论》，第 27 页。

民族独立的历史。马克思共产主义学说创立以来，世界各国在斗争中又形成了资本主义与社会主义两大阵营，整个近现代历史，从某种意义上说，也是各个国家和民族围绕经济利益和意识形态展开政治、经济、文化、科技和军事全方位竞争、斗争和战争的历史。国家和民族作为斗争的主体，不可避免地把它对内对外的政治功能和意志，理所当然地传递到他们所掌握和控制的高等教育领域。“很自然，国家会运用日益强势的政府来灌输国民应有的国家意识，特别是会通过小学教育，来传播民族的意向与传统，要求人民认同国家、国旗，并将一切奉献给国家、国旗，更经常靠着‘发明传统’乃至发明‘民族’，以便达到国家整合的目的。”❶自然，高等教育也不例外。近代资产阶级民族国家的形成过程也是高等教育国家化、国民教育制度化和政治社会化的过程❷。

早期资产阶级进步思想家热情讴歌资本主义社会对于封建社会的胜利，并为资本主义教育制度的确立献计献策。例如卢梭在他的《关于波兰政府的筹议》中认为，教育“是最重要的一条，教育之事必须给予人民的心灵以民族的形式，又以这样形成其意见和嗜好使得他们不但由于必要而且也由于性向和愿望而成为其爱国者”❸。法国自由主义者拉夏洛泰说，“我为了国家敢于宣称教育只能依赖于国家，因为它实质上属于国家，因为每个国家有不可转让的教导其成员的权利……”。“每个国家教育的宗旨是炽燃起公民精神”❹。德国的堪比和费希特，对洛克和卢梭的教育思想备加推崇，成为德国民族主义教育思想的立言者。到了19世纪，科学社会主义和共产主义理论创始人马克思和恩格斯，更是把教育和人的全面发展与无产阶级革命相结合，强调

❶[英]埃里克·霍布斯鲍姆:《民族与民族主义》，上海人民出版社2000年版，第108页。

❷所谓政治社会化，是指“个人获得对政治制度及本人在这一制度中所扮演的角色的看法和感觉的过程，包括认知(对制度的产生和运作方式的了解和信赖)、情感(对该制度的感受，包括忠诚和公民责任)和政治判断力(个人在该制度中的角色和能够担任的角色)”。简而言之，“政治社会化就是灌输政治文化的过程”。参见:郑崧《教育世俗化与民族国家》，《比较教育研究》2002年第11期。

❸朱旭东:《试论卢梭的现代民族国家教育思想——兼论卢梭的双重目的教育论》，《高等师范教育研究》1997年第6期。

❹马骥雄:《外国教育史略》，人民教育出版社1991年版，第193页。

无产阶级专政和对于青年一代的政治教育。“在无产阶级专政时期，即在准备共产主义完全实现的条件的时期，学校不仅应当成为一般共产主义的传播者，而且应当从思想上、组织上、教育上实现无产阶级对劳动群众中反无产阶级和非无产阶级的阶层的影响，其目的在培养能够最后实现共产主义的一代人。”❶

自从民族国家出现和形成以来，在整个社会建制的国家化和政治化过程中，大学再也不像中世纪那样，在外界权力二元中心（宗教权力和世俗王权）的制衡中，处于一种自在自为的、散漫地、带有“国际化”色彩的状态；而是在国家权力意志的干预下，经受了自上而下的国家化和政治化建制过程，成为国家边界内的一个社会子系统——高等教育系统。国家逐步建立了专门管理高等教育系统的各级政府职能部门，并干预大学内部的组织建制和组织活动。在国家干预下，大学自愿地或非自愿地担负起政治功能。这种政治功能体现为：大学通过教学活动乃至整个组织活动，要对学生乃至全体成员灌输符合国家意志的意识形态价值观，其核心是在学生和全体成员中塑造共同的国家和政治认同感，激发起他们维护国家稳定或民族统一的政治热情。实际上，高等教育的国家化和政治化建制过程是一个双向过程：一方面，国家依据统治阶级的意识形态和价值观对于大学培养目标、教学内容、教学活动以及校园学术活动和文化活动进行强力干预；另一方面，大学作为一个传播知识和追求信仰的场所，以机构和组织本身的使命和活动特征为理由，诉求“学术自由”、“大学自治”和“社会批判”的大学理念的合法性；其成员往往倾向于根据自身的社会经验、对于知识和真理的自我理解作出意识形态价值观的独立判断。所以，这一双向过程往往会出现抵抗甚至冲突。因此，国家干预高等教育的历史，在某种程度上，也是大学对抗过度干预，寻求自身使命和价值的历史。

二、文艺复兴运动与大学的育人功能

在中世纪末期的意大利，随着一些学者如彼特拉克等对古希腊文

❶《列宁全集》第29卷，第88页。

献的收集和研究,他们发现,古代人们的精神生活中的自由和创造与他们深受宗教禁锢的时代是多么的不同,在他们周围迅速聚集了一批青年人,一种新的向往和新思想就此酝酿和萌发。它表现为两种界限模糊趋势:一种是期望复兴过去的东西,他们收集古希腊的器物、翻译古希腊的文献、模仿古希腊艺术;一种是期望创造适合自己的未来,他们依据自己所理解的古希腊人的精神生活原则、借助于文学和艺术作品的形式宣泄自己的思想和感情。这样一种运动的倾向得到上层社会和富裕市民的欢迎,甚至当时一些腐化的教会人士也不表示反对,因为这场运动是要唤起的,是对人的感官欲望和精神自由的满足。这在不同的层面广泛地适合上述社会成员的不同要求。

意大利的文艺复兴运动一开始主要表现为文学运动,早期最具影响力和代表性的是薄伽丘及他的文学作品《十日谈》。这是一本诲淫诲盗的色情小说,在当时,这应该是对宗教清规戒律的"无耻"嘲弄,但却深受社会欢迎和赞赏,一时间广泛流传,正是物极必反的道理。这种表面看来"淫秽下流"的作品背后,隐藏着深层次的社会心理动机——对禁欲主义的强烈抗拒和对人性解放的强烈要求。这种深层次动机很快主导了多领域的思想解放和新文化运动,在文学艺术方面,古希腊罗马的雕塑艺术、西塞罗的文风以及维吉尔的诗歌被继承和发扬光大;在教育方面,人们开始思考关于人的自由发展;在宗教方面,人们对信仰的怀疑和修正欲望更加强烈。在当时,从人文学者的思想与作品到市民阶层的巷谈街议,普遍关注关于"解放"这一主题。很快,这种运动便在欧洲蔓延开来。

文艺复兴在欧洲从南向北在各个国家的传播,并不是"意大利版"的简单复制过程,而是深受民族性情和社会状况的制约,因而具有各自的特征。在意大利,诗歌、绘画、雕刻、建筑、音乐取得突出成就,其代表人物为诗人但丁和彼特拉克,作家薄伽丘,建筑师伯鲁涅列斯基,画家乔托、波提切利、达·芬奇、拉斐尔、提香和雕刻家米开朗基罗等。在德国,表现在宗教改革、农民战争、讽刺文学以及科学技术发明等方面。在法国,自由思想和怀疑思想相当发达,代表人物有散文家蒙田和小说家拉伯雷等。在英国,诗歌和戏剧空前繁荣,主要代表为莎士比亚。

《乌托邦》的作者莫尔也是英国人文主义的重要代表人物。恩格斯指出，文艺复兴时期这些杰出的代表人物“几乎全都处在时代运动中，在实际斗争中生活着和活动着，站在这一方面或那一方面进行斗争，一些人用舌和笔，一些人用剑，一些人则两者并用。因此，就有了使他们成为完人的那种性格上的完整和坚强。”❶“这是一场人类从来没有经历过的最伟大、进步的变革。”❷“这是一个需要巨人而且产生了巨人——在思维能力、热情和性格方面，在多才多艺和学识渊博方面的巨人的时代。给现代资产阶级统治打下基础的人物，决不受资产阶级的局限。相反地，成为时代特征的冒险精神，或多或少地推动了这些人物。那时，差不多没有一个著名人物不曾作过长途的旅行，不会说四五种语言，不在几个专业上放射出光芒。”❸

文艺复兴运动是一场涉及文学艺术、宗教、哲学、政治、自然科学和教育等领域的新思想、新文化运动。人文主义则是这场运动所凝练出来的精神内涵。在后人对于人文主义的评价中，有人认为，人文主义是在文艺复兴运动中体现的新兴资产阶级的世界观和思想体系，其核心内容是指个人的自由、价值和尊严；赞美“人性”而否定“神性”；强调以人为中心，“人是一切存在的事物存在和不存在的尺度。”❹在此基础上，资产阶级主张的个人自由、对于财富和事业的追求欲望获得了合理的思想和理论依据。随着历史的发展，人文主义的内涵在不断地丰富和发展，后来的“人本主义”以及“人道主义”概念和思想，都是在此基础上演变的结果。同时，人文主义的影响范围也波及世界，在文艺复兴之后，随着人文主义思想在世界范围的传播，在各个国家的历史发展中，每当人类的尊严和价值在社会的政治、经济和文化中遭遇“异化”力量的重大冲击和威胁时，人们总会高扬起“人文主义”的思想旗帜与之对抗。

在文艺复兴时期，与文学运动并肩而行，甚至从某种意义上说在当

---

❶❸恩格斯：《自然辩证法・导言》，《马克思恩格斯选集》第1版第3卷，第446页。
❷恩格斯：《自然辩证法・导言》，《马克思恩格斯选集》第1版第3卷，第445页。
❹北大哲学系：《古希腊罗马哲学》，商务印书馆1961年版，第138页。

时比文学运动在时间维度上走得更远的就是教育运动。一些著名的文学作品反映的是关于人的教育和发展的理念。第一个表达人文主义教育思想的代表性人物是弗吉里奥(1349~1420),他不但注释了昆体良的《雄辩家的教育》一书,引起了人们对这位伟大的罗马教师成熟的教学经验的重视,而且,弗吉里奥本人也写了一篇题为《论绅士的风度与自由学科》的专题论文,全面概括了人文主义的教育目的和方法❶。他认为,自由教育(通才教育)对于培养事业家是非常重要的,是"唤起、训练和发展使人趋于高贵的身心最高才能的教育,就其真实价值而言,才能被正确地认为是仅次于美德的";他关注知识结构在学习中的重要作用,认为必须使所有科目适合学生的爱好和年龄;他修改了传统的"七艺"教学,强调科学知识在青年学习中的重要性,"自然知识,天地万事万物的法则和性质,以及它们的起因、变化和结果——这是最令青年人高兴,同时又是有益于青年的一门学科。"❷在以后长达两个世纪的时间里,他的教育著作和思想受到推崇,在欧洲的许多著名的资产阶级教育思想家的著作和论述中,"绅士教育"、"自由教育"、"通识教育"都是长盛不衰的话题。

作为文艺复兴运动策源地的意大利,是欧洲建立大学最早、最多的国家之一。波隆那大学、萨莱诺大学、帕多瓦大学、那不勒斯大学等久负盛名。文艺复兴时期,这些学校成了人文主义者传播新思潮和培育新人的重要阵地。随着人文主义思潮的兴起,自然科学精神也得到发展。波隆那大学、帕多瓦大学、那不勒斯大学等古老大学,成为欧洲当时的学术中心。

当文艺复兴运动蔓延到法国时,闻名于欧洲的巴黎大学却成为了这一运动的障碍。它固守经院主义的堡垒,直到后来法王查理十八和法王路易十二两次入侵意大利后,文艺复兴的浪潮终于在法兰西形成汹涌澎湃之势。费朗索瓦·拉伯雷是文艺复兴时期法国著名的人文主义学者、作家、教育思想家。其代表作《巨人传》以新兴资产阶级的思

❶[英]博伊德,金合:《西方教育史》,人民教育出版社 1985 年版,第 162 页。
❷[英]博伊德,金合:《西方教育史》,第 163 页。

想意识和幽默而辛辣的笔调,彻底揭露和抨击了封建统治、教会权威和经院教育的腐败,讴歌了人文主义教育的进步,其所提倡的教育观对后世教育学的发展有着深远的影响。

在英国,牛津大学是文艺复兴运动的中心。一些牛津大学的学者曾到意大利游学,吸收了人文主义文化。有一些侨居意大利的牛津学者返国后大力促进英国的人文主义教育。牛津大学的第一位希腊文教师就是从意大利回国的威廉·格老逊。另一位人文主义者托马斯·林纳克曾在意大利研究亚里士多德的著作,对人文科学有精深的造诣,对自然科学和医学也颇有根底。他在牛津大学既教授医学,也教授希腊文和拉丁文,学识渊博,多才多艺。第三位是威廉·拉提谟,他擅长希腊文,也是一位出类拔萃的人文主义鸿儒。

西方早期空想社会主义者托马斯·莫尔在牛津读书时,是林纳克和科利特的学生,后来他们成为忘年之交。莫尔在其代表作《乌托邦》一书中,深刻揭露和批判了资本主义私有制的罪恶,阐述了他的空想社会主义的理想。

剑桥大学在15、16世纪之交,也兴起了研究人文学术之风。著名的提倡者为费希尔主教。他曾任剑桥大学监督,曾向王室建议设立人文主义的学校。著名的人文主义学者伊拉斯谟,曾在剑桥大学任教,主讲神学和希腊文。伊拉斯谟的高足查里德·克罗齐学成后在英国各地传授希腊文。剑桥成立的"三一学院",也以人文主义精神为指导,并在剑桥任命了讲授民法、希伯来文和希腊文的皇家教授席位。

德国的文艺复兴运动直接从意大利传入,首先从大学开始。人文主义学者彼德·路德从意大利留学回国后,在海德堡和莱比锡等大学传授新学;人文主义学者鲁道夫·阿格里科拉(其思想影响了伊拉斯谟)留学意大利后到海德堡大学任教,促进了人文思想的传播;成为德国第一位桂冠诗人的凯尔梯斯,曾在意大利留学,初任教于巴伐利亚大学,后任维也纳诗歌学院院长,他将该学院建成与文学院并列的大学第五学院;曾任海德堡大学校长的人文主义者温斐林,极力反对经院主义教育,力主推进人文主义思想的传播和研究;在以后,爱尔福特大学设置诗学和雄辩学讲座,不久也成为人文主义的中心之一。

随着文艺复兴运动在欧洲的蔓延，教育思想革命和教育制度创新是其中的重要内容。以文艺复兴作为起因的教育思想的演进过程，生发出不同的结果：一方面，人文主义教育思想家们重视受教育者的个性发展，主张适应受教育者的身心发展，实施自由教育（或通识教育），强调文学知识（文法、修辞、逻辑辩论术）和艺术教育在受教育者心智训练中的重要作用；教育目标是培养为统治阶级服务的绅士。另一方面，随着民族国家的建立和民族主义的形成，资产阶级进步思想家在教育方面强调培养学生的爱国心和民族精神，他们强调学生对资产阶级法律、政治学和社会学以及本民族历史文化的学习；大学按照国家和民族至上的原则，灌输统治阶级意识形态，教育目标是培养国家公民和爱国者。在今天看来，这两方面思想的出发点，颇具"个人中心主义"和"国家中心主义"的对立。然而在当时，这两种思想倾向常常体现在同一个教育思想家身上。

从文艺复兴开始，大学开始把促进受教育个人的和谐发展、自由发展或全面发展作为组织自身的目标、任务或职能活动之一。在教育思想上接受了以"绅士"人格作为大学培养人的目标，使得大学的育人目标具体化、偶像化，标示着大学具备了明确的育人功能。这在高等教育活动的历史演进中具有承前启后的划时代意义。沿着这一思维路线，围绕"人的合理发展与教育"这一命题的思想理论被不断地丰富和完善，直接影响了大学的教学内容、教学方式甚至大学组织环境和气候的安排与设计；而且，围绕这一命题，在学科理论的发展上，也吸引了多学科的关注，启迪了新兴学科的出现和发展。

在文艺复兴时期，大学的育人功能在社会的人文运动中获得发展和确立，在教育历史发展中体现为一种培养人的理想追求。然而，在社会发展的历史现实中，社会环境是影响人的发展的决定性的因素；而社会环境的影响与大学的育人目标和理想并不始终一致，在高等教育活动的历史中，大学的育人功能经常处于理想与现实的张力之中。

三、科学教育、科学研究、科技开发与大学的经济功能

随着伊斯兰和古希腊文明在中世纪缓慢地传入欧洲，不仅引致了

文艺复兴这样一场伟大的新思想、新文化运动，其中的科学知识也同样引起了欧洲有识之士的重视。“某些有知识的人和某些贵族竟然肯对机械技巧感兴趣了”。同时，新兴资产阶级不满意封建政治经济，当时他们发家致富的手段主要是采矿、战争和海上贸易。为了降低成本，他们推崇机械、工艺和技术上的发明；有发明能力的人受到矿主和船主的重用与欣赏。由于竞争的原因，他们在技术上互相保密，使得技术的发展缓慢、传播受限制；资金的缺乏，使得一些新发明运用到生产中去也受到限制。

15、16 世纪对科学知识和发明感兴趣的知识分子主要集中在意大利，那时他们都是以自学的方式单独工作。1601 年意大利的罗马曾经建立过第一所科学研究院，但随着意大利在政治、经济和海上贸易的衰退，科研方面也落后了。这个时期，在荷兰和英国，科学研究开始受到重视，科学家们考虑建立专门的科学工作组织。在弗兰西斯·培根等人的努力下，1631 年英国成立了皇家学会，1666 年改称为皇家科学院。17 世纪的科学研究出现了一个暂时昌盛的局面：在数学、力学、天文学、物理学和化学方面都取得了很大进展，出现了伽利略、开普列、牛顿和波义耳等科学家。但是，由于这些成果很快就满足了当时经济贸易形式的需求，所以刺激和促进科学技术进一步研究和发展的社会需求动力减退了。有人认为这可能是 17 世纪后期直到 18 世纪中叶科学技术发明相对空白的原因之一。

18 世纪制造业的兴起，促使了资产阶级工业革命的发生。以蒸汽机的发明为标志，科学技术发展进入一个新阶段。英国工业革命后，制造业对科学研究和技术发明表现出极大兴趣，从事科学研究的人知识层次提高了，制造商直接成为科研赞助人，民间科研组织取代官方成为科学研究的实际中心。生产实际中不仅领导者需要科学、技术，工人也需要知道简单的科学道理。于是，在大学之外出现了图书馆和研究院。18 世纪下半叶，法国制造业得到发展。但法国科学技术研究主要体现为官办性质，军事工业（兵工厂）是科学应用的主要方面之一，军事教育（如炮兵学校等）是从事科学教育的地方之一。法国 19 世纪末的一些科学家都是从这些军事学校培训出来的，拿破仑是受过此类教育、深知科学价值的统治者。工艺学院和度量衡管理局是法国最早完全由国家资助的科学机关,到19世纪初,法国的科学成就达到了顶峰,但时间不长,德国后来居上。

19世纪是欧洲资本主义国家工业化的重要时期,科学与工业发展、经济发展密不可分,一方面,应用科学发展获得了强有力的工业基础;另一方面,纯科学研究在大学和其他科学研究机构获得组织建制。政府加强了对科学研究的领导和资助,改变了以前科学研究无政府状况下的资金缺乏等不利因素的影响。分门别类的科学学会纷纷成立,出版物不断增加;"科学界"在整个社会系统中充分体制化了。德国通过对大学进行改革,确立了大学的科学研究功能,使得科学研究在大学得以建制。另外,德国人和制造业界积极向法国、英国学习,接受新科学,到19世纪中期,德国科学事业在欧洲已走在前面。19世纪后期,工业发达的资本主义各国之间的市场竞争加剧,原来在法国和英国奠定基础的燃料和炸药化工业,成为德国新工业的一部分,垄断了国际市场。列强竞争中,第一次世界大战终于爆发了,战争使得科学技术快速发展,政府比任何时候都更加重视并大力资助科学研究和用于战争的技术开发,科学家之间的协作也达到前所未有的程度❶。

就科学发展与大学教育的关系而言,虽然早在文艺复兴时期,杰出人物如"科学教育之父"弗兰西斯·培根就看到了科学知识的社会功用,比如他曾指出,科学知识是"为人的幸福最有价值的知识","为人类服务的理想是科学事业的最终目标"❷,但是,这一卓越见识在以后长达两个多世纪的时间里并没有对大学教育活动产生直接影响,只是在18世纪英国工业革命之后,由于斯宾塞和赫胥黎重新挑起了"什么知识最有价值"的论战之后,科学研究才在大学教育和中学教育中普遍得到重视。最早对于科学研究作出反应的是德国

❶[英]J·D·贝尔纳著,陈体芳译:《科学的社会功能》,广西师范大学出版社2003年版,第39、40页。

❷丁邦平:《西方科学教育的历史考察》,《清华大学高等教育研究》2002年第2期。

的大学，哈勒大学（Halle，1649）、哥廷根大学（Gotingen，1737）和埃尔兰根大学（Erlangen，1743），在18世纪末的课程改革中已经体现出了把研究引入大学的思想；到19世纪初，德国洪堡在其主持柏林大学时明确地把科学研究与教学相统一作为办学理念和原则，标志着德国大学步入职能活动的新时代。

有人把从中世纪到工业革命之前这段时间称为大学对科学知识反应迟钝和冷漠的“冰河期”。造成这种现象的原因可能是：其一，文艺复兴运动所得的重要教育思想成果是确立了“自由教育”、“绅士教育”的教育目标，自由教育强调人文学科对于学生培养在心智训练和道德修养方面的重要作用，“绅士”标准培养的是资产阶级政治统治的精英人才，而不是与生产实际相联系的实用人才。其二，当时的科学知识除了古代亚里士多德的有关著作外，现实生活实际中的科学技术知识是零碎的、经验的、保守的、民间性质的，就其规范性来说不具备进入大学的条件。其三，演进过程中的科学知识的功能和力量，决定了它的资产阶级使用还没有达到足以形成强大的社会需求的地步。然而，到了18世纪工业革命前后，情况就基本上完全改观了。尽管某些大学，例如英国的大学，在政府自由放任的态度之下，在教会和贵族的控制下，仍然强调固守人文学科在精英教育中的地位与作用，在接受科学知识和研究职能时具有保守性质，但是，已经有不少的大学，例如法国和普鲁士的大学，已经在国家干预下或在有识之士倡导下，接受自然科学课程和教学。

斯宾塞关于“什么知识最有价值”的问题，在古典学科教育与现代科学教育之间挑起的论战长达半个世纪之久，并没有赢得科学教育在大学教育中的重大的胜利，但19世纪初（1807年）的普法战争在现实性上教育了人们，尤其是德国人认为是法国的大学赢得了战争胜利。由此，刺激了德国19世纪初的高等教育改革。

19世纪以来，欧美各国竞争加剧，科学普遍被认为是现代文明的组成部分，科学技术是国家力量的源泉和体现，科学教育和研究越来越成为大学的重要活动之一。1810年成立的德国柏林大学，把传授科学知识和开展科学研究作为自己的两大任务。强调创造性是衡量教授水平的主要标准。刺激和鼓励教授开展科学研究的积极性，以科学研究为主要活动内容的研究所和研究班也大量出现。在德国大学的影响下，欧美其他各国也先后开始一方面改造传统大学的课程设置，缩减神学、文学课程，增加自然科学课程，另一方面大量增加从事科学技术教育的多科技术学院、综合理工学院、专门学院等；大量的应用性学科如工程、建筑、林业、采矿、冶金等进入大学学科课程设置。传统大学的绅士教育目标已经在大学类型与职能的分化中演变为更具体地培养政治精英人才或科学技术精英人才。

与大学传统上所传授的以精神世界为研究对象的神学知识、人文学科知识不同，自然科学技术知识以物质世界为研究对象，表现为人类认知物质世界、驾驭和改造物质世界的力量。科学教育、科学研究和科技开发应用与大学的结合，使得大学担负起为军事技术进步、工农业生产发展等提供人才和技术支持的功能。在以后，随着科学技术知识在社会生产领域的广泛应用，大学越来越表现出它为社会物质生产发展服务的经济功能。

作为人类认识自然、改造自然的方式和力量，科学技术知识在历史上曾为人类幸福做出巨大贡献。但是正如历史所表明的那样，近现代自然科学技术知识的发达是与资本主义的发展紧密联系的；换句话说，资本主义社会的功利主义倾向是自然科学技术知识进步的强大动力源泉。正是这种不惜以残酷的战争手段鲸吞资源、掠夺资源的功利主义目的，导致了以后自然科学技术知识的快速发展和非正常使用。大学接受了科学教育、科学研究和科技开发的新职能，同时也越来越遭受功利主义思想的侵袭；大学在为国家和社会经济发展服务的同时，其自身行为价值观也越来越深地涉入经济理性主义。在大学功能的历史演变中，科学技术知识生产、传播和应用介入大学组织活动，以其不同于传统知识的性质、应用倾向以及对于人们价值观的影响，不仅赋予了大学新的功能，也越来越深刻地改变了大学组织的传统属性，越来越普遍地推动着大学组织的专业化和机构分化。

第三节 现代社会大学功能嬗变和大学功能特征

一、现代社会大学发展的一般趋势和特征

（一）规模扩张

20世纪上半叶及60、70年代，世界发达工业国家的高等教育快速发展，教育越来越受到各国政府和社会的重视。为提高全民族科学文化素质，各国政府大力推进教育改革，促进教育民主化运动，极大地促进了高等教育的改革和发展。大学的数量增加，入学比例提高。60年代，许多欧洲国家的高等教育适龄青年入学率达到15%，70年代继续上升，如1970年法国为17%，瑞典24%，美国50%；90年代，大多数欧洲国家达到30%以上，美国也提高了几个百分点[1]。第三世界国家的高等教育规模在第二次大战以后虽然也有所发展，但是，由于经济和其他因素的限制，第三世界国家适龄青年入学率总体水平与发达工业国家相比还相差很远。第二次世界大战以后的高等教育的扩充有多方面的原因，首先是社会劳动和社会生活中知识含量的增加所导致的职业教育的发达和知识需求的膨胀。社会劳动中知识含量的增加表现为劳动的智能化、信息化、自动化，使得社会工作中纯粹的体力劳动的比重越来越小；社会生活中知识含量的增加表现为科技产品、高科技产品在生活中的应用越来越多，社会交往活动中科技手段的使用越来越广泛、在语言交流环境中的文化科技知识的背景越来越厚重。其次，现代社会的教育需求不仅仅局限某一年龄阶段或某些社会群体，而是各类群体，表现出高等教育需求主体的多元化和大众化。各国政府都面临扩大教育机会的压力，在很多国家，当公立大学系统无法满足这一需求时，私立、私营高等教育得到不同程度的发展。20世纪80、90年代，英美等发达国家由于经济发展出现“滞胀”现象，政府财政危机，“福利国

---

[1] [美]菲力普·G·阿特巴赫：《比较高等教育：知识、大学与发展》，人民教育出版社2001年版，第6页。

家”的理念消退，新自由主义市场经济理论获得政府推崇，政府削减高等教育经费，鼓励大学与产业界合作，从政府之外谋取资金来源，鼓励公立大学的私营化改造。传统上实行计划经济体制的社会主义国家例如中国和苏联向市场经济转轨，私有经济的发展使得私立高等教育的发展具有可能性。在政府提倡和推动下，私立高等教育获得了巨大发展。

虽然各个国家高等教育扩充的程度不同，但由于社会结构变化趋势的相似性，高等教育需求的变化也具有相似性，导致了高等教育扩充的原因趋同。

（二）大学的多样化和层级化

第二次世界大战以后，世界各国的竞争越来越趋向于科学技术竞争和经济竞争，当各国政府和学者意识到科技竞争和经济竞争所依赖的人力资源的重要性时，教育竞争也越来越激烈。在竞争中，由于世界范围的文化科技交流与协作，形成了美国学者阿特巴赫所描述的“国际知识体系”现象和大学在知识体系中的“中心—边缘”现象。他认为：“现行的国际教育综合体中存在着某些大学和知识的‘中心’，它们指出方向、提供样板、开展研究，一言以蔽之，就是将自己置于学术系统的金字塔的顶端起着领头羊的作用；而这一金字塔的底部则是那些处在‘边缘’的大学，它们照搬国外的发展模式，很少生产具有原创性的成果，一般不能涉足知识的前沿。”“中心大学几乎都无一例外地位于中心国家，即那些人均收入高、技术发展水平高、学术传统深厚的国家，那些使用某种主要的世界性语言并且拥有知识生活的所有基础设施的国家”。“处于边缘地位的大学为数众多，它们基本上是知识传播者，传播知识的途径主要就是培养学生以及从某种程度讲重复进行在中心大学已进行过的研究”。❶ “中心与边缘不仅仅存在于国与国之间，同样也存在于一个国家内部的大学系统中……中心大学能获得绝大部分的研究经费，拥有研究型教师……”❷社会尽管我们对于阿特巴赫“中

❶[美]菲力普·G·阿特巴赫：《比较高等教育：知识、大学与发展》，第27页。
❷[美]菲力普·G·阿特巴赫：《比较高等教育：知识、大学与发展》，第28页。

心—边缘”说可能有着多方面的质疑和问题，但是，他所描述的现象，即使不是一成不变的，在相当一段时期也是客观存在的。事实上，作为国际知识体系中的大学的“中心—边缘”现象，既是历史与文化的结果，也是当今世界后起的新兴工业国家和地区力求改变的进程。而作为一国之内的大学系统中的“中心—边缘”现象，则是多样化社会需求所导致的大学组织专业化分工的结果，而这种结果也往往带有各国政府在顺应“自然”（不均衡发展的历史与现实）的基础上，着意进行政策导向和制度安排的结果。例如，20 世纪 60、70 年代，在高等教育结构方面，各国大力加强改革，大学的层次和类型结构发生变化。英国以往的三种类型的高等学校（大学、教师学院和继续教育学院）发生了实质性变化，教师学院和大学联合，技术学院集中力量提高培养水平，后又改为高级技术学院、多科技术学院，呈现出院校升格，提高水平的趋势。法国 60 年代在大学校之外，开办了类似英国多科技术学院的短期技术大学。1968 年《高等教育方向法》之后，建立两级高等院校，即大学校和多科性大学。美国的大学有三个层次，即大学、四年制学院和两年制初级（社区）学院。第二次世界大战后，社区学院发展迅速。第三世界国家的高等教育也快速发展，例如印度和中国，大学的类型和数量快速增多。

（三）大学的危机

仅仅从高等教育规模扩充和大学的多样化发展这两个方面描述现代社会大学发展是不够的，因为，在 20 世纪进入 21 世纪千年之交的大学正面临着前所未有的多方面变化，这些变化正全方位地影响着大学的理念、本质、特征、地位和功能等各个方面，以至于人们认为，大学正处于一个充满挑战和危机的时代[1]。概括起来，可以归纳为：①边界危机。大学从中世纪发展到现代社会，越来越加速着这样的变化趋势：“从唯一的大学到多样化的高等教育机构；从一个，到少数，到很多任

---

[1] 人们一般认为当代高等教育有三大危机，即质量危机、财政危机和道德危机，但本书认为危机是多方面的。

务；从为少数人，到为很多人，到为大多数人服务。"[1]同时，现代传媒技术的发达使远距离教学成为新的普遍方式。世界贸易组织把教育界定为教育服务产品，成员国在不同程度上接受了有关教育服务国际贸易的规定条款。在这样的趋势中，界定或描述传统大学特征和属性的概念已远远不能适应今天的大学多样化存在和发展。人们更倾向于使用"高等教育机构"作为宽泛的或模糊的表达。②质量危机。高等教育规模的扩充，引致了大学从精英教育走向大众化和普及化教育，这种变化导致人们对于高等教育质量问题的争议，尽管人们已经学会用多样化的高等教育质量观看待今天的大学。但是，在大学的急速扩充中，教师和教师培训的缺乏、大学设施的不完善、学校设置的良莠混杂从很多方面支持了英国人的"更多就是更坏"这样一种观点。③学术标准危机。高等教育从精英教育走向大众化、普及化的过程中，同一所大学是担任精英教育功能还是大众化、普及化功能，或兼而有之，直接关涉到大学的运作方式。在最早步入大众化、普及化阶段的国家，人们不仅追求入学机会的平等，而且一些人还要追求超出机会平等，走向结果平等；而在另一方面，有天赋的人则追求个人能力的最大化发展。在瑞典1968 年的大学改革中，重视全体公民的待遇平等和高等教育机构地位平等。但是否会出现"在高等教育内部向下均质化的幽灵"，克尔认为："这种情况是否会发生，视所做出的政策选择而定。"[2] ④财政危机。高等教育的规模扩充，引致了政府的高等教育财政危机，如何实现高等教育财政的转移支付，是世界各国共同关注的问题。公立大学实行收费制度越来越普遍，但学费标准过高在经济欠发达国家备受争议。如何发展私立大学、对公立高等教育机构是否建立市场化投、融资渠道等，是目前很多国家正在尝试的措施。⑤效率危机。大学数量、类型、层次的多样化发展，一方面使得人们对于高等教育的边界认识模糊；另一方面，面对不同的高等教育机构的办学目标模糊、服务对象不明、效

[1] [美]克拉克·克尔著，王承绪译：《高等教育不能回避历史》，浙江教育出版社 2001 年版，第 214 页。

[2] [美]克拉克·克尔著，王承绪译：《高等教育不能回避历史》，第 71 页。

率低下等问题,如何使众多的公立高等学校更好地发挥功用,各国政府在宏观管理策略上面临着考验。⑥大学理念和大学管理危机。现代社会的大学,以其越来越庞大的社会子系统的势力和越来越重要的功能,正从社会的边缘走向中心,如何管理、控制和运作大学机构,是各国政府和学者正在研究和尝试的课题。传统大学理念倾向于大学自治与学术自由,与社会保持适当的距离,科学研究局限于纯学术范围。但现代社会要求大学越来越直接与需求主体发生联系,企业与大学在科学技术的研究与开发中相互渗透;地区与社区要求大学服务周边经济与社会生活,学生要求大学在教师、课程和教学等方面提供尽可能多的选择机会。政府正从竞争与效率的角度,一方面建立一支庞大的专业管理队伍,实行管理主义的"目标—责任"制度;另一方面,经济领域的"市场原理"和产业化运作理念也正在被引入高等教育管理系统。多方面的压力正使得当代高等教育机构更加混乱和无所适从。

二、现代社会的大学功能嬗变与特征

(一)知识转型与大学文化功能、育人功能的衰落

大学的科学教育与人文教育之争,从中世纪大学出现不久就显现出来。戏剧性的是,在科学教育和研究于19世纪的德国柏林大学确立其建制和地位之前,一直处于被贬抑和同情的地位。但是,科学与技术以其"客观知识"[1]的品质和对于社会生活、工业发展与经济进步的巨大功用最终赢得了在大学殿堂的一席之地。斯宾塞关于"什么知识最有价值"的追问,培根关于"知识就是力量"的论断曾经是这一段时期对科学技术的追求和赞美。但是,两次世界大战带给人类的灾难和痛苦,科技发达时代社会生活的紧张与压力,使得人们不得不重新审视其地位、价值以及与人文教育的应然关系。

20世纪初,随着工业化发展,科学技术发展越来越快,科学技术向教学内容渗透成为教育必须面对的问题,以英国斯宾塞为代表的科学

[1]在后现代知识观普遍获得人们接受之前相当长历史时期内,人们普遍以"客观知识"的标准来看待科学技术知识。

主义教育思想，强调科学知识最有价值，评判传统人文教育是“为了花而忽略了植物，为了美丽而忘却了实质”❶。以法国涂尔干为代表的功能主义教育思想认为，教育变迁是社会变迁的一种反映，强调教育的目的在于使年轻一代系统地社会化，教育应首先满足社会的需要，“即使初看起来多么合于个体自发的要求，但事实上个体只有当社会对他有所要求时，并且只能以社会对他规定的方式获得这些素质”❷。科学主义和功能主义教育思想代表了当时资本主义发展和科学发展的要求，在同传统人文主义的论战中取得了胜利，迎合了当时资产阶级强烈的功利主义教育价值观，推动了当时的教育改革。然而，就在这一过程之中，人文学科和人文知识在大学中的地位开始被削弱、被边缘化了。

第一次世界大战及资本主义社会经济危机的爆发，使得人们对过去的信念开始动摇，重新思考人性、社会和价值观问题。以德国斯普朗格和李特为代表的“文化教育学”思想，作为20世纪初的人文主义教育思想的新形式出现了。“文化教育学”思想认为，工业发展使人异化成没有感情的“机器人”，只有通过教育才能解决资本主义社会的精神危机和文化危机，重新建立正确的文化观和教育价值观；教育的目的在于呼唤人类的心灵；教育的本质是对人性的陶冶；教育过程是保存文化、传递文化、创造文化的过程；教育和教学改革应该以“自由、平等、博爱”为主题。在课程设置上，文化教育学思想重视人文课程对心灵陶冶的作用，认为人文学科蕴涵着人类文化的精粹，在精神和价值观方面具有巨大的震撼人心的力量，能使人格和谐发展。20世纪初的文化教育学思想和以后的永恒主义教育思想、要素主义教育思想、存在主义教育思想一起，揭露了资本主义社会面临的困境：即资本主义功利主义倾向与资本主义人文振兴的矛盾；日益发达的科学知识教育与人文学科教育在学校教育中出现尖锐的对立和分歧。

第二次世界大战以后，世界各国更注重军事竞争、经济实力竞争、科学技术竞争和服务于这些方面的教育竞争。在资本主义社会，一方面，

❶斯宾塞：《教育论》，人民教育出版社1962年版，第31页。

❷转引自单惠中《西方教育思想史》，山西人民出版社1996年版，第471页。

物质生活充裕，科学技术高度发达；另一方面，人异化为机械和知识的工具的现象日益严重，社会内部的功利主义、拜金主义盛行，世界范围内的国家强权主义行为猖獗。在高等教育领域，科学教育、专业教育发达，人文教育薄弱。面对旧有价值标准的逐渐崩溃和人类精神的迷茫，人本主义思想家、教育家再次高举人文主义教育旗帜，探求人类合理化发展的希望和路径。以马斯洛、罗杰斯、弗洛姆和奥尔波特为代表的人本主义教育思想家认为，传统教育对理性的提倡促进了科学知识的发展，然而科学知识是造福于人类的手段而不是目的。现实也证明了这一点，过分强调片面知识的学习而忽略了个性和谐发展已使人变成了知识的奴隶，"现代社会的教育偏狭使人受教育越多，就越缺乏理性，充其量只不过提高了智力，提高了在经济角逐中的竞争能力，但是'透过事物的表面去了解个人和社会生活中的本质力量的能力却越来越枯竭'"❶。

应该说，把现代社会的种种弊端归结为科学与技术的过错是不公正的，虽然科学技术的发达增加了人类满足欲望的手段，但正是人类欲望的不恰当方式的满足，给人类自身造成了问题。从这个角度而言，不仅仅科学技术知识，而是人类的全部的知识发展和应用都在其功用性选择上，受到了人类欲望的不恰当满足方式的影响。正如克尔所言："知识原来是为真理起见(例如亚里士多德)，然后为了对自然的权力(例如培根)，然后为了国家的领导(例如拿破仑和洪堡)，然后也为了个人的能力(例如纽曼)，然后为了金钱(例如富兰克林和马奇卢普和一切工业社会)，现在是为了所有这六项(和其他目的)一起。"❷尽管如克尔所言，现代社会人们已经从理性上认识到现代知识应该服从所有目的，在大学教育中，人们也强调"通识教育"、"人文素质教育"，试图通过课程改革、教学改革等实现科学教育与人文教育的"整合"，但是，国家之间的军事竞争、科技竞争和经济竞争，社会团体与个人的财富竞争、经济收入与报酬的竞争，没有丝毫减弱的趋势。大学所受外部社会需求的影响，以无法回避和抗拒的力量影响着大学的发展。这种影响的结果就是：大学的政

❶弗洛姆：《人性的呼唤—弗洛姆人道主义文集》，北京三联书店 1991 年版，第 88 页。

❷[美]克拉克·克尔著，王承绪译：《高等教育不能回避历史》，第 273 页。

治功能、文化功能和育人功能的衰落，科技和经济功能增强；或者说，大学服务国家和社会的政治功能、文化功能和公益价值减弱，服务于社会和受教育者个人的经济功能和私益价值增强。

(二)科技发达与大学经济功能的凸显

现代社会的知识需求特征是科学技术知识的开发应用。这种需求来自社会各个层面。国家在国际环境中的军事竞争、高科技竞争和经济实力竞争；社会产业界为了利润最大化而展开高新技术竞争和科技人才竞争；民众生活中的就业机会竞争以及科技产品和科技知识消费等，共同促成了这种趋势。大学，作为承载教学、科研和社会服务职能的机构，越来越深刻而普遍地经受着这种趋势的影响。“学术研究能力的开发，本身就孕育着未来经济和社会发展的萌芽，它表现为人力资本、内隐知识和知识产权。把川流不息的知识转变成知识创新的新源泉，是大学学术研究的一项任务。这些新的源泉也正在改变着大学的结构和功能。这种潜在的资源，只有通过体制改革，并成立技术转让办公室和有产业界参加的技术孵化器及各种研究中心，才能为产业参与者创造收益。从侧重生产和传播知识，转向技术转让和组建公司，大学的重心发生变化，并与生产部门形成新的组合。”[1]在此背景下，大学的内部组织结构和运作方式发生变化：一方面，大学走出校园与产业部门合作，通过参与产业界科学技术研究与开发活动，在为企业增加利润的同时也为自己创造经济收入，越来越多的大学走进中小企业、私人企业从事这方面的活动；另一方面，大学自己主动地参与产业行为，组建公司、研发新产品、创造自己的经济利润。在某些科研实力雄厚的大学周围，形成了新兴科技产业园区。大学内部成立了新的部门，来领导和管理这些部门。政府鼓励这种趋势，并积极参与和干预。政府、大学和产业界的关系，形成了相互依附、权力交错的“三重螺旋”发展模式[2]。在

[1] [美]亨利·埃兹科维茨、[荷]劳埃特·雷德斯多夫等著，夏道源等译：《大学与全球知识经济》，江西教育出版社 2001 年版，第 1 页。

[2] [美]亨利·埃兹科维茨、[荷]劳埃特·雷德斯多夫等著，夏道源等译：《大学与全球知识经济》，第 249 页。

更微观的层面，大学里的学院和系一级中层组织、教授和员工，也利用自己的知识和能力与外部社会的关系，或参与地方、社区、公司、企业活动，或成立大大小小的私人公司，通过提供专业知识服务，获得经济报酬。

现代社会大学的科技活动，与以往在校园内从事纯科学研究的情形相比已经发生深刻变化，在对社会开放基础上的科技开发与科技知识推广与应用更受到欢迎和重视，基础科学研究成为大多只在高层次的大学内部以小的比重存在的“国家关注领域”。

（三）大学社会政治功能的变化

在国际政治格局的变化中，20 世纪末，社会主义大国苏联和中国由计划经济体制向市场经济体制转轨，使得在世界范围内社会主义和资本主义两大阵营之间的意识形态抗争大为减弱。发展科技和经济，成为各国之间的主要竞争目标。自然地，发展科技和经济也成为国家内部的主要政治任务。在这种趋势中，国家对于大学和高等教育的政治干预形式与重点也发生转移，弱化了政治意识形态斗争的宣传和教育，强调高等教育为发展国家的科技与经济服务。各国政府干预高等教育的手段和方式，从强调行政命令和管理，转换为政府利用配置高等教育资源的权力，采用经济手段刺激和引导大学的学科设置、科学研究和社会服务，满足国家和社会发展经济的需求。在大学内部管理方面，重视大学的组织特征、功能特征和管理特征，强调专业化管理和竞争机制的引入。不过，尽管在世界范围内各国大学的政治功能在弱化，但是，高等教育集权制管理模式的国家与分权制管理模式的国家，在大学管理的统一性与多样性、集中化与分散化方面还存在着形式与实质的差别。

（四）当代社会大学功能的多样化嬗变

当代社会，大学的组织结构、活动方式与内容正在发生快速变化，使得大学功能处于嬗变之中。①从促进社会分层功能走向促进社会平等功能。大学规模的扩张提供了更多的入学机会，高等教育从精英化阶段走向大众化和普及化阶段，大学在促进社会流动方面发生深刻变化。精英化阶段的高等教育，主要为国家培养政治精英和技术官僚，帮助受教育者个人获得社会地位的升迁，造就社会的上层阶级或阶层，体现为一种促进社会分层的“向上流动”作用。大众化和普及化阶段的大学，大量的毕业生从事社会和政府机构中一般职员的工作，成为社会的“白领”阶层或中产阶级。大学在社会流动的作用，更多地是促进“水平流动”。因此，人们把当代大学的这种作用归结为“促进社会平等的功能”和“服务个人职业需求”的功能。②从公益功能走向私益功能。高等教育精英化阶段，大学主要培养国家官吏和技术官僚；大众化和普及化发展阶段的高等教育，开始服务于社会和个人这一私益领域。大学为企业追求利润提供人才支持、科研成果支持和智力支持。人力资本理论改变了传统的高等教育投资观念，接受高等教育也被认为是提高受教育者个人未来收入的途径。交费上学作为一种“用户支付”的成本分担理念，普遍为社会大众接受。③大学自身具有营利功能。当代大学一方面向学生收取费用；另一方面，利用自身的科研能力和社会咨询服务扩大资金来源，兴办产业创造经济利润。大学已经从传统的“非营利组织”中分化出来，在不同程度上具有营利功能。

小结

大学有什么功用？这是很多人追问的问题，也是一个朴素而根本性的问题。在我们今天看来，大学具有社会政治、经济、文化功能和促进个人全面发展的功能。显然，我们对于大学功能的总结是基于大学本身的基本职能活动（教学、科研和社会服务）而言的，是关于大学在当代社会结构中所处的地位与作用而言的。即便如此，当代大学的全部功用，是大学作为一特殊社会组织、它的存在所产生的与整个社会的全部联系和影响。除了大学基于基本的职能活动所产生的政治、经济、文化和育人功能之外，还具有许多其他的社会影响或功能。例如社会批判和评价，增进社会平等、服务企业需求和个人需求等。因此，现代大学功能是传统功能与当代功用的杂糅，是基本功能和外溢功能的统一，是隐性功能与显性功能的混合。就一个具体存在的大学而言，其自身特点及其所处的环境决定了大学的个性差异性，因而，大学的功能是不均衡发展的，大学之间的功能也是各有所长的。

从历史变迁的角度考察，大学的功能是嬗变的。中世纪大学产生的最初形式及其功能是当时的社会需求的结果。但是，历史进入民族国家的社会形态以来，大学被控制在民族国家的权力之中，大学的存在和功能已经远远不同于中世纪的情形。高等教育需求的“话语权”、大学和高等教育的形成与发展的“建构权”都高度集中于国家政府；大学的理念和存在形态也逐渐脱离了它在中世纪的自由、自治和“国际化”性质，并越来越深地植根于民族国家的历史与文化之中。如果说中世纪大学的功能和建制方式是反映了中世纪民众社会和受教育者个人的高等教育需求和权力的话，那么，伴随着民族国家的诞生，国家在相当长的历史过程中取代了社会和个人的主体地位，在相当长的历史时期内垄断了高等教育需求的“话语权”和大学与高等教育产生并存在的“建构权”。大学功能表现和发展朝向“国家本位”。

然而，近现代科学技术知识的发展和功用特征，是影响大学功能变化的重要内在变量，伴随着科学技术知识的发展，大学的经济功能得以出现和发展，这一新功能逐渐改变了精英教育时代大学与国家、社会和个人之间的关系，使国家垄断高等教育的合法性遭遇挑战。当代高等教育市场化改革的理论观点，也从这一方面寻求依据，关于这一点，本书第五章将予以集中探讨。

第二章　大学功能与市场机制

——经济学视角的理论回溯与当代改革实践

第一节　当代市场经济理论向公共部门和高等教育领域的扩张

伴随着 13 至 14 世纪资本主义作为一种经济现象的出现和发展，市场经济制度得以形成和确立。市场经济理论的发展，从亚当·斯密所确立的古典经济学、马歇尔所开创的新古典经济学、凯恩斯所开创的宏观经济学、萨缪尔森所代表的主流经济学发展到了现代的新制度经济学和新托马斯主义经济学。各派经济学理论在批评相长的关系中，不断得到完善和发展。当代西方经济学，无论从作为一门学科理论体系建构的科学性质，还是从作为一门学科理论对于现实世界的规训作用，都奠定了它在当代社会的显学地位。

西方经济学理论从探究人的自利动机与社会秩序的关系出发，在亚当·斯密那里就肯定了市场作为“看不见的手”在资源配置中的合理调节作用，并提出了在市场中政府与市场的应然关系。沿着这一路线，西方经济学不仅不断完善着理论自身，而且不断扩张着自己的研究对象和领域，传统的公共物品在现代被细分出公共物品和准公共物品；甚至日常生活也具有研究与分析上的经济学意义。西方市场经济理论在当代社会创造出几乎无所不在的经济理性主义。

无论如何，西方经济学对市场在资源配置中的作用的研究和推崇是成功的。因为历史的实践证明，市场经济体制作为一种基础性的资源配置方式对于一个国家或社会的经济进步是富有效率的。20 世纪末，社会主义大国苏联的解体和中国计划经济体制向市场经济的转轨的改革,更扩大了市场经济在世界范围内的地盘。随着现代西方市场经济理论对公共产品的界定和细分,准公共产品也被认为是可以形成价格的。因此,作为准公共产品的高等教育服务,也被引入商品交换领域,高等教育市场化改革成为世界各国高等教育改革的共同趋势。

市场是社会分工和商品交换的产物。在前资本主义社会,人们为了生活的需要已经开始了市场交换,例如城市的存在所充当的交易场所功能以及易货贸易活动的功能。到了资本主义社会,生产方式发生了巨大变化,生产资料所有者资本家与生产工具大大地疏远了,工人出卖自己的劳动给资本家,换取其劳动价值中的一部分——工资,来维持生计,其余部分为资本家以利润的形式占有。工资劳动和劳动市场的出现和形成构成了资本主义市场与以往市场的本质不同。霍布斯在《维利坦》中为资本主义市场的存在和资本主义市场背后资本家自利动机的合法性作出了阐释。霍布斯揭示了人的自利本性,认为正是为自利动机所驱使着的个人构成了市场经济发展的社会动力基础。18世纪的古典经济学家亚当·斯密从人的自利本性和天赋人权观念出发,建立和阐释了"看不见的手"的原理,进一步把市场经济体制解释为自动调节个人利益与社会利益的关系并使二者同时得以实现的"自然秩序",因为,在市场中,个人以谋取利润为唯一目的并尽最大努力使利润最大化,必然努力经营自己的事业,"一般地,他确实不打算促进公共利益,也不知道自己会在多大程度上促进这种利益。……他所考虑的只是自己的收益。但是,在这种场合,像在其他许多场合一样,他受一只无形的手引导去促进一个并非本意要达到的目的。也并不因为事非出自本意,就对社会有害。他追求自己的利益,却往往能够比真心实意要促进时更有效地促进社会利益"。国家的职责主要是:对外保障国家安全,对内维护和平与安定;保护个人在自利动机下自由的竞争和生产致富;建设和维持由个人或少数人无法经营的公共机关和公共工程。政府是市场经济的"守夜人"。古典经济学家亚当·斯密的理论,缺乏对于"看不见的手"在市场中究竟是如何发挥调节作用的严密分析,新古典经济学对此进行了进一步的分析和解释。马歇尔开创的新古典经济学创立了系统的市场经济理论体系和精巧的分析工具,在凯恩斯主义出现以前，一直占据经济学主流地位。20世纪20年代末资本主义世界的经济危机，冲击了新古典经济学的理论体系。在对新古典经济学理论的继承性批判中，凯恩斯主义经济学、主流经济学（新古典综合派）诞生了，他们围绕就业问题、市场竞争与效率等问题集中讨论了市场失灵问题，强调政府干预经济的发展模式。第二次世界大战后20年中，西方经济在增长中经历了黄金时期，但是，20世纪70年代以来，西方资本主义社会出现了失业和通货膨胀并存的“滞胀”现象，使主流经济学的理论解释遭遇困境。由此而起，新制度经济学、新凯恩斯主义、新自由主义经济学开始了对政府与市场关系的重构。

新制度经济学引入了交易费用概念，通过对交易费用的分析，通过把制度作为经济学分析的内生变量，建立了独树一帜的政府观。新制度经济学认为，市场中的交易行为是需要成本的，从事先准备契约到事后监督和保证契约得以实施，需要在生产过程之外付出一定代价的交易费用。新制度经济学对交易费用的发现和探讨，动摇了新古典经济学的理论基础，也使得西方经济理论更贴近生活的实际。交易费用理论认为，交易中有三个因素会引起交易费用，即有限理性、机会主义和资产专用性。有限理性是指由于人的认知局限，使得事先达成的交易契约不能完全周密，以后可能会因此而出现纠纷。机会主义是指契约开始实施后，一方当事人可能会利用投资专用权利要挟对方而从中谋利。为减少交易费用，政府作为产权制度的主要供给者，应利用自身优势，通过持续不断的制度创新来为市场交易提供稳定的制度环境。不过，新制度经济学家诺斯指出，此时政府的干预也可能会出现失灵，因为政府干预的第一目标是通过强制性产权制度安排使统治者租金最大化；第二目标是在第一目标的基础上建立有效的产权制度，使社会产出最大化。当两个目标冲突时，在一般情况下，政府往往重视第一目标而忽视第二目标。在政府失灵方面，新凯恩斯主义经济学作了更进一步的论述，根据斯蒂格利茨的描述，导致政府干预失灵的主要原因，一是信息不完全。政府要制定与利益相关的详细计划，就必须花费大量的人力、物力和财力去获取详细、准确的信息，这本身就违背了增进资源配置效率的初衷，而由于各种原因，所获得的信息往往又是不完全或不准确的。二是政府雇员的利益目标与政府组织目标的非完全一致性。政府机构里普遍存在着委托—代理问题。在委托—代理关系中，政府雇员究竟是为组织的利益行事或是为自己的利益行事，政府很难对其实施有效的判断和监督，而缺乏有效监督的雇员很可能为了使自身利益最大化，一方面向内寻求晋升机会，另一方面，利用手中权力向外换取利益。三是由于政府对其雇员的工作和业绩缺乏有效的监督和评判，政府对雇员的激励措施往往是扭曲的，往往是增加雇员工资而不是减少工资。因为政府支付雇员的工资是公共资金，由于政府组织的特殊垄断地位，公共部门存在大量"寻租"活动，政府雇员与利益集团利用公共权利达成交易，各自满足私欲，政府被利益集团所捕获。为克服政府这些缺陷，斯蒂格利茨认为：①政府实施垄断权时或授予特许权时必须谨慎行事。②政府应在适当条件下在公共部门引入竞争，对公共部门及其雇员实行预算约束；在公共部门内部实行奖惩结合的激励机制。③在适度范围内实行分散决策，把一部分决策权分配到信息优势的地方以减轻信息不完全引致的政府低效率。④政府应及时向社会提供公共信息，建立开放的决策系统，在信息公开流通中减少获得信息的成本，加强对雇员的监督，增加决策透明度，减少寻租活动[1]。新自由经济学核心人物哈耶克，以其多学科的学识，独特、深刻的思想，重新论述了市场机制在经济活动中不可替代的作用，并对市场中个人自由的价值赋予政治学和社会学意义；把政府过度干预经济的政策和行为，看做是"走向奴役之路"。在公平与效率的关系上，哈耶克主张效率是第一位的，他把平均主义的社会分配政策看做是社会对强者（或优势者）的不公平，会导致官僚腐败、压抑个性并对于增进整个社会的发展和福利不利。从个人主义的价值观出发，他强调个人在市场中的消费主权，"消费者在市场上支出每一元货币，就等于一张选票"。个人在消费中的选择行为是对商品或服务的赞同或否定。哈耶克从分析自然科学知识与社会科学知识的差异性出发，认为社会科学知识的价值和意义是主观主义的，"应赋予客体的价值只能根据人们的目的和所持有的关

[1]王善迈：《市场经济中的政府与市场》，北京师范大学出版社 2002 年版，第 28 页。

于这一客体的观点来确定”。在市场竞争中，新自由主义经济学的公共选择学派把分析的矛头转向政治决策过程和非纯公共物品领域，分析了公共部门的寻租行为，提出了对非纯公共物品的排他性质的见解。

可以说，现代西方市场经济理论对于公共部门缺乏责任意识和效率观念的现实的抨击、在理论层面鞭辟入里的分析，以及对于准公共物品"非纯公共物品"排他性的分析，为在公共领域(包括高等教育)引入市场机制打下了理论基础。20 世纪 70、80 年代以来，一些发达工业国家在高等教育入学规模的急剧扩张之后，对高等教育的传统认识在价值观、功能观、质量与效率观以及运作理念等方面都发生了变化，以对公立高等学校实行经费削减、对学生开始收取学费，改变学生资助办法、刺激私立高等教育发展、刺激高等教育机构对社会需求变化迅速作出反应，刺激学校之间开展竞争等一系列措施和手段的采纳为标志，一场高等教育市场化改革运动在全球范围内蔓延开来。

第二节　经济学视野中的大学功能与市场机制

在当代西方市场经济理论不断走向成熟和扩张的过程中，从经济学视角分析大学行为、大学功能以及大学的生存和运作方式，有着一个可以检索和辨识的历史脉络。从 18 世纪亚当·斯密开始，到 20 世纪后期的哈耶克和弗里德曼，有许多最著名的西方经济学家，围绕着大学的生存和发展是否适合市场机制或市场化制度安排问题展开了并延续着至今没有一致答案的争议。在这一问题上，那些曾经以自己的经济学理论改变历史进程的伟大的经济学家，面对着大学和教育这样一个特殊的社会组织和社会活动领域，为了建构自己理论观点的合法性，从经济学出发、但却已经远远走出了纯粹经济学的理论视界，从知识社会学、文化学和政治学等多学科角度，追问和论证大学的社会功能及存在价值，进而分析大学行为的经济学控制与大学制度的经济学安排的利弊得失。可以说，从大学的社会功能和价值求证大学行为控制与大学制度安排的经济学意义，是西方经济学家论证高等教育市场机制或市场化的一贯的、历史的"范式"和路径。回溯这一"范式"和路径的理论发展的历史脉络，对于我们分析当代的高等教育市场化改革理论，仍然具有根本性启迪意义，尤其是当代的高等教育市场化改革理论已经建立了“多学科话语体系”的时候，大学的社会功能和价值，依旧应该是大学行为控制和大学制度安排的落脚点之一。

一、亚当·斯密关于大学功能与高等教育市场机制

18 世纪英国的亚当·斯密作为古典经济学的创始人，很早就对于教育予以关注。把他用于分析经济行为的“经济人”假设，同样地用来分析大学行为动机和行为调节。最早提出了把高等教育与市场机制联系的改革建议。主要在其著作《国富论》一书的“论青年教育机构的支出”一节，表达了其关于大学行为、大学功能与市场机制的关系的思想。

（一）大学经费的来源可以依靠自身的收入而不是国家投入

亚当·斯密认为：青年教育机构的开支，是没有必要由政府从其所征集的社会一般收入来支付的——“学生付给老师的学费和谢礼自然构成这种收入”。另外，“在欧洲的大部分地区，学校和学院的捐赠不是来自一般收入，或只有非常小的部分来自一般收入。”❶这显然也是当时欧洲大学经费来源状况的现实性描述。

（二）大学教师的工作积极性主要来源于竞争不是伟大的目标

亚当·斯密从人的自利性出发，认为竞争和比赛是促进教师工作积极性的根本手段。“即使在卑微的职业中竞争和比赛也使得成绩出色成为野心的目标，常常造成最大的努力”❷。而只有少数人才会在高尚的动机促进下努力工作，但这并不能构成促进个人为工作付出最大努力的必要条件。“某一职业的成功所要达成的伟大目标，有时促使少数具有特别锐气和野心的人做出努力。然而，伟大目标对于造成最大的努力显然不是必要的”❸。他认为，作为本质上自私自利的人，只

❶［英］亚当·斯密著，杨敬年译：《国富论》，陕西人民出版社 2001 年版，第 827 页。
❷［英］亚当·斯密著，杨敬年译：《国富论》，第 828 页。
❸［英］亚当·斯密著，杨敬年译：《国富论》，第 828 页。

有个人的收入和名誉是促进大学教师勤恳工作的根本手段和方式。即使大学拥有资金,但是如果分配方式不恰当、不能从人的自利本性出发利用适当的手段形成为金钱和名誉竞争的情况,仍旧不能调动教师工作的积极性和精力投入。"每一个人的利益,是生活得尽可能安逸;如果不论他是完成还是不完成某种非常辛苦的职责,他的报酬都完全一样,那么他的利益,至少就是通常所理解的利益来说,肯定是要么完全忽视这种职责,要么,如果他处于某种不许可他这样做的权力之下,就用这种权力所允许的粗心的草率的方式去履行这种职责"❶。他分析和批评当时英国一些大学,教师只是从大学取得固定的收入,而报酬的多少不与工作的勤勉程度和业绩相联系,使得教师缺乏工作积极性和责任心,教师之间在忽视职责方面相互宽容。

(三)大学的功能通过市场竞争可以得到最好的发挥

亚当·斯密认为,大学的职责是至高无上的,能够为社会提供充分的公共福利。但没有必要因此而将大学的行为与政府资助和公共利益必然联系在一起。相反,应该和学生从大学教育中获得的私人利益联系起来,考虑如何使学生取得利益最大化。这个问题,要通过改革,使大学处于为学生消费者提供教育服务的市场竞争环境之中才能更好地解决❷。为了形成这样的竞争市场,依靠大学本身的力量是不行的,因为大学的纪律主要是为教师服务的。"学院和大学的纪律,一般不是为了学生的利益来维持的,而是为了教师的利益,或者更准确地说,为了教师的安逸来维持的"❸。虽然政府作为一种外部力量具有监督教师履行职责的可能性,但是行使外部管辖权的人不可能真正了解教师工作的好坏,同时,"由于这种职务所产生的傲慢,他们每每不关心自己是怎么行使这种权力的,容易任性地谴责教师或剥夺他的职务,没有任何正当的理由"❹。由此而损害了教师应有的尊严,久而久之,使他

---

❶[英] 亚当·斯密著,杨敬年译:《国富论》,第829页。

❷J. Patrick raines and Charles G. Leathers: The Economic Institution of Higher Education, Published by Edward Elgar publishing Limited, UK, 2003, p57.

❸[英] 亚当·斯密著,杨敬年译:《国富论》,第831~832页。

❹[英] 亚当·斯密著,杨敬年译:《国富论》,第832页。

成为曲意迎合权力意志的人。因此,政府不应该过多干预大学的内部事务。在亚当·斯密看来,唯一能使教师自愿地、不失尊严和名誉感地、尽最大努力投入本职工作以便取得最大报酬的力量,是学生选择——学生选择学校、选择教师和选择课程的自由促使教师为了报酬和名誉而勤勉工作,而名誉和工作勤勉程度决定了大学和教师吸引学生的人数以及来自学费的收入多寡。

亚当·斯密批评当时英国的大学和学院缺乏竞争。大学的教职工控制着课程;教职工享受着来自大学基金的收入而不是来自学费的竞争性收入;大学入学权力控制在特权阶级手中;大学里的学生没有选择的自由,因而很难改变大学慵懒涣散的状况。在当时这种状况下的英国大学,只是迎合上流社会的时尚,讲授华而不实的课程和知识,培养虚饰文雅的绅士,忽视职业的和实用知识的教育,严重脱离了社会发展对新知识的需求和社会大众的真正需求,最终导致了英国大学的衰落。

亚当·斯密为英国大学提出的改革建议就是通过增加学生选择学校、选择教师、选择课程的自由和机会,促使大学和教师为了声誉与收入,向学生提供竞争性教育服务,由此而形成一个"市场模样"(market - like)的环境。

显然,亚当·斯密所主张的模仿市场的青年教育机构改革,就是利用经济手段促进教师竞争和学生选择;其理论支点是"经济人"假设同样适合青年教育机构的教师。他虽然承认大学具有促进整个社会利益的功能,但并没有对此作出更多说明。不过,从其理论表述看来,似乎大学的社会功能是可以在大学随时向购买者提供服务过程中实现的。在这一点上,他招致了后来人的批评;围绕这一点,也拉开了探讨和争议的历史序幕。

二、约翰·斯图加特·穆勒的大学功能观与高等教育市场机制

19 世纪初,德国以柏林大学为代表的新大学理念和改革成就,使得德国新大学成为欧洲大学仿效的榜样和中心。然而,德国大学的成

功并不是像亚当·斯密所主张的那样,经由服务学生选择的市场竞争之路;而几乎是与之相反,是在国家政府官员、学者和校长洪堡的主导下,强调柏林大学在自由地追求高深知识、凝聚民族精神方面的功能,从而为当时德国的政治、经济、科技和文化需求做出了突出贡献。德国大学的新理念和成功实践影响了当时世界、尤其是欧洲大学,也影响着当时的思想家包括经济学家的大学功能观。英国19世纪伟大的哲学家、经济学家约翰·斯图加特·穆勒(John Stuart Mill)(简称约翰·穆勒)就是其中之一。

约翰·穆勒在其著作《政治经济学原理——及其在社会哲学上的若干应用》中的部分章节,关注和论述了高等教育问题。他的教育观深深地植根于他的哲学观及其个人关于人类进步的理念之中。他的教育思想与亚当·斯密既有联系,又有区别。在对于大学行为的分析方面,他非常赞同斯密的论述:大学教职工获得收入的两种方式——来自于基金的固定收入和主要来自于学生学费的非固定收入,对于教职工工作积极性有着显著不同的影响。但是,他对于斯密关于用市场原理的方法改革英国大学的建议却持反对意见,因为他从根本上否定斯密改革思路的可能性前提假设:"学生消费者及其家长被认为具有充分的理性能够保证课程和教学在消费者主权的影响下最佳地发挥功能。"[1]在穆勒看来,自由放任有许多例外,教育就是其中之一。在自由放任的市场中,消费者对有些商品的价值一般来说是可以自我鉴定的,比如用来满足物质需要的物品和日常生活中所需要使用的工具,这些可以根据消费者个人的喜好和嗜好来选择,别人是无法替代的。"但还有另外一些东西,这些东西的价值是决不能用市场上的需求来检验的;这些东西的效用并不在于满足人们的嗜好,也不在于满足日常生活的需要,最需要这些东西的人反而最不想得到它们。未开化的人是不能很好地鉴别教化的价值的。那些最需要提高知识水平和道德水平的人,却往往最不想提高知识和道德水平,而即使想,靠他们自己也做不

[1] J. Patrick raines and Charles G. Leathers: The Economic Institution of Higher Education, Published by Edward Elgar publishing Limited, UK, 2003, p75.

到这一点”。“在这种情况下,任何善意的、较为文明的政府都可以认为自己具有或应该具有比其所统治的普通人高的教化水平,因而同大多数人的自发需要相比,应该能够向人民提供更好的教育”❶。他认为,自由放任的原则尤其不适用于初等教育,而高等教育,在不同情况下也是如此。

穆勒对于大学的社会功能的理解与斯密有着明显的不同。

(一)约翰·穆勒的大学功能观

穆勒认为大众教育(Popular education)在人力资源开发意义上具有经济功能,教育可以为社会财富的增长做出贡献。因为,教育通过把依靠习惯从事劳动的人转变为利用智力和知识从事劳动的人,直接提高劳动的质量。教育还可以通过改变劳动者的行为和道德素质间接地对生产关系产生积极的影响。但是,穆勒认为大学教育的社会功能与经济利益没有关联,大学教育具有特殊的社会功能和价值。诚然,他承认社会需要职业教育,需要医学、法律、工程和工业艺术学校,但这些不是大学的功能,大学的特殊目的是要通过造就“伟大的头脑”(Great mind)来保持哲学的鲜活。而把“生活的一般事务”的知识教给“一般的头脑”(Common mind)的教育,可以放心地留给那种按照个人利益去追求、按照竞争的原则去供给的方式,因为在这个层次上,大众能够判断什么样的教育是最好的;但大学教育在造就“伟大的头脑”的功能和价值上,大众是不能胜任这个层面的判断的❷。他还认为,大学可以抵御时代环境中那种使社会个体个性衰弱的不良影响,为社会进步输送成功的头脑,“他们不是时代的傀儡,而是时代的改进者和再生者”❸由此他反对斯密那种企图把英国大学教育置身于与“世俗的事务”紧密联系的地位。在1867年他担任圣安德路斯大学名誉校长的就职演说中,他说道:“大学在国家教育中的恰当的功能被宽泛地得以理解,

❶[英] 约翰·穆勒著,胡企林、朱泱译:《政治经济学原理(下卷)》,商务印书馆1991年版,第543页。

❷❸J. Patrick raines and Charles G. Leathers: The Economic Institution of Higher Education, Published by Edward Elgar publishing Limited, UK, 2003, p75.

至少关于大学不是什么有一个宽泛的一般的一致意见。它不是职业教育的场所。大学不打算迎合人们为了自己个人的生计的目的去教给他所需求的知识。它们的目标不是制造熟练的律师、医师、工程师,而是有能力和教养的人……专业人员从大学所应该获得的,不是专业知识,而应该是指导专业知识应用的知识,并能用整体文化的光明,照亮有着特殊追求的技术领域。"❶为达此目的,大学生活的要素——伟大的头脑,在求知和批评上有着哲学的和学术的自由。

(二)穆勒关于市场原理在教育中的运用

在把大学教职工收入与学生支付费用联系起来这一点上,穆勒和斯密之间有着高度一致的看法。穆勒反对教职工固定工资制度,认为这种制度不能充分调动教职工的工作积极性,但这不一定要通过市场手段来安排。他对于市场原则在教育领域的可应用性的看法与斯密相比有着明显不同,他对任何通过市场手段支付教师收入的道路的可信赖性表示怀疑。他认为,在这种制度之下,"教师和其他文化工作者只能是为了生计而工作,这是否应该是或可能是一个永恒的事情,是值得思想家们考虑的"❷。

穆勒认为市场原则不适用于高等教育的一个重要理由是:公众不能胜任高等教育的价值判断。他认为,如果把高等教育当做可以进行市场交换的商品,必须满足三个条件:①消费者有支付的能力;②消费者对其有足够的关注;③消费者必须有充分的价值判断。然而,穆勒认为,在英国,即使上层社会的家长们,也不能为他们的子女选择真正的大学;在各个层次的教育选择上,他们的判断就是追随他们所在那个社会阶层的习惯性做法❸。

与斯密比较,由于对市场原则在高等教育中的适用性看法不同,斯密称赞私立学校优越于公立学校,而穆勒则认为,受政府资助的公立学

---

❶J. Patrick raines and Charles G. Leathers: The Economic Institution of Higher Education, p77.

❷J. Patrick raines and Charles G. Leathers: The Economic Institution of Higher Education, p83.

❸J. Patrick raines and Charles G. Leathers: The Economic Institution of Higher Education, p84.

校从根本上优越于私立学校，可以更容易地根据教学效果决定教师报酬，体现出真正的效率原则。

（三）约翰·穆勒对改革英国高等教育的意见

穆勒不赞成市场原则在高等教育领域的运用，并认为好的教育来自于非金钱动机的供给。但他同意教师的收入从学费中支付而不是从大学的基金中支付。基金可用于教师培训、资助学生进入高深学术研究和科学研究、帮助那些有天资和能力值得接受大学教育却无力支付学费的人。同时他建议用法律手段加强基金使用的管理，杜绝腐败和浪费。总之，穆勒主张的，是国家干预下的大学行为激励机制。

三、凡伯伦的大学功能观与高等教育市场机制

像亚当·斯密批评英国大学功能失败那样，一百多年之后，一位美国政治经济学家——托尔斯登·凡伯伦（Thorstein Veblen），批评20世纪早期的美国大学没有发挥出真正大学的功能。

与亚当·斯密所处的时代相比，凡伯伦时代的美国大学，无论是单个的大学组织或整个大学系统，都发生了巨大变化，这种变化是在漫长的历史发展中自然形成的，不随个人的意志而更改和逆转，被凡伯伦称作“进化性机构发展”（Evolutionary institutional development）[1]的结果。斯密时代，“英国的大学是自治的学院的联合体，大学在数量上是很少的（实际上只有牛津和剑桥），规模很小，反映了根深蒂固的封建社会阶层体系，尤其是精英阶层体系。在校生大多是本科生，在课程组成上，古典和思辨性课程的主导地位正微弱地经受着前工业社会科学技术知识革命性发展的挑战”[2]。而凡伯伦时代的美国，大规模工业化之后的经济财富的增长，教育民主化态度，科学技术知识质的变化和量的增加，都对美国高等教育产生了深远的影响。“处于整个教育体系顶端的美国大学，既提供本科生课程，也提供研究生课程和项目。课程的宽泛程度和深度反映了学科专门化程度的加深和科学技术知识量的增

[1] J. Patrick raines and Charles G. Leathers: The Economic Institution of Higher Education, p97.

[2] J. Patrick raines and Charles G. Leathers: The Economic Institution of Higher Education, p90.

加，以及现代商业企业的管理方法”[1]。学术性、准学术性和非学术性活动共存于大学活动中。大学组织结构日益集中化，管理性质日益行政化，受外部权力部门所委托的管理组织和大学校长在大学管理上起着主导作用。这一切，是形成凡伯伦高等教育思想和大学功能观的现实基础。

（一）凡伯伦的“深奥知识”观

凡伯伦对美国大学行为和大学功能评价的社会标准，是首先把大学作为一个与深奥知识紧密联系的职能专门化机构来展开的，并用其关于“本能”的社会心理学解释这一概念。

他认为，在文明发展的不同阶段，深奥知识（Esoteric knowledge）的“实体”所存在的社会把它当做“具有巨大的本能价值，在某些方面大约比任何或所有取得的物质成就和拥有的社会共同体更具有实质性重要地位”。知识组成了“发现了它的那个文明的实质性中心”，并赋予这个特殊文明自己的“性格和级别”。所有这些高深知识实体植根于闲暇而好奇的本能之中，迫使人们本能地追求知识并出于对自己的好处来评价它。每个社会都把自己的高深知识看做是“一种基本和永恒真理的体系化”的具体表达[2]。

但是，每个社会的知识进步都是在局部知识进步的情况下得以完成的。“在每种情况下，局部知识都是由处于局部社会环境中的组织结构所形成的，当闲暇而好奇的本能为人们按照自己的兴趣去追求和评价知识提供冲动时，知识的内容和范围、知识被发现和被保存的方式和方法，都是技巧本能的作用”[3]。而局部知识进步的完成服从于局部社会先入为主的生活习惯，这些习惯形成了评价知识的标准，符合这些标准的知识、才会被当做真理。“发现和保存知识的这些方式和方法，因为知识受到高度尊敬，因而总是反映着某种制度化了的标准，这种标

[1] J. Patrick raines and Charles G. Leathers: The Economic Institution of Higher Education. p91.

[2] J. Patrick raines and Charles G. Leathers: The Economic Institution of Higher Education, p92.

[3] J. Patrick raines and Charles G. Leathers: The Economic Institution of Higher Education, p93.

准来源于社会环境中先入为主的生活习惯,被当做真理而接受"[1]。因而,知识的性质、特征和内容,随着时间的流逝,都服从于组织的进化性变化的力量支配。

从以上观点出发,凡伯伦进一步阐释了现代科学技术知识的"事务性品质"作为当代社会的深奥知识实体的进化合理性。

凡伯伦认为,在早期阶段,高深知识或高深学问具有团体事务的重要性,例如神学教条被重视是因为它指导人们进入来世。在现代文明中,高深知识则属于科学和学术。因为"它首先要满足工业技术那种事务性品质的要求,其次要满足现代组织系统的要求,而在现代组织系统中占主导地位的因素是商业进取心,有着自己商业会计本质的金钱逻辑"[2]。由此,凡伯伦宣称现代的事务性高深知识被社会看做是崇高的、按照自己的权利值得去努力的。就像封建时代被个人化了的神学知识一样,被同样地高度尊敬。这是在现代文明进化性发展中相当新近的进展。

(二)凡伯伦的大学功能观

凡伯伦认为,在每一个社会的特殊的"社会—文化"发展的阶段,知识实体都为特殊的专家群体所保持和延续。在现代,大学是被委托去保存、传播和拓展科学技术知识的专门化机构。按照传统,大学比任何其他机构更接近对知识追求的认同。在现代文化对于知识追求的进化方面,它是唯一被接受的最有资格追求知识的责任机构[3]。

但是,并非所有在现实中被称为"大学"的机构都是真正的大学,凡伯伦的大学概念是有着特殊规定和含义的[4]。

凡伯伦运用机构专门化的效能优势原则来区分真正的大学和其他类型的学校。他认为大学作为高深学问的发源地,应该是学者和科学

---

[1][2]J. Patrick raines and Charles G. Leathers: The Economic Institution of Higher Education, p93.

[3]J. Patrick raines and Charles G. Leathers: The Economic Institution of Higher Education, p94、p95.

[4]J. Patrick raines and Charles G. Leathers: The Economic Institution of Higher Education, p96.

家的实体和全体。为完成保存和发展高深学问的功能，大学从事着两个路线不同但却紧密靠拢的工作。第一条路线是科学与学术研究、知识企业的工作，第二条路线是高度专门化和高度分化形式中的大学教学。

在凡伯伦看来，构成真正的大学与其他学校不同的地方是大学教学。大学教学工作的特征是追求知识，因此与其他形式的教学不同。"大学教学作为研究的伴随物，对于研究者来说具有显著优势，尤其是当他的研究具有理论探究性质的时候"。就追求知识这一任务和使命来说，大学里的成员恰当地说都应该是学生，他们的任务就是追求新知识，在此过程中培养新生代的学者和科学家去从事未来的知识追求。

由于大学教学的目标和任务是追求新知识，因而，真正的大学不提供固定的课程。大学里，学生和他们的教师之间的关系是一种师徒关系，而不是学生和他们的教师与校长之间的关系。就知识的追求而言，学生进入大学是期望学到他们想要知道的东西，教师给予他们的指导是让他们熟悉高深学问的探究方法和工具，告知他们从事这项惯常性工作附带的信息。在大学里，他们得到了把自己塑造成学者的可能性，但他们将怎样利用这样的机会，全在于他们的自愿和判断力。

由于对于真正的大学有着自己的理解，不难看出，凡伯伦的大学功能观就是：大学作为一个使人适合于科学与学术生活的专门化机构，其功能就是通过研究和教学工作，能够有效地促进追求知识的效率，并通过训练，使学生适合于学问的增长和传播。

凡伯伦的大学功能观更接近穆勒，与穆勒相比，他的大学功能观是，大学应该是作为追求知识的场所，并把学生训练成适合学术生活的人。而穆勒的大学功能观是，大学要把上层社会的精英培养成更富有效率的社会领导者。与斯密相比，由于对大学的社会功能有着根本不同的认识，虽然他们都反对外部权力对于大学内部事务的干预，但是，对于斯密所主张的高等教育改革市场路径——包括消费者主权、大学和教师为了学生和职业课程而竞争等，在凡伯伦看来，恰恰是这些因素，使得美国大学——作为真正意义上的大学正在遭受功能上的失败。

由于凡伯伦把"真正的"大学的层次定位很高，因而，他批评美国大学失败的症状之一就是实际中的大学组织结构中包含着来自“低层级学校”(Lower school)的机构污染物;由于凡伯伦把大学的工作划分为两条路线,而尤其重视大学学术活动的自由和纯粹,因此他批评美国的大学在内部决策过程、内部资源分配、教学和科研等方面正在遭受着来自社会生活中的商业价值理念、商业运作规则、商业实践和商业习性的侵袭和干扰。大学变成了大学公司,内含着矛盾冲突的力量。大学耗费资源去竞争捐款人、竞争学生和课程等,造成了巨大的浪费。

(三)凡伯伦对改革美国大学的建议

凡伯伦对改革美国大学的建议是模糊的,主张把高深知识研究从被“污染”的大学机构中“隔离”出来❶,而在关于究竟哪些学术活动符合“隔离”的标准,以及如何“隔离”的具体操作层面,其语焉未详。

第三节　当代高等教育市场化改革的缘起和实践

凡伯伦批评美国大学的时代,正是资本主义经济危机的时代,强调资源配置市场作用的新古典经济理论正在遭受冲击,强调国家干预的凯恩斯理论和主流经济学理论正在形成并逐步受到政府重视和采纳。战后20年美国经济快速增长的现实,压抑或掩盖了一直强调市场作用的弗里德曼和哈耶克的声音,但是到了20世纪70年代以后,经济滞胀的现实使得他们的新自由主义市场经济理论受到重视,伴随着20世纪80、90年代英美两国政府针对公共领域的市场化改革,高等教育市场化改革作为被裹挟其中的一个方面,新自由主义理论在世界范围内展开了它的影响。不过,随着新自由主义市场经济理论被其他学科理论(如新公共管理理论、全球化理论等)所吸收和接受,此时的高等教育市场化理论,也演变成“多学科话语体系”❷。

❶J. Patrick raines and Charles G. Leathers: The Economic Institution of Higher Education, P138~143.

❷本书使用“多学科话语体系”一词,意指当代高等教育市场化改革的理论基础,以新自由主义经济理论中的高等教育市场化观点为核心,在新公共管理理论、全球化理论中都得到响应,不同学科视角的理论观点相互支持,共同形成了当代高等教育市场化改革的理论背景。

一、英国的高等教育市场化改革模式

20 世纪 80 年代初,英国政府在撒切尔领导的保守党执政时期,在经济衰退的背景下,大刀阔斧地对公共部门实行市场化改革,把诸如经营水、电、气以及通信等许多公共设施拍卖给私有部门。对于教育和卫生领域和其他公共服务部门,也引入市场竞争机制。在高等教育领域,撒切尔政府采取了两种市场化手段。一是削减政府的高等教育经费投入,迫使大学和多科技术学院走向企业和社会,寻求多渠道的资金来源;二是改变政府高等教育经费的拨付办法,实行教学科研经费的竞争性获得,同时由政府直接资助学生,再由学生购买大学的服务。在渐进的改革中,逐步形成了高等教育市场化机制。通过引入市场化机制,改变了英国大学与政府之间的关系。

(1)政府利用资金拨付的调节手段,使得英国大学之间展开竞争并朝着政府所期望的方向发展。自 1981 年起,英国政府发布了一系列报告,表明政府的目标是要促进高等教育系统为英国经济发展服务。在 1981 年的绿皮书中,保守党政府强调"其有责任促进高等教育体系之发展充分满足国家的需要"。在 1985 年的绿皮书中又说"自 1945 年以来,英国的经济成就是令人沮丧的,现在是该由高等教育来为英国经济发展做出有效贡献的时候了……"[1]政府通过发起一系列倡议来达到这一目的。例如 1983 年的信息技术 Aley 倡议,政府部门通过向信息技术领域投资,刺激促使大学和工业界加强联合,在科学和工程方面的研究转向信息技术的开发和应用。又如 EHE 倡议(Enterprise in Higher Education Intitiative),旨在鼓励大学"企业精神"的培养以及与工商业界的联合。各大学和多科技术学院根据自己对于"企业精神"的理解来设计教学计划,在竞争中获得教学经费。1986 年,英国大学基金委员会把研究和教学经费分列,实行研究经费的竞争性拨付办法,使更多的大学能够加入到通过竞标获得研究经费的队伍中来。

---

[1]詹新:《八、九十年代英国高等教育的市场化与大众化改革》,《外国教育研究》2000 年第 4 期 59 页。

(2)政府改革传统的大学经费拨付机构和拨付办法，加强政府对于大学和多科技术学院的直接调控能力。为了克服地方政府和代表地方政府利益的资金分配机构(全国咨询委员会)对多科技术学院和地方院校的保护，实现中央政府的意志，1988年教育改革法宣布英国受地方当局控制的29所多科技术学院和其他50多所地方院校成为独立法人组织。同时宣布成立新的独立拨款机构“多科技术学院和其他学院委员会”取代旧的拨款机构“全国咨询委员会”；“大学基金委员会”取代“大学拨款委员会”。在基金委员会成员组成中，增加工商界和财政方面的人员比例，使大学拨款增加了商业经营的特点。同时，拨款要有“财政备忘录”，基金委员会加强对于资金使用方向的监督。

(3)削减大学拨款，提高学费标准，提高学生补贴，促进大学之间开展“生源竞争”。1989年，大学基金委员会减少了分配给各大学的资金，并提高了学费，同时把减少的拨款用在增加对学生的资助上。由于学费最终是由中央政府补贴的，政府实际上是替学生购买大学服务，大学直接从政府那里得到的经费减少了，只有通过多招收学生来增加收入。在生源的竞争中，增加了学生选择的权力和大学的“学生本位”服务意识。这样一来，奖优罚劣的竞争机制就建立起来。那些不努力增加招生的大学，下一年的资金总额就会减少。各大学在压力和竞争中纷纷扩大招生，拓宽入学途径，改善了传统入学标准，实现了国家整个高等教育的扩张，满足了社会发展对于高等教育的多样化需求。

(4)发挥政府在市场环境中的监督管理作用，创造公平竞争的条件，加强宏观管理。为使多科技术学院和大学能够公平竞争，1992年，英国政府颁布了《高等教育与继续教育法》，使多科技术学院升格为大学，以一种统一的高等教育制度代替了传统的“双轨制”。使得多科技术学院在生源市场和毕业生就业市场中与大学处于同等地位，并根据自身能力在统一政策待遇条件下与大学竞争。为保证市场竞争中大学教学质量，1989年成立了由大学的校长和副校长组成的学术审计机构，把关于各大学教学活动的审计情况作出报告，以引起它们对于学术质量的警觉和重视。1992年，政府为了进一步加强质量监督，满足消费者对于大学经营和质量信息的需要，高等教育基金委员会又成立了质量评估机构，一方面加强质量监督管理，另一方面，为学生提供关于各大学的经营和质量信息，为公平竞争和学生选择创造条件。

一向保守的英国政府，于20世纪80、90年代在公共领域采取了较为激进的改革，在高等教育引进市场机制的做法显然取得了成功。表现在：①通过削减经费，迫使大学与工商业界联合，使教学和科研朝向为发展经济和应用性技术服务。②政府通过经济手段而不是通过行政命令的手段引导大学向政府所期望的方向发展，既达到了驾驭大学的目的，又避免了纯粹采用行政干预手段所可能引起的中央政府与地方政府及大学之间的矛盾冲突。③改革刺激了大学之间的竞争，降低了办学成本，培养了大学的成本意识、企业精神和进取意识。据统计，1996年的高等教育生均费用比80年代初降低了40%。在改革和竞争中，那些一向独立保守的古老大学走出了"象牙塔"，在政府的经济手段引导下，为国家、社会和公众的需求服务。

但是，英国的高等教育市场化改革也同时带来了问题，表现为：①市场驱动下的大学行为往往是服从于暂时的需要，而不是长远的需要。例如基础研究在市场功利主义行动观念中受到削弱。②竞争中的大学把大量的时间、金钱和精力投入到营销和宣传中去，是一种不必要的浪费。③不同层次和类型的大学虽然在市场竞争中处于"平等"地位，但由于大学各自的水平、层次不同，在竞争中有时会使它们迎合政府的兴趣而失去自我的目标。例如科研经费的竞争，使那些本来不具备科研优势和条件的"升格"大学也追求学术研究的目标，引起"学术上漂"。当然，这些是有待克服的客观现实。

二、美国的高等教育市场化改革模式

美国高等教育领域市场竞争机制的成因是多方面的、历史悠久的。从历史的角度而言，美国建国以来，一直是自由竞争市场经济体制的国家，自由竞争的精神充满了美国社会的各个角落。这就从历史与现实、文化心理与制度环境方面为高等教育领域的竞争提供了外部条件。表现为：①发育完善的市场经济制度安排，为高等教育领域竞争的形成创造了社会环境条件和心理条件。私有经济制度下的人才需求市场、资金和技术市场使大学的教学、科研和社会服务处于一种天然的市场环境中，商品经济观念、市场竞争意识、企业运作理念包围并渗透着高等教育领域。②分权与民主的国家政治制度为高等教育领域竞争的形成提供了政治环境保障。美国在政体上实行“三权分立”，国家权力分配和治理结构形式上实行联邦制，中央把管理大学的权力交给各州和地方政府，中央政府不直接干预大学的运作，大学在很大程度上处于自由、自治状态。同时，在一个奉行“民主”理念的国家，美国政府作为“民众意愿代言人”，在与包括大学在内的其他社会机构之间，能够以平等的身份，通过自愿的契约关系，来确定双方的权利和义务。各大学在这样一种环境中，不存在类似于集权国家那样，大学从经费来源到学术活动都紧紧依赖并听命政府。③健全的法律制度、社会监督机制为高等教育领域的公平竞争提供了保障。美国具有“依法治教”的传统，独立以来，颁布过一系列教育法规，形成了比较完善的教育法律法规体系。如 1958 年的《国防教育法》、1963 年的《高等教育设施法》、1965 年的《高等教育法》及 1968 年和 1972 年的修正案，等等。另外，美国社会的教育认证制度、大学质量评估和排行、新闻媒体和舆论监督等，对美国高等教育的公平竞争提供了有效的社会监督作用。④自由、平等、竞争的理念是美国人民的传统文化观念，“以机会代替特权，以竞争代替垄断”的“杰克逊式的民主”思想、“物竞天择”、“适者生存”的社会达尔文主义，深深影响着美国社会。在高等教育领域，也同样如此。从形成竞争的高等教育内部条件来说，主要是：①公、私立大学并存的局面。美国私立高等教育有着悠久的历史，并且私立高等教育机构大量存在，这对于各州创办的美国公立大学系统形成巨大的竞争压力。同时，在美国由于无论公私立大学，其经费来源都是多渠道的，大量的经费需要到政府之外的社会渠道去筹集，更加剧了大学之间的竞争。为了生存，大学之间的竞争是激烈的、多方面的，促使了美国大学的多元化、个性化发展。②大学自治的传统、服务社会的意识。早期美国大学多由教会教派创办的历史渊源，是美国大学抵制政府干预，崇尚自治、自由的理念基础。但“赠地学院”、社区学院的兴起，带动了美国高等教育系统服务工农业发展和社会需求的现代精神。在这样的情形中，大学独立自主的主体地位、服务社会的办学意识、多元并存的办学格局,加之自由竞争的社会环境和市场配置资源的方式,美国高等教育领域的竞争就是不言而喻的了。

20 世纪 70、80 年代之后,美国高等教育系统加快了市场化走向,主要表现为:①调整政府的高等教育拨款方式,增加"合同拨款"和"绩效拨款"。20 世纪 60、70 年代以前,美国各州政府的高等教育拨款方式主要是采取"增量拨款"[1]和"公式拨款"[2]两种方式。70 年代,由于美国经济的衰退和教育经费紧张,政府的高等教育拨款方式增加了"合同拨款"和"绩效拨款"方式。"合同拨款"的方式,是美国应用已久的大学科研经费拨付办法,但 70 年代以后成为政府向大学拨款的财政机制。这是美国政府在经费有限的情况下提高大学拨款实用效率的办法。通过这种办法,大学的科研、教学、基建和设备配置的经费使用,都通过与政府签订合同的方式提高了效率。"绩效拨款"方式是将大学的办学、科研等方面的绩效(包括效率、质量、成本等)作为政府拨款的主要依据,通过评估大学的办学绩效,决定拨款的数量大小和使用方向。绩效评价得分高的大学能够获得更多的拨款,以此来刺激大学的办学绩效竞争。到 90 年代,美国已有绝大多数州政府使用"绩效指数"作为高等教育拨款的主要依据和方法。②提高学费标准。美国的弗里德曼早在 50 年代就提出了高等教育市场化的理论主张,80 年代,里根政府接受新自由主义经济学观念影响,根据高等教育服务的个人受益性,重新调整了美国社会的高等教育投资观念和做法,即提高大学学生收费标准。统计资料表明[3],从 1976 年到 1996 年,美国四年制大学的人平均学费从 642 美元提高到 3151 美元,涨幅高达 491%;同期四年制私立大学的人平均学费由 2881 美元增加到 15581 美元,涨幅为

---

[1]增量拨款这种方法是假定高校上一年所从事的教学、科研等活动以及预算分配和支出都是合理的和有价值的,因此增加的款项主要考虑规模的扩大部分(如扩大招生)。它的核心在于经费的增加额,一般是依据上年基数,根据财政能力和教育发展要求,提供一个增长系数。

[2]即拨款时采用大量的数学公式,以精确地衡量各项拨款以及拨款数额。

[3]刘元杰:《美国高等教育资金的来源及配置机制初探》,《锦州师范学院学报》2001 年第 1 期第 93 页。

541%，就连学费低廉的社区学院，也提高了学费标准。③提高对学生的资助，促进竞争与公平。美国通过把教育资金转换为奖学金、助学金和贷学金的办法，把资金直接用于资助学生学费，再由大学收回这部分政府投入，补偿或增加其经费来源。同时还试行教育凭单制度，赋予学生和家长更多的选择权力和自由，促进大学之间公平竞争，提高服务效率。④改善大学办学理念，树立"学生本位"的服务意识。美国大学服务社会的办学意识，是其高等教育改革和大学内部教学改革的动力源泉；实行学分制和选课制，是美国大学教学适应社会需求和学生个人能力和兴趣的灵活性表现。在市场竞争中，大学逐渐建立了"学生本位"的办学理念和服务意识，充分重视和满足学生的愿望和兴趣，在促进学生的自由发展中赢取生源优势。

美国高等教育市场化的模式有许多可供借鉴的优点。例如：①美国政府多种形式的教育经费拨款方式。②保证大学竞争公平进行的法律法规制度建设、社会中介机构和舆论媒体的评价监督作用。③公私立大学并存的局面，政府公允对待公私立大学的态度，使美国私立高等教育在与公立高等教育公平竞争中发展，不少私立大学获得了在世界高等教育领域中的卓越地位并对美国的经济发展和社会进步做出了巨大贡献。④大量的、多层次和多类型的高等教育机构系统，服务和满足多样化的社会需求，使美国高等教育系统充满生机与活力。⑤政府，尤其是联邦政府对于高等教育的分权制和民主管理办法，有利于各州和地方政府根据本地区的条件发展高等教育，使高等教育发展能体现地方特色并服务地方需求。大学在竞争中的主体意识得以突显和确立。⑥悠久的市场经济制度的历史形成了成熟的市场理念，公平竞争，自立自强，奋发进取的市场精神和理念为美国大学市场机制的形成提供了坚实的社会心理和文化基础。

当然，美国的高等教育市场机制并非尽善尽美，也有着一些不足之处。例如，在竞争中不断有新的大学成立，同时有不少大学在激烈的竞争中被淘汰，被迫关闭，这无疑是教育资源的浪费。大学的"学生本位"管理理念和方式，在充分尊重学生选择，满足学生兴趣的同时，有过于迁就学生、放松统一要求和质量标准之嫌。

三、日本的高等教育市场化改革模式

20 世纪 80 年代以后,日本高等教育市场化走向主要表现在:①日本政府对于高等教育的经费投入实行财政紧缩政策、资源重点配置原则和收益负担原则,使原来在经费来源上属于"国库依靠"型的国立大学,也进入政府拨款的竞争性获得状态和多渠道筹集资金状态。②根据受益负担原则,提高学费标准。学生缴纳的学杂费成倍增长,学费收入成为包括国立和公立大学在内的大学经费重要来源之一。③加大对于私立大学的特别经费补助,提高私立大学的学术研究水平。日本私立大学一向是依靠学费收入作为主要资金来源,政府补助占私立大学经费总额的 10%。1976 年,日本政府通过了《振兴私学资助法》,规定"国家及地方公共团体应重视振兴教育的重要性,遵照法律条文给予学校法人及私立学校必要的补助。"❶ 80 年代开始,日本政府逐步加大了对于私立大学经费补助构成中的特别补助部分。根据 2001 年日本文部科学省文部科学白皮书统计,在从 1980 年到 2001 年日本政府对于私立大学的经费补助中,一般性补助几乎没有发生变化,维持在 2200 亿日元稍多的水平,而特别经费补助从 73 亿日元上升到 887 亿日元。而且,在 2002 年,日本政府从以往的经费补助机构"私立学校振兴财团"收回了这部分经费的控制权。在这一变化背后的政府动机是,通过直接调控资源配置,在提高私立大学研究生教育质量,促进提高学术研究水平,振兴终身教育,改善办学条件等方面发挥资金投入效率和效益,体现政府意志。此外,1996 年,日本文部省还提出 60 亿日元的预算要求,用于资助 15 所大学设立"高科技研究中心",日本私立学校振兴财团提供 40 亿日元贷款,资助缺乏资金的私立大学设立"高科技研究中心"。④实行绩效拨款、增加项目拨款,提高资金实用效率。20 世纪 90 年代中期,日本开展大学自我评估活动,90 年代末,由大学和政府之外的第三方组织在大学自我评估基础上进行评估,2000 年日本成立大学评估与学位授予机构,把评估机制与资源配置结合起来。2001 年通过评估,日本政府选出 30 所大学进行重点资金

❶孙英国等:《教育财政:制度创新与发展趋势》,社会科学文献出版社 2002 年版,第 97 页。

投入,目标在于把它们培养建设成国际一流大学。此外,日本政府还设置了许多竞争性资金项目,例如"科学研究补助金"、"战略性基础研究促进事业"和"科学振兴调整费"等项目。2001 年,项目经费总额达 161 亿日元。通过这些措施,提高了政府资金投入的使用效率和目的性。⑤国立大学管理体制的"独立行政法人化"改革。日本政府推行的国立大学"独立行政法人化"改革,也起源于英美等国高等教育市场化改革这样一种世界性潮流的背景中,日本国立大学"独立行政法人化"的释义是:"在给执行部门制定明确业务目标的同时,使其可以为实现目标和改善业务进行自主运营,尽可能使执行部门在财务管理和人事管理方面拥有较大决定权的一种组织管理结构。"❶日本政府推动的这场改革的目的,是要把国立大学从国家办学转为市场运作,使"市场原理"能够影响"国库依存"型的国立大学运行,培养国立大学"自我负责"的精神和市场竞争意识。

日本的高等教育市场化改革,尤其是 20 世纪 80 年代以后的国立大学拨款体制改革,可以看做是新自由主义经济学理论和新公共管理理论在日本高等教育领域的实践。日本政府对于国立大学的市场化改革,是深刻而激进的,其改革的结果,必然对于很多国家的公立高等教育管理体制改革具有巨大的借鉴意义。

20 世纪 80 年代以后,高等教育市场化改革成为从英美发源,在世界范围逐渐蔓延各国的新思潮和新实践。

最早推动英美两国高等教育市场化改革的直接原因是经济层面的,即政府的财政危机使得大学经费的转移支付成为必要。但是,并非所有采取高等教育市场化改革取向的国家,都存在财政危机的情况,而是政府主动采取财政紧缩政策,迫使高等教育进入竞争环境,例如日本、澳大利亚以及加拿大等。这种现象应当归因于英美国家的理论家们对于推行高等教育市场化改革的理论诠释。以新自由主义经济学理论为核心的多学派、多学科的市场理论对于高等教育市场化改革的理

❶黄福涛:《21 世纪日本高等教育的行政体制改革》,《有色金属高教研究》2000 年第 5 期第 43 页。

论诠释，把以财政危机为表征的改革起因推向更深刻的理论层面，即把高等教育和大学，作为传统社会公共领域和公共部门来看待和对待，把当代经济学理论对于公共部门和公共领域存在的弊端的分析同样使用于公立高等教育领域和公立大学，从而从社会制度安排的层面，追求市场原理介入公共领域和公共部门运作理念和运作实践的合理性。无疑，对于那些高等教育发展初步进入大众化发展阶段国家政府来说，这种理论阐释也迎合了它们减轻高等教育经费负担的愿望。从这一点看，高等教育市场化改革的起因已经从财政经济层面进入社会学和政治学等角度的制度安排层面。不仅如此，同样是高等教育改革的市场取向，在不同的国家却有着微妙的不同，在英美两国，政府通过干预高等教育资源配置，实现了对大学科研方向的调控，"拉近"了大学与政府之间的联系并使大学为国家需要服务，从而克服了大学自由自治、自行其事的弊端。而在日本，政府却在市场经济理论的支持下，推行国立大学"独立行政法人化"的改革，客观上"推远"了大学和政府之间的关系。由此可见，在各国具体的改革实践中，不同的文化传统和现实左右着政府在高等教育市场化改革中的旨趣和路径。

小结

20 世纪 80、90 年代的高等教育市场化改革，最早起源于英美两国的经济不景气和政府财政危机，使得哈耶克和弗里德曼在 20 世纪 50 年代就已经提出来的高等教育市场化改革主张重新抬头，是值得关注的特点。从亚当·斯密所建议的运用市场性质的途径或手段改革当时英国高等教育，经由穆勒和凡伯伦在某种程度上的批评，再到哈耶克和弗里德曼对于自由市场经济理论的重振和对于高等教育市场化理论的发展，在理论的历史上有一条历时漫长却相互关联的思维路线。而今天的高等教育市场化理论，不但深刻地影响和左右了高等教育实践，而且，还演变为"多学科话语体系"。那么，这种"多学科话语体系"在对于大学功能与高等教育市场机制或市场化之间的关系是如何认识或回应的呢？第三章集中分析这一问题。

第三章 多学科视角的当代高等教育市场化理论及其大学功能观

20 世纪 80、90 年代起始于英美两国的高等教育市场化改革，是政府自上而下地针对整个公共部门和公共领域进行市场化改革的一个方面或一部分。其理论基础是以哈耶克和弗里德曼为代表的新自由主义经济学理论。但是，新自由主义经济学理论作为对于这场改革运动的倡导者，其理论视角决不是仅仅局限于纯粹经济学一隅，其代表人物例如哈耶克，已经远远走出经济学范围，从政治学、社会学、文化学等多学科角度为其所主张的自由竞争市场经济理论寻找依据。同时，新自由主义经济学理论的重振也在很大程度上获得了其他理论学科和理论流派的配合与呼应，其理论观点为其他学科或理论主张所借鉴。它们在相互支持中共同成为这场改革运动的理论注脚，在实践上逐渐酿成高等教育市场化改革的全球趋势。然而，尽管诸如用户付费、资源竞争、成本效益等市场观念逐渐为推行市场经济的国家和社会民众所广泛接受，但是，对于高等教育"市场化"这一概念及其理论基础，还是一个充满困惑、争议和分歧的话题。本章内容所要探讨的是，针对大学功能与市场化（或市场机制）之间的关系，当代多学科理论视角的高等教育市场化理论又是如何回应的呢？依照它们对于当代高等教育市场化的影响，本章选取新自由主义经济理论、新公共管理理论和全球化理论关于高等教育市场化的理论主张进行分析和探讨。

第一节 新自由主义经济学的高等教育市场化理论

美国新自由主义经济学，也称"芝加哥学派"，兴起于 20 世纪 70、80 年代，其代表人物是当代著名经济学家、诺贝尔经济学奖得主弗里德曼和哈耶克。新自由主义经济学重振古典自由主义经济学关于完全自由竞争的市场经济主张，他们认为，当代资产阶级国家的政府在公共领域干预过多，是造成资本主义社会所有弊端的来源；主张应当回到自由竞争的资本主义市场经济中去。他们极力为市场自由竞争恢复名誉，认为自由竞争的市场机制是唯一使每一个人最可能在社会中获得他所希望的东西的一种制度。他们批评的政府干预主要是指"国有化企业"、"福利国家"和巨型垄断企业。哈耶克把这种政府干预的做法和倾向称为"走向奴役之路"，主张解决问题的出路是把国有企业私营化。他们的理论在英国的撒切尔时代和美国的里根时代被政府接受，在推动国有企业改革的同时，也启动了教育领域的市场化改革。撒切尔执政时担任内阁教育大臣的约瑟夫爵士曾经说过："盲目的、非计划的和没有协调的市场智慧完全优越于精心研究的、理性的、系统的、善意的、合作的、有科学依据的和尊重事实的政府计划。……市场体制是国民财富的最佳发生器；它能够以人类思维不能理解的方式，在没有强制、指导和官僚干预的情况下协调和满足无数个体的不同需要。"❶早在1955年，弗里德曼在其《政府在教育中的作用》一文中，就提出了教育应是自由市场中的一部分的观点。他说，"我相信，若要对我国教育体制动大手术，唯一的办法就是通过私有化之路，实现将整个教育中的相当大的部分交由私人企业个人经营。否则，没有什么办法能摧毁或削弱现存教育建制的权利，而削弱现存建制的权利，乃是根本改革我国教育体制所必要的先决条件。此外，也没有什么办法能给公立学校带来竞争，而只有竞争才能迫使公立学校按照顾客的意愿改革自身。"哈耶克也认为："不存在用以决定谁该接受进一步教育的所谓公平教育的依据，不必通过教育手段对学生进行选拔。对学生进行选择的唯一途径是竞争和市场过程。"❷在这里，"私营化"、"摧毁或削弱现存教育建制"、"唯一的途径是竞争和市场过程"等字眼，确实意味着比较彻底

❶[澳] 欧文休斯著，彭和平等译：《公共管理导论》，中国人民大学出版社2001年版，第2页。

❷转引自朱科蓉《竞争——英美教育市场化改革的核心》，《中外教育》2002年第3、4期。

的市场化道路。

一、哈耶克的高等教育市场化理论

(一)哈耶克关于知识与市场

在方法论上与凡伯伦相似,哈耶克也从知识观和大学的功能观上为自己的高等教育市场化理论寻找依据。

哈耶克在认识论的角度具有与众不同的知识观。和波普尔相同,哈耶克认为知识是人们在尝试错误的过程中获得的,因为即使是像牛顿物理学那样的所谓客观知识,也是在适当的条件下才能够成立[1]。在此基础上,哈耶克把人类的知识(精神结构)的来源分为两个方面:一方面来自部落史的结果,从其中可以找到人类集体精神的特征。另一方面来自文化史的结果,也就是环境与教育的结果[2]。在哈耶克那里,人类知识的构成可以分为群体知识(许多个体能够运用的知识)和个人知识(只有独立个体才能运用的知识)两个部分;在知识总体中,“默会知识”是大量存在的。在其著作《感觉的秩序》中 ,“默会知识”是哈耶克知识观中的又一个核心概念,即未被阐明的知识或不可阐明的知识——人们所掌握的知识只能有限地表述于语言。因为知识的有限可阐明性,所以人的知识是有限知识,在其存在方式上也是分散的、局部的。个体凭着“感觉秩序”(一种作为进化产物的种系发育和个体发育的结果),来获得知识。群体知识是在个体知识遵循文化规则(个体之间的相互模仿)的基础上形成的个体知识和分散知识的自发加总[3]。而“有序的社会结构(语言、法律、市场等)应该被看做个体活动的、即自发的副产品”。“这些非意图产生的结果反过来会对社会个体产生影响”——这就是哈耶克所说的自发社会秩序。在此就不难看出,在社会的自发秩序中,人的感觉秩序对于知识的形成乃至社会秩序

[1] [德] 格尔哈德·帕普克等著,黄冰源等译:《知识、自由与秩序》,中国社会科学出版社 2001 年版,第 75 页。

[2] [德] 格尔哈德·帕普克等著,黄冰源等译:《知识、自由与秩序》,第 84 页。

[3] [德] 格尔哈德·帕普克等著,黄冰源等译:《知识、自由与秩序》,第 118 页。

的形成和维系是多么重要，因为，在哈耶克看来，由于知识具有有限可阐明性，人的感觉秩序是发现局部知识（个体关于特定时间和地点的知识）、产生默会知识（无法通过语言阐明的知识）的重要来源，它的作用主要体现在市场上。例如，"一个靠不定期货船的空程或半空程运货谋生的托运人，一个掌握短期地产交易知识的地产掮客，或者一位知晓不同地区内同一商品价格的人，所有这些人都掌握并运用着各自特殊的局部知识"❶。在这里，作为自发秩序的自由竞争市场与知识形成的自发秩序形成了完美的结合。在这种完美的结合中，"个人占有的一大部分专门的信息，只能在这样一种程度上得到利用：即可以为他自己的决策起用它们。没有人能够向另一个人告知他所知道的一切，因为他可以利用的一大部分信息，只是他自己在对其行动的计划过程中才能获得，在他履行为他自己提出的专门任务的同时——也就是在他所处的专门情形下，比如在他所支配的各种原料的相对稀缺性条件下，他取得的必要信息。只有如此，个人才能发现他必须寻找什么知识；而且市场能够在此有助于他的，是其他人对各自环境中所存在事物的反应。这一问题在总体上看不在于利用现有的知识，而是在于寻找信息，其数量在给定条件下恰好是值得寻求的数量。"❷也就是说，在市场中，"分散在社会中的知识以价格信号形式相互作用，从而为永远适应新的短缺提供可能。竞争'发现'了知识，与此同时，竞争又在活跃的改革过程中创造出了新的知识"❸，市场是一个发现知识的程序。由于把知识的演进看成是一个"试误"的过程，由于把知识看成是凭着个人的感觉秩序的认知过程，所以，"任何人都可以表达一种导致人们发现公认理论中矛盾之处的思想，而且任何人都可以做出一种可推翻公认理论的观察。"❹由此出发，哈耶克和波普尔都对例如柏拉图和马克思所主张的智者与权力结合的社会理论保持高度的警惕和怀疑。他和波普

❶［德］格尔哈德·帕普克等著，黄冰源等译：《知识、自由与秩序》，第 119 页。
❷［德］格尔哈德·帕普克等著，黄冰源等译：《知识、自由与秩序》，第 92 页。
❸［德］格尔哈德·帕普克等著，黄冰源等译：《知识、自由与秩序》，第 26 页。
❹［德］格尔哈德·帕普克等著，黄冰源等译：《知识、自由与秩序》，第 90 页。

尔以“知识的狂妄”来攻击知识与权力相联系的危险。波普尔说:“我的动因……可以归因于我的信念:如果我们的文化应该继续存在下去的话,必须与在大人物面前放弃我们思想独立性的习惯决裂。大人物可能犯下大错,而在这里我试图说明,过去最伟大的领袖的思想中有几位已经支持了对自由和理性的一再侵犯。”❶而在这一问题上,哈耶克也说:“我也同样极少声言,这一(向着极权主义的)发展是必然的,因为这样本书作者也许就是多余的,如果人们及时搞清它们的追求可能通往何方,就可以避免这一发展。但是,直至不久以前,澄清这些危险的尝试会取得成功的前景还极为渺茫。但是现在,展开一场深入讨论的时刻似乎……已经到来。这不仅因为今天在一些广泛的圈子里的人们已经深刻认识到该问题,而且是因为还存在特别的原因,在此时此刻,这些原因使得我们显得有必要以最忠实的方式探究那些问题的根源。”❷同时,由于哈耶克把知识的获得看成是一个重要的个别过程,那么,“任何理论都必须考虑到这一点:个体不知道其他个体知道的东西。因此,也不存在人们作为一个计划官僚机构中的个体或者一个小团体如何能够发现哪一知识对于解决某一问题十分重要而且该知识存在于何处的方法”。“如此看来,以社会主义形式组织的社会的失败不是偶然的,因为它们没有能力有效配置对于解决生产问题所必须的知识,也就是没有能力解决一个实际问题所适用的知识、找到对于解决问题所适宜的人员并把他安置到正确的岗位上。与此相反,市场这一看不见的手创造了这一规整秩序,而没有通过一种集体协调:每个人,只要他比另一个人更为缓慢地、更令人不满意地解决所涉及的问题,其生产的成本也就更大。这样他就不能再参与竞争,因此不久必须寻找另一种他又比别人更为适宜的行当。简而言之:自由个体的竞争发现现有社会知识的演进过程,它不能由集中的行动来替代。在有疑问的情况下,当地农民恰恰比计划官僚更了解,他应当在第 y 块耕地上种植什

❶[德] 格尔哈德·帕普克等著,黄冰源等译:《知识、自由与秩序》,第 96 页。
❷[德] 格尔哈德·帕普克等著,黄冰源等译:《知识、自由与秩序》,第 98 页。

么东西。"[1]

借助于西方学者对哈耶克知识观的解读,我们不难看出,在哈耶克看来,市场是发现知识的程序;而知识是个体性、分散性、局部性和默会性的,恰恰适合于市场发现的程序;不仅如此,哈耶克还从知识发现的个体性质,赋予个体在思想意识形态层面的话语权,从而消解了"大人物"的话语权或"大思想",并进一步表达了颠覆计划经济体制和集体思想的理论企图。

(二)哈耶克的大学功能观

哈耶克承认大学或学校教育在形成民族国家统一文化价值观方面的功能和价值,但他又认为这妨碍了学生个性发展和精神自由,尽管他最终选择了抛弃政府对于教育的干预,但他在这一问题上始终处于一种自我矛盾状态。

与在对待政治、经济和社会问题上的极端个人自由主义主张相一致,哈耶克在教育问题上反对政府对于教育的垄断。在其著作《自由宪章》中关于"教育与研究"一章,一开篇哈耶克就引用了詹姆斯·穆勒(James mill)[2]《论自由》中关于国家控制教育对人们"头脑"自由的专制作用的观点:"普通的国家教育只是一种把人们塑造得相互雷同的发明,而用来塑造的模子就是那些政府中的当权者的好恶,而不管当权者是君主、教士、贵族或现存一代人的多数。只要有效和成功,它就会对人们的头脑实行专制,并自然而然地导致对人们身体的控制。"[3]在这一观念主导下,哈耶克在如何对待教育控制权问题上有时处于一种矛盾的态度,承认教育的公共性和政府干预教育的必要。例如,他认为:"普通教育不单纯是,或许也不主要是一个传播知识的事情,承认这一点十分重要。人们需要某种价值的通用标准,虽然过分强调这一

[1] [德] 格尔哈德·帕普克等著,黄冰源等译:《知识、自由与秩序》,第93页。

[2] 詹姆斯·穆勒是前文所提及的约翰·斯图加特·穆勒的父亲,虽然他们的思想理论同属于古典自由主义流派,但在关于政府与教育的关系方面,老穆勒显然是一个更为激进的自由主义者,强烈反对政府干预教育的行为,认为这样会导致对学生思想的专制。

[3] [英] 弗雷德里希·奥古斯特·冯·哈耶克著,杨玉生等译:《自由宪章》,中国社会科学出版社1998年版,第554页。

点会导致极端非自由的后果，但没有任何标准，人类和平的存在显然是不可能的。”❶ 例如他还承认19世纪德国洪堡所创立的国家教育制度对于国防安全的必要性，承认美国公共学校在美国移民文化形成过程中的“熔炉”作用。但是同时，在个人自由的价值观原则下，哈耶克又认为洪堡的成功“代价是否太高”，“普鲁士在后来几代人期间所扮演的角色可能使人怀疑，受到大量赞美的校长们对世界、或甚至对普鲁士是否是纯粹的好事”❷。又认为美国由政府提供的公共教育在充当文化“熔炉”的同时，也是造成问题（诸如“种族隔离”）的来源——“在政府控制传播文化主要工具的地方，就一定会出现这种种族或宗教上少数派方面的困难问题”。哈耶克最终的倾向是反对政府控制教育，主张教育的私营化和教育内容的多样化。这与他的个人自由价值观和知识观紧密相连，“然而，即使在种族单一的国家，也有人强烈地反对把教育内容的控制委托给政府到那样的程度，而如果政府直接管理向广大民众开放的多数院校的话，它就将要拥有这样的权力。即使教育是一种科学，向我们提供达到某些目标的最佳方法，我们几乎也不能希望它们是最能普遍应用的、并完全排除其他的方法的最后的方法，我们更不能希望目标是千篇一律的。……确实，在一种政府掌管教育的制度下，所有的小学教育可能逐步受到一个特定集团的理论控制，这集团真正相信他们对那些问题有科学的答案（就像在很大程度上过去30年来在美国发生的那样）；上述可能性应足以警告我们把整个教育体系交给中央指导要承担风险”❸。他认为，人们对教育可以对人的头脑产生影响力的评价越高，就越应该意识到将掌管教育的力量置于任何一个权威之手都是十分危险的。而解决的办法在于政府不再做教育的主要施与者，而变成个人的公正的保护人。

哈耶克反对政府控制教育的主要理由是知识、社会和文化的多元

❶❷ ［英］弗雷德里希·奥古斯特·冯·哈耶克著，杨玉生等译：《自由宪章》，第556页。

❸［英］弗雷德里希·奥古斯特·冯·哈耶克著，杨玉生等译：《自由宪章》，第558页。

化存在与个人思想自由的价值。

在学术研究方面，哈耶克强调自由的重要意义，主张保护学术机构不受因政治或经济利益所进行的粗暴干涉，反对以规划科学的名义“组织”科学工作。在他看来，“自由在我们最为无知的地方最为重要——在知识的边缘，换句话说，在没有人可以预言下一步将是什么的地方。虽然在那里我们仍然可以指望多数人认识到威胁时，会团结起来保卫它。如果在这本书里我们主要关心其他领域的自由，那是因为我们常常忘记思想自由依赖于一个更为宽阔的自由的基础，没有这个基础思想自由就不能存在”❶。在捍卫学术的自由价值方面，他和穆勒一样推崇威廉·洪堡曾经说过的话：“最重要、居于首位的原则，这些书页中阐明的每个论点所集中论证的原则，就是人类最丰满、最多样的发展具有绝对和根本的重要性。”❷

（三）主张教育的私营化、市场化运作

在主张教育的私营化和市场化方面，哈耶克赞同另一位新自由主义经济学家弗里德曼的观点，认为：“现在毫无疑问的是由于普通教育的传统和机制已经确立，由于现代运输已解决了距离方面的大部分困难，已无必要不仅让政府为教育筹措经费，而且让政府提供教育。……现在完全可以在不保留国立学校的条件下，用公共开支支付普通教育的经费，具体的办法是发给家长可以抵补一个孩子全部学校费用的凭单，而家长可以将这些凭单移交给他们自己选择的学校。”❸但是，对于高等教育来说，哈耶克则反对这种平均主义的补贴方式，因为接受高等教育是可以获得利益回报的。“因此，也没有什么理由去补贴任何类型的职业培训，在那里得到的较高熟练程度将反映在更大的挣钱能力上，而这将是衡量在这类培训上是否需要投资的相当合适的尺度”❹。但是，哈耶克又认为有两种情况的职业培训则略有不同，一类是“高等

❶[英] 弗雷德里希·奥古斯特·冯·哈耶克著，杨玉生等译：《自由宪章》，第 573 页。
❷[英] 弗雷德里希·奥古斯特·冯·哈耶克著，杨玉生等译：《自由宪章》，第 574 页。
❸[英] 弗雷德里希·奥古斯特·冯·哈耶克著，杨玉生等译：《自由宪章》，第 560 页。
❹[英] 弗雷德里希·奥古斯特·冯·哈耶克著，杨玉生等译：《自由宪章》，第 561 页。

教育所需费用不会让受到更好训练的人在向别人出售自己的服务时使其价格有所增加”,另一类是“目的在于为整个社会进一步扩散和增加知识的职业,社会从它的科学家和学者那里得到的好处不能用这些人能出售其特殊服务的价格来衡量,因为他们的贡献有很多是免费提供给所有人的”,“因此有充分理由帮助那些表现有出息,并对从事这类研究有爱好的人”❶。

对于哪些人应该得到接受高等教育的机会,哈耶克怀疑和反对现行的做法,即国家通过测试手段选拔出那些被认为在智力上有能力接受高等教育的人。哈耶克怀疑和反对这种做法的理由体现在以下方面:①通过测试的穷人即使具有超常的能力也不能证明他必然具有接受高等教育的权利。“有些人在学术和研究方面表现出异乎寻常能力,应该给予他们从事该事业的机会,而不论其家庭是否富裕,这样做可能符合社会的利益。但这并没有授予任何人以获得这种机会的权利,也不意味着只有那些异常能力已得到证实的人才能获得这种机会,或者确保谁能通过同样的客观测试,谁就能获得它,否则便没有人应拥有这种机会”。②测试不是完全可靠的手段。“不是所有使人做出特殊贡献的品质都可以通过考试或测试来加以确定……”③对知识的渴望、家庭背景的影响比天生能力更重要。“热切地渴望知识或不同寻常地具有多种兴趣要比更显见的天赋或任何可测试的能力更为重要;一般知识和兴趣的背景或由于家庭环境所造成的对知识的极端重视常常对成就的影响比天生能力更大。有些人享有良好家庭气氛的优势,对社会来说是一笔财富,平均主义政策可以毁坏这笔财富,而不出现不当的不平等这笔财富就不能得到利用”❷。④让穷人接受高等教育是危险的。“对政治稳定而言,没有比存在着一个有知识但无从应用自己学问的无产阶级更危险的了”❸。

(四)反对政府把高等教育当做一项社会福利来平均分配

哈耶克说,“有些福利只能局限于某些人,这并不意味着一个机构

❶❸[英] 弗雷德里希·奥古斯特·冯·哈耶克著,杨玉生等译:《自由宪章》,第562页。
❷[英] 弗雷德里希·奥古斯特·冯·哈耶克著,杨玉生等译:《自由宪章》,第565页。

应有独占的权力来决定这些福利应归于何人”。然后使用国立教育作为达到平均主义的目的。他反对政府把高等教育当做促进社会公平和正义的手段,认为“不管那些从公正的利益出发狂热地要求应使所有人从同样的机会起步的人的动机如何值得赞许,他们的动机毕竟是一种理想,实际上不可能实现”。因为,如果国家利用公共开支所办的教育同等对待所有人,“它事实上就意味着任何一个孩子得到的东西就应该给予所有人,凡是不能给予所有人的东西就不应给任何一个人……它就意味着教育投资要对所有孩子一视同仁。如果这是公共教育的必然后果,它就将构成了反对政府管理那种可以给予所有人的初等以上的教育,赞成将高等教育让私人管理的强有力的论据”❶。国家通过测试选拔出来的一些能够有机会接受公立高等教育的人,事实上可能是“搭便车”的人,“即由于通常是某个他人将不得不支付高等教育费用,因此那些从中获益的人享受的是‘不劳而获’的好处”❷。

联系哈耶克的整体观点来看:高等教育应由私人提供、私人管理,接受高等教育的人只要其本人(或其家庭)愿意而且有支付学费的经济能力,可以不必经过测试而进入大学之门。他所谓的社会正义与公平,就存在于这种主要由经济因素所决定的“自然秩序”中。在他的主张中,市场化和私营化是非常接近的。

二、弗里德曼的高等教育市场化理论

弗里德曼在其《资本主义与自由》一书中主张:“政府的作用是从事于一些市场本身所不能从事的一些事情,即:决定、调节和强制执行游戏规则。”除此之外,“我们也可能要通过政府做一些市场在想象上是可能做到的,而由于技术和类似的原因使这样做具有困难的那些事情。所有这一切事情可以被归结成严格地自愿交换是非常昂贵或在实际上是不可能的情况,这种情况一般有两个总的类别:垄断和

❶[英] 弗雷德里希·奥古斯特·冯·哈耶克著,杨玉生等译:《自由宪章》,第563页。
❷[英] 弗雷德里希·奥古斯特·冯·哈耶克著,杨玉生等译:《自由宪章》,第562页。

类似的市场的不完全性，以及邻近影响。”❶ 过去的和现在的政府对于教育进行干预的理由也来自两个方面。第一个是相当多的“邻近影响”的存在，“即：一个人的行动迫使其他人为之支付相当大的代价，而又无法使前者赔偿后者的情况，或者，个人的行动对其他人产生相当大的好处，而又无法使后者赔偿前者的情况——即：使自愿交易成为不可能的情况”❷。第二个是对孩子们和其他一些对自己行动不负责任的个人的“家长主义”的关怀。但是，弗里德曼认为，今天的学校教育由政府机关或非利润机构提供经费并由它们管理的现实是逐渐形成的现实，目前已经被人们认为是理所当然的事情，虽然“甚至在社会组织和指导思想方面均为自由企业占统治地位的国家，也是如此”，但是，这种现实所导致的政府职责的无原则扩大，以及由于社会条件的改变，政府继续对学校教育进行的干预是应该予以重新审视的。

弗里德曼认为，给予大多数公民一个最低限度的文化知识，广泛地接受一些共同的价值准则，对于一个稳定而民主的社会的存在是必要的，一个受教育的孩子不仅有利于他自己和家长，同时也有利于整个社会的其他成员，因此存在着相当大的“邻近影响”。政府应该补贴受教育者或其家庭，但补贴的方式可以采用政府向应接受补贴者直接发放票证，而不是直接补贴给学校。这样做：一是可以增加学生和家长选择进入他们乐意的学校的权利和自由；二是可以减少政府中以往专门负责此项工作的一个部门，减少了为了达到同一目的的多余劳动；三是可以促进学校之间展开服务质量的竞争，注意满足消费者的特殊需求；四是可以有利于学校的多样化存在。虽然学校的统一形式的存在有利于灌输“共同的价值标准”,但它同时与思想自由相矛盾。而“我们今天的问题不是强使人们一致,而是我们受到过多的一致性的威胁”。弗里德曼还认为,公立学校那种把学校行政和经费来源合

❶[美] 米尔顿·弗里德曼著，张瑞玉译：《资本主义与自由》，商务印书馆 1986 年版，第 29 页。

❷[美] 米尔顿·弗里德曼著，张瑞玉译：《资本主义与自由》，第 83 页。

并起来的制度,还会产生其他的弊端,例如把公款大量地花费在雄伟的学校建筑和奢侈的场地上而不是提高服务的质量上。"愿意看到款项用于更好的老师和更好的教科书,而不是体育教练和房屋走廊的家长没有办法来表示这种意愿,除非通过说服大多数人来改变这种对大家来说都是相同的使用款项的方式"❶。而市场则可以通过有效地按比例表达意见的方式,允许每个人来满足他自己的偏好。另外,公立学校的工资级别制度主要是按照资历、学位而不是工作成绩决定教师的报酬,趋于一致的工资使得"不好的教师报酬太高,而好的教师报酬太低"。鉴于以上这些情况,另一种代替的制度会比公立学校制度有效得多。

对于高等学校的教育,弗里德曼认为基于"技术垄断"和"邻近影响"的原因所能给予政府干预以支持的理由更加软弱无力。由于交通运输的发达,所以"技术垄断"的因素大打折扣;由于对中等以上教育的国有化运作方式的(指政府管理和补贴——作者注)民众支持率越来越低,"意见一致的程度已经少到不能用多数人的观点来代替全体的观点,更不用说,以多于多数人的观点来代表全体了"❷。所以,"邻近影响"的理由也远不充分。然而,美国的私立高等教育并没有得到应有的合理发展,主要是因为公立高等学校的存在形成了"不公道"竞争——"大多数州立和市立的大专院校的学费远低于私立大学不得不征收的数量"。私立大学因为财政问题而处于两难境地——"它们想保持脱离政府的独立,而同时又由于财政上的压力被迫去寻找政府的援助"。圆满解决这一问题的办法把政府给予公立高等学校的补贴改为直接对学生补贴,公立高等学校通过向学生收费"收回"补贴,这样,由于学生选择的原因,公私立高等学校都会为争取更多的学生而竞争,从而有助于提高服务质量。

在弗里德曼关于高等教育的观点和主张中,他的一个独特的观点是:"并不是所有的学校教育都是教育"。比如纯粹的职业教育,"因

❶[美] 米尔顿·弗里德曼著,张瑞玉译:《资本主义与自由》,第91页。
❷[美] 米尔顿·弗里德曼著,张瑞玉译:《资本主义与自由》,第96~97页。

为，它仅增加学生在经济上的生产能力，而不是对学生进行公民教育或领导能力的教育”❶。虽然在两种学校教育之间划一条明显的界限是非常困难的，但“像广泛地在美国政府支持的教育机构中所做的那样，对兽医、美容师、牙医以及许多其他专家的训练给予津贴的理由是不能论证对初等或对更高水平的文理科综合大学给予津贴的必要性”❷。对于职业训练和专业的学校教育的市场化运作，弗里德曼在其著作《资本主义与自由》一书中曾给予较为充分的探讨，他把职业和专业的学校教育界定为不具备足够的“邻近影响”的条件因而和一般教育有所区别，“它是对人力资本进行投资的一个方式，类似对机器，建筑物或者对其他形式的非人类资本进行的投资”❸。那么对于这样一种“非教育”的学校教育行为应该如何投资呢？在分析了私立部门对于这种投资的种种风险和昂贵代价之后，弗里德曼设计了由政府先替受教育者支付培训费用，然后从其未来收入中按比例逐渐收回的办法。但是，他又担心，这个办法有可能在执行的过程中变成了一个政治上的足球游戏——“从一个收支相抵的方案变成为一个补助职业教育的手段”❹。

虽然弗里德曼对于他自己关于教育的市场化、私营化的方案设计的可行性并没有表现出十足的信心，但是，他的主张的目的——鼓励竞争，是坚定而明确的。“类似上面概述的安排的发展将使人们在较为广泛的范围上得到资本，从而，将在很大程度上使机会均等成为现实，使收入和财富的不平等减少并且使人力资源得到充分利用。它之所以能做到这一点并不通过对竞争的限制，并不通过对积极性的破坏以及并不通过对表面现象的处理，像单纯的收入再分配所造成的那样，而是通过加强竞争，通过使积极性更加能发挥作用以及通过消除不平等的原因”❺。

---

❶[美] 米尔顿·弗里德曼著，张瑞玉译：《资本主义与自由》，第 85 页。

❷❸[美] 米尔顿·弗里德曼著，张瑞玉译：《资本主义与自由》，第 87 页。

❹[美] 米尔顿·弗里德曼著，张瑞玉译：《资本主义与自由》，第 100 页。

❺[美] 米尔顿·弗里德曼著，张瑞玉译：《资本主义与自由》，第 104 页。

三、哈耶克和弗里德曼的大学功能观评价

和亚当·斯密一样，哈耶克和弗里德曼没有用明确的字眼把他们的关于高等教育市场化的主张与大学功能联系起来探讨，但是，他们（尤其是哈耶克）理论的字里行间，非常明显地透露出关于大学功能的见解。

在关于大学的知识生产、传播和保存功能方面，哈耶克回避了高深知识（高深学问）这一概念，而是强调类似市场信息的应用知识、局部知识、个体知识、默会知识的生产、传播和保存在“市场发现程序”中的适宜性。他在回避了高深知识这一概念的前提下，自然地就回避了大学在高深知识的生产、传播和保存方面不可替代的特殊功用，在这一点上，他远不如凡伯伦思想视角和思想内容的合理与深刻。

在关于大学的文化功能方面，哈耶克极力强调文化的多样性，在承认美国学校在充当移民文化“熔炉”作用、洪堡时期的德国大学在凝聚民族精神文化方面的作用的同时，又在指责文化和文化价值观的统一性对于个人思想自由和文化多样性的伤害，他最终所强调的，是个人思想自由和文化多样性在人类面向未来世界和未知世界时的价值和重要性。应该说，他的思想有着重要的合理成分，但是，当他试图通过教育市场化把个人思想自由和文化的多样性推向极端的时候，就存在着否定统一意志、集体精神和共同文化价值观在教育中的重要性与合理性的危险，而他对于学校或大学对于维护文化统一和社会稳定的功能的承认，也表明了他在关于大学的文化功能问题上一种处于无法自圆其说的矛盾。

哈耶克关于教育权和受教育权的市场化分配方案，反映了他对于大学的政治功能、促进社会“上流动”功能以及促进社会平等功能方面的认识和主张。例如：在教育权和受教育权问题上，哈耶克对于高等教育私营化、市场化的主张，加之他关于不必通过测试来决定哪些人应该接受高等教育，个人成长的家庭背景比天生的、在测试中被证明的能力更重要的观点，还有他的“有些群体中的最好的成员似乎也比其他群体中没有得到机会（接受高等教育的机会——作者注）的人更差一些”

的见解，及其“有知识的无产阶级”对于社会稳定的危害性的见解，给予人们的只能是这样一个逻辑：高等教育应由私人提供，接受高等教育的人只要其本人（或其家庭）愿意而且有支付学费的经济能力，可以不必经过测试而进入大学之门。他所谓的社会正义与公平，就存在于这种主要由经济因素所决定的“自然秩序”中。毫无疑问，在这种“自然秩序”中，大学的重要功能之一就是保持和维护上层社会、有钱阶级的社会地位。他在关于社会“公平”与“正义”问题上的观点，在“立场”定位上可以用“为强者说话”来概括。尽管他的立场被深埋在其关于个人与自由、市场与效率等问题的片面而深刻的独到见解之中，以及这些独到见解能普遍地给予人们某些深刻启迪的意义之中，然而，这种“为强者说话”的立场，在世界范围内的意识形态领域、在关于社会“正义”和“公平”等价值观层面，为大多数国家、政党和学者所抵制或强烈反对。他的高等教育市场化理论所引起的意识形态冲突是必然的。

虽然以哈耶克、弗里德曼为代表的新自由主义经济学对于高等教育市场化没有给出具体定义，但他们的观念是不言自明的：即要以新的自由竞争的市场观对既成的高等教育领域进行大规模的私营化、私有化运动；力图以一种具有颠覆性的知识观和价值观，消解民族国家关于大学的传统政治功能观和文化功能观，实现其对于整个既成的高等教育价值观念和制度安排的解构和重塑。

弗里德曼关于“并不是所有的学校教育都是教育”的观点显然是一个富有创建性的大学功能观，但是，过分强调大学基于类别不同的功能差异，是否会导致把大学教育最一般的社会功能，例如文化教育功能等，在整个国家高等教育系统中的割裂，是一个值得思考的问题。

第二节　新公共管理的高等教育市场化理论

20 世纪 80、90 年代，由于市场经济理论的发展和私营部门管理实践的进展，使得人们越来越看到传统行政模式及其在公共部门管理中存在的缺陷，一种旨在替代传统行政管理模式的新公共管理崭露头角。“这种新的管理方法有许多名称：‘管理主义’、‘新公共管理’、‘以市场为基础的公共行政'、'后官僚制典范',或'企业型政府'"❶。新公共管理理论建立在对于传统行政管理缺陷的批判基础上,并力求在新的管理方法上克服那些缺陷和弊端,"注重管理而不是政策,注重绩效评估和效率;将公共官僚制组织划分为一些在用户付费的基础上相互协调的机构;利用准市场化和签约包出工程的方式促进竞争;削减成本;具有一种特别重视产出目标、限期合同、金钱刺激和自主管理的管理风格"❷。即:追求"3E"——经济(Economy)、效率(Efficiency)和效能(Effectiveness)的管理目标。

一、传统官僚制行政管理的特征及其缺陷

传统官僚制管理模式的产生最早可以追溯到19世纪的英国,成型于1854年的诺思科特-特里维廉报告❸,19世纪末,这种模式在欧洲的马科斯·韦伯和美国人伍德罗·威尔逊那里获得了其理论基础。在漫长的历史发展中,这种模式一直按照韦伯的理论发展。

韦伯认为有三种类型的权威:魅力型——领导者个人的非凡才能和吸引力;传统型——例如部落酋长依靠领导权的正常更替所获得的威信和权力;理性/法律型——依靠理性认识、评价和法律程序产生的权威。韦伯认为理性/法律型权威是三种权威中效率最高的,应是奠定官僚制模式的理论基础。依据理性/法律的权威思想,韦伯确定了现代(传统)官僚制体系的六大原则❹,即:①固定和法定的管辖范围原则。根据法律和行政规章发号施令。②公职等级制和权力等级化。下级服从上级的命令或指令并接受上级监督。③公职管理建立在保存书面文件(档案)的基础之上。④公职管理,至少是所有专门的公职管理通常以全面而专门的训练为先决条件。⑤完善的公职管理要求官员完全发挥工作能力。⑥公职管理遵循一般性规定,这些规定一般是稳定的和

❶[澳]欧文休斯著,彭和平等译:《公共管理导论》,中国人民大学出版社2001年版,第2页。

❷[澳]欧文休斯著,彭和平等译:《公共管理导论》,第3页。

❸[澳]欧文休斯著,彭和平等译:《公共管理导论》,第30页。

❹[澳]欧文休斯著,彭和平等译:《公共管理导论》,第32页。

全面的。对这些规定的学习和掌握程度代表了官员所具备的专门性和技术性知识。

这种制度与早期的行政相比较具有很大的优越性,例如领导的权威来自法律和根据法律制定的规定;行政工作是一种专业化的全职职业,职员的私生活与组织分离;公职人员是选拔任命的地位高于普通公民的精英,等等。与其他社会组织相比较,官僚制组织就像生产组织的机械模式与非机械模式的比较——“精密、速度、明确、档案知识、连续性、仲裁权、统一性、严格服从、减少冲突和人事成本——这些都是严格的官僚制组织具有优势条件的特点”❶。

韦伯的传统官僚制行政模式到 20 世纪 20 年代完全成型,并且在以后的 50 年内一直没有明显变化,在其黄金时代,曾经给人以改善社会的希望而受到尊敬。

20 世纪初叶,科学管理理论创始人泰勒提出了标准化工作以及对管理实行广泛和严密控制的理念,他这种用效率和科学取代特定决策的思想,对传统官僚制是一个深刻的修正和补充。但失之于过分强调了金钱刺激、时间与工作量的严格控制,而忽略了人的情感因素在管理中的作用。梅奥的人际关系管理理论恰恰在这些方面凸显了其独特思想,他强调除了正式的组织工作程序、职能分工和工作测量制之外,工人的情感、价值观、非正式群体、家庭和社会背景的重要性等。但梅奥人际关系理论引入官僚制系统的做法又遭致了社会的批评,人们认为,与私营部门相比,公共部门的工作人员做事太少而待遇太好。

20 世纪 70 年代以来,公共服务在大多数发达国家都遭到非难。人们对于官僚的批评集中在以下方面:在实践中的官僚制无法把政治与行政分离,因为“政治控制模式的不切实际之处在于,政治和行政必然是关联的”,而且,它体现出一种消极的控制形式,不是致力于为提高效率提供有效的激励,而是着力于如何避免犯错误。由于官僚制中的回避风险倾向,有人认为它造就了随波逐流者而不是创新人才。因而,惰性、缺乏进取心、官僚作风、中庸和无效率被认为是公共部门所特

❶[澳] 欧文休斯著,彭和平等译:《公共管理导论》,第 33 页。

有的病症；由于官僚制的理性形式，不透明性、组织僵化以及等级制，与民主的理念不可避免地产生冲突；官僚制像一部永不停转的大机器，其中每一个人都像其中的一个小齿轮，并被规定只能按照固定的路线行进而无法使它停止，官僚个人融合成一个集体，整合为官僚机器使其功能得以延续，并在社会上维护其权威[1]。

欧文·休斯认为，官僚制缺乏效率基于两个主要原因：首先是官僚制在人事制度方面的僵化和形式主义。例如登峰造极的等级制限制和防止下级的发展，终身雇佣制导致随波逐流者的产生，宽松的退休金计划超过了政府的支付能力等。其次，固守规则的工作态度取代了对于组织效率的关心，使得官僚制天生就是无效率的组织。

二、新公共管理的特征

在官僚制遭受众多批评中，新公共管理应运而生，新公共管理作为一种对于传统官僚制的变革或改进，在概念阐释的语义学上强调了“行政指听从命令，管理则指实现结果”[2]的区别，提出了注重结果的管理理念。但是，对新公共管理的特征，并不存在一个一致同意理解和解释，只不过，各种观点并没有本质的差异和冲突，只是存在着侧重点的不同。综合起来，主要有以下方面。

（一）重新界定政府的权限与职能

奥斯本、盖布勒在《重塑政府》一书中，指出在新公共管理思想下，政府的角色要发生显著的改变，这种改变主要有以下特征[3]：①从划桨到掌舵。政府应该通过制定政策的方式把高层管理与具体操作分开，政府担任的应是掌舵而不是划桨的角色。他们还引入了第三部门的概念，界定了政府、企业和第三部门各自最适合的领域。他们还认为，政府可把掌舵的角色委托给更适合的公共部门或私人部门中的机构。

---

[1] [澳]欧文·休斯著，彭和平等译：《公共管理导论》。

[2] [澳]欧文·休斯著，彭和平等译：《公共管理导论》，第2页。

[3] 曾志柏：《新公共管理：当代西方政府改革的新模式》，《科学管理研究》2002年第10期第74～75页。

②从服务到授权。政府应通过授权来改善对外界变化做出快速反应的能力。政府应将社会服务与管理的权限通过参与或民主的方式下放给社会的基本单元,让他们在自我服务、自我管理中激发创新精神。他们认为,授权将使人民从官僚和专业人士手中夺回本属于他们自己的权利,同时也迫使官僚及专业人士改变他们的角色和作风,因而最终达到人民夺回政府的目的。③从垄断到竞争。奥斯本和盖布勒呼吁将竞争机制引入政府内部,让私营部门参与公共服务的供给,从而提高服务供给的质量和效率。他们认为,政府内应有具备企业家精神的领导人,不应把引进竞争仅仅看做是政府迫不得已的选择,而应把竞争看做是振兴公共机构的一种手段。④从规章到使命。奥斯本和盖布勒认为企业家政府将会是具有使命感的政府,而不是完全照章办事、按预算办事的政府。⑤从投入到效果。具有企业家精神的政府要把投入与效果相联系,按绩效拨款并建立业绩测量措施。

(二)在公共部门管理中引进(市场)竞争和(自决)责任机制,追求管理的经济、效率和效能目标

最早提出新公共管理概念的胡德在《一种普适性的公共管理》一文中,将新公共管理的内涵与特征概括为7个方面:①职业化管理转变;②确定绩效标准与衡量指标;③更加重视产出控制;④将公共部门分解成更小的单元;⑤强化公共部门的内部竞争;⑥重视企业式的管理风格;⑦强调资源运用上的克制与节约。国际经济合作组织在1995年度公共管理发展报告《转变中的治理》中,把新公共管理的特征归纳为如下8个方面:①转移权威;②保证绩效、控制和责任制;③发展竞争和选择;④提供灵活性;⑤改善人力资源管理;⑥优化信息技术;⑦改善管制质量;⑧加强中央指导职能[1]。

厦门大学博士陈振明先生在《评西方的"新公共管理"范式》一文中,将"新公共管理"或"管理主义"的特征归纳为以下8个方面:①强调职业化管理;②明确的绩效标准和绩效评估;③项目预算与战略管理;④提供回应性的服务;⑤公共服务机构的分散化和小型化;⑥竞争

[1]陈振明:《评西方新公共管理的模式》,《中国社会科学》2000年第60期第75页。

机制的引入;⑦采用私人部门的管理方式;⑧管理者与政治家、公众的关系的改变❶。

从以上观点我们可以看出,新公共管理主要关注的是政府和公共部门之间的关系以及政府和公共部门的内部弊端,强调市场机制和企业精神引入当代政府和公共部门中的必要性,追求政府和公共部门的经济、效率和效能目标以及为达到目标的所必须进行管理观念和制度更新。

三、新公共管理理论的高等教育市场化观点

新公共管理对传统官僚制的批评自然地波及到高等教育领域。虽然从我们所接触到的文献资料中,尚未见到西方新公共管理思想理论的著名代表人物有关于高等教育市场化的直接论述,但是,可以说,新公共管理理论关于政府和公共部门管理的观点也就包含着关于教育的问题在内。而且,在他们理论观点影响下,其他人关于高等教育市场化的观点,正如新公共管理理论自身一样,由于各种观点所关注的对象不同(政府或公共部门领域)、侧重点不同(政府与市场的关系、政府与公共部门的关系、责任、竞争、效率等)、论者所处的环境不同而呈现出多样化。这种多样化的观点对高等教育市场化的主张大概可以做如下归纳。

(一)主张公立大学的"私营化"或"企业化"运作

由于新公共管理理论认为政府对于社会事务干预过多且弊端丛生,主张政府应从公共部门管理的领域中退出,交由私营部门经营。从这一观点出发审视公立大学系统时,人们获得同感。而同时,人们发现私立大学在很多方面,诸如办学特色、管理效率、对学生和反映社会需求的速度和满足程度等,较公立大学均有优势。第二次世界大战以后,不少资本主义国家高等教育规模迅速扩充,到了 70 年代,经济萧条使得政府财政紧张,不少国家大幅度削减教育经费,例如英国在 1776 至 1998 年生均拨款甚至下降了 46%❷,同时,政府鼓励公立大学"私营

❶陈振明:《评西方新公共管理的模式》,《中国社会科学》2000 年第 60 期第 75 页。

❷孙贵聪:《西方高等教育管理中的管理主义述评》,《比较教育研究》2003 年第 10 期第 68 页。

化”、“企业化”运作。通过向用户收费、与产业界合作扩大大学资金来源，实现国家高等教育财政的转移支付。1985 年，英国大学副校长联合会（CICP）发表了著名的嘉瑞报告，认为在今后大学将要长期面对的问题就是资源短缺，而解决问题的钥匙就是管理主义。

（二）重新调整（塑造）政府与公立大学的关系

新公共管理论认为，政府对于高等教育的官僚制管理方式是造成公立大学诸多弊端的来源，例如缺乏自治与学术自由、办学资源的政府依赖和官僚作风、办学目标定位依赖政府指令而非面向市场需求、对课程内容统一标准的强调和对于多元文化以及学生思想自由的限制等。而大学，尤其公立大学系统则一直把自己看做精英培养、文化保存、探究高深知识和保存社会良知的机构与场所，期望政府无限承担对大学的责任和义务。但是，随着大学的变化和社会变化，人们对此的看法改变了，认为大学应该在市场环境中利用自己的服务为自身生存谋取资源。而政府在宏观层面应该利用经济手段（例如绩效拨款、项目拨款等）使大学向政府所期望的目标努力；利用法律手段或利用社会中介组织加强质量监督和管理。发挥社会中介组织在大学办学质量、管理模式、声誉、专业与课程、就业情况方面的评价监督作用和信息沟通作用，建立关于大学的“信息市场”，提高大学的透明度，增强社会参与办学；强调政府以评估、评价手段对大学实行质量监控；建立国家、社会对于大学质量、效率和效益的评价、问责机制。在学校内部管理层面，政府放松管制，授予大学更多的自主决策权利。在美国，一些人认为，国家通过民主管理的办法对于公立学校教育实行直接管理的传统，应该由一种以市场调节为基础的全新体系所取代。“市场通过它自身的特性，能够培养高效学校所必须拥有的自制。……消费者不会有购买低效学校产品的需要，因此这些学校就会从市场中消失。……对学校进行民主管理不可避免会培养官僚作风，而这就会扼杀高效学校必须拥有的自治”❶。

---

❶［美］约翰·E·丘伯、泰利·M·默著，蒋衡等译：《政府、市场和学校》，教育科学出版社 2003 版。

（三）在公立大学系统内部引进（自决）责任机制、（市场）竞争机制和经济、效率和效能意识

不少人认为，公立大学的弊端在很大程度上具有传统官僚制下的公共部门的通病，即行政领导只对上级负责，以避免犯错误为工作原则而非以注重管理的实际效果为原则；各个职能部门领导追求经费开支的预算最大化而非资源的合理配置；浪费、贪污、效率低下；大学因为依赖稳定的国家资源而机构臃肿、工作懒惰和缺乏竞争，等等。新公共管理理念下对于公立大学系统的管理，改变由政府向公立大学直接拨款的传统方式为绩效拨款方式，实行研究基金和项目经费的竞争性获得；改变以往把国家对于公立大学学生的补贴直接划拨给公立大学的做法，以向学生发放“教育券”的补贴方式，增强学生选择学校的权力和自由；模糊公私立大学在享受政府资助方面的界限，使大学公平竞争——竞争生源和经费以及以此为中心的全面竞争；实行开放入学政策，鼓励生源竞争；如此一来，大学，尤其是公立大学，自然会在不同程度上增强了面向市场的竞争意识、自主决策意识、质量信誉意识、投入—产出效益的经营意识等。

英国学者查希和默认为，赞成教育市场化有三大理由：①私立学校的业主有强烈的动机去取悦学生和家长（这里业主们相信这样做于人于己都有利），所以学校也能更灵敏地反映市场需求；②学校之间的界限被打破，使学生和资源能从那些不受欢迎的或能力不足的学校转移到热门的和反应灵敏的学校；③这就营造了一种自然选择的机制，不受欢迎的学校将被迫关闭或改弦更张[1]。

（四）在市场环境条件下，重新设计大学的组织管理模式，实行“校本管理”；加强大学管理人员的专业化管理培训，实行专业化管理

在传统官僚制模式影响下，大学、尤其公立大学管理具有明显的韦伯所言的官僚制科层组织特征。公立大学习惯听命于政府，下级习惯于服从上级，缺乏自主决策的意识和能力。但是，随着高等教育市

[1]［英］斯蒂芬·J·鲍尔著，侯定凯译：《教育改革——批判和后结构主义的视角》，华东师范大学出版社2002年版，第141页。

场化改革的推进，不少发达国家开始重视改革大学的传统管理模式，赋予大学自主管理的权利。英国的托尼·布什（Tony Bush）在其《当代西方教育管理模式》一书中说："自1988年'教育改革法案'颁布和执行以来，英格兰和威尔士的学校和学院的管理性质和范围都发生了很大变化。……因为这个教育改革法案改变了教育体系的基本权力结构……这个立法在加强国家对课程进行控制的情况下，赋予学校的管理机构和校长对学校管理的很大决策权。"❶。"英格兰和威尔士的这些发展使高校和中小学进入了'教育市场'的中心，学生和家长都成为消费者，他们从各种教育机会和教育条件中进行挑选……"❷他引用卡得维尔和斯宾克斯两位学者的话说："在20世纪后期对教育体制的新建构中，自我管理的学校是效率更高和效益更好的学校，这种管理使国家的教育管理机构相对变小，在中央确定的方针和经费的原则下，学校得到授权管理他们自己的事务。关于自我管理有两个观点：一个是关注管理责任，另一个是关注在经费困难情况下的资源分配重点。……自治的学院和学校可能更具有潜在的效率和效益，但是这个效率和效益的实现取决于学校内部管理的性质和质量。"❸

在大学管理自主权下放的同时，加强大学的专业化管理成为一种趋势，为达到经济、效率和效益的管理目标，大学注重各个方面例如会计与审计、成本核算、专业课程设计与评估、人力资源等方面的专业化管理。英国的斯蒂芬·J·鲍尔（Stephen J. Ball）在其《教育改革——批判和后构主义的视角》一书中，指出了管理主义（新公共管理）在各国教育改革中呈现出的变化：更加强调"基于现场的管理（site - based management）"；学校一级更大的财政自主权；在国家界定的框架内，学校活动的日益市场化；校长作为有魅力的和授权的领导的作用日益得

❶［英］托尼·布什著，强海燕译：《当代西方教育管理模式》，南京师范大学出版社1998年版，第5页。

❷［英］托尼·布什著，强海燕译：《当代西方教育管理模式》，第6页。

❸［英］托尼·布什著，强海燕译：《当代西方教育管理模式》，第7页。

到强调;日益强调对经过专门管理技能培训的高级专业人士的需要❶。

四、新公共管理理论视角的大学功能

新公共管理或“管理主义”的高等教育市场化主张,是“管理主义”哲学或新公共管理理论在大学管理层面、尤其是公立大学管理领域的思想延伸。在澳大利亚和新西兰,则盛行与之类似的“经济理性主义”。“管理主义”从管理哲学的角度对于高等教育市场化的旨趣,可以分为宏观与微观两个层面:在宏观的方面,主张在政府、市场与大学三者之间的关系中,政府应该重新调整干预大学管理的方式,从过去的直接管理或干预转变为间接调控,从行政命令的方式转变为经济刺激的方式。例如引入竞争机制、建立评估机制、建立高等教育信息市场、加强社会监督和中介组织评价等手段;大学的管理运作应从过去听命政府转为以市场为导向,积极回应市场需求;在“小政府,大市场”的状态下运作或经营大学;在处理公私立大学与政府之间的关系上,政府从政策待遇的角度作出调整,取消对于私立高等教育的种种限制,力图使公私立大学处于市场中公平竞争的地位,鼓励公立大学从私立大学的经营管理中借鉴经验;改制公立大学,使之民营化或独立行政法人化(例如日本),把习惯于依赖政府资源而生存的公立大学从“家养状态”推向在市场竞争中求生存的“野生”状态,等等。在微观的层面,主张大学内部的管理运作,在管理决策上,应具有自主决策意识和责任意识,敢于决断和负责;在管理理念上,应具有关于投入与产出或成本与效益的经营意识,增强大学运作的企业理念和精神;在经费来源上,广开渠道,充分挖掘市场潜力;在办学目标定位上,应具有适应市场需求的特色意识、追求信誉的质量意识,在竞争中开拓出发展空间;在专业、学科和课程设置与教学上,应具有营销意识,从卖方市场走向买方市场;树立“学生本位”的决策意识、管理理念和服务理念,诸如在对待学生的选择权问题上,应增强把学生视为消费者的“顾客”意识,保障学

❶[英] 斯蒂芬·J·鲍尔著,侯定凯译:《教育改革——批判和后结构主义的视角》,第8页。

生的消费者主权;在管理效率上,实行以量化考核为主要手段的目标管理,奖惩并施,建立奖优罚劣、奖勤罚懒的内部问责机制。

新公共管理理论、“管理主义”或“经济理性主义”理论关于高等教育市场化改革的主张切中了公立大学以及公立大学系统与政府之间的关系的弊端,正如它的市场化主张广泛切中了整个公共部门的弊端一样,在某些方面获得了人们的普遍认可。在这些理论旨趣主导下的改革,的确促进了公立大学在经济、效率和效益方面的进步。但是,这些理论在关于高等教育市场化观点建构上的最大不足或缺失,是没有把自己的理论观点建立在对于大学的社会功能与价值的认识和评价的基础上,更缺乏对大学研究行为与经济组织行为之间的差异性分析,从而导致了他们的经济、效率和效益标准的模糊与偏狭,以至于在大学管理的操作层面,人们批评“管理主义”的目标管理和量化考核方法,只顾及“量”的评价,而忽略“质”的追究;导致大学教学与科研工作中的浮躁情绪和短期行为,伤害了长期研究和基础研究,压抑了教学与科研工作中“不可显见的物质和精神投入”的积极性;专业化管理把许多原本属于学术权威的管理权力移交到只注重经济和效率目标的专业化管理人士,使得学术传统受到冲击、经济价值模糊的教学与研究被忽视或“边缘化”,等等。

新公共管理理论的形成及其对于高等教育市场化改革的影响,具有非常强烈的问题感和现实感。但是它对于高等教育市场化改革的理论论证,缺乏逻辑说服力,回避了市场化与大学功能和价值之间关系的探究或说明。新公共管理或管理主义理论上的缺陷或模糊和实践中所遭受的批评相一致。

第三节　全球化理论与高等教育市场化

一、全球化理论基础

目前人们对于全球化的理解和定义主要有两个层次或类别,其一是指:全球化是全球相互关联和相互依赖的强化、跨国流动的增加,以致整个世界朝着单一化方向发展;其二是指时间与空间关系的改变。

第一种观点以赫德(Held)等人为代表,认为全球化的主要概念包括:①指社会、政治及经济活动延伸并超越界限,使世界上某些地区的事件、决策和活动对于遥远异地的个人和社群产生意义;②越界的连接并不是偶发或随意的,而是持续和有规则可循,同时可以看出这种连接不断地扩大和强化;③由于通信和运输系统的发展,想法、符号、物品、讯息、资本、人的快速和大规模流动加速了全球化;④由于全球化的广度、深度和速度不断增加,本地/外地、国内/国外、地区/全球之间的界限日益模糊❶。

据此,赫德对全球化的定义是:"社会关系及交换在空间之转化的过程(或一组过程),导致活动、互动、权力运作的跨洲或跨地区的流动与网络,此一过程可以其广度、深度、速度和影响加以评估。"贝克(Ulrich Beck)更为详细地定义为:"在跨国行动者及其权力机会、取向、认同和网路的运作下,民族国家及其主权受到打压及穿透的过程。"❷

另一种观点以麦鲁汉(Marshall McLuhan)、吉登斯(Anthony Giddens)和哈韦(David Harvey)等为代表,提出了由于当代通信技术的发达和运输速度的快捷,传统的时间和空间概念的相对意义已发生变化,当今世界在时空关系上已逐渐变成一个"地球村"的概念。

对于全球化的起源最为人们普遍接受的观点是,人类早期就存在跨界(国界或洲界)贸易,而在当代社会,国际性经济合作组织的发展、跨国公司越来越多的发展趋势,加之现代发达的传媒技术和快速的运输能力的支撑,对于多领域国际合作和交往的支撑,使得人们对于当代的全球化及其未来发展的解释,上升到以一种全新的社会现象来看待,从多学科视角去分析的高度。

有人从马克思主义理论出发,认为当代的全球化发展趋势是马克

---

❶❷戴晓霞、莫家豪、谢安邦:《高等教育市场化——台、港、中趋势之比较》,高等教育文化事业有限公司出版社2002年版。

思早就预言了的现象。他们认为,按照马克思主义理论分析,今天的全球化是资本主义社会资本人格化运动的结果。所谓资本的人格化运动,是指承担资本运动的资本家,其职能就是致富,驱动其执行致富职能的是"绝对的致富欲和价值追逐狂","作为价值增殖的狂热追求者,肆无忌惮地迫使人类为生产而生产,从而去发展社会生产力,去创造生产的物质条件……只有作为资本的人格化,资本家才受到尊敬"❶。资本家承担资本运动,"不是取得一次利润,而是谋取利润的无休止运动"。这是资本家的"职能"和人格化了的资本的本性。由于人格化了的资本本性,资本主义社会把人变为对一切活动都缩减为对金钱的追求和冷酷计算的理性人。这种把一切都缩减为对金钱的追求和冷酷的计算意味着对所有社会关系和意识形态的重构。重构的动力是人格化的资本运动,手段是"不停的动荡,永远的不安定和运动",目的是为了追逐财富的无休止增殖或为"越来越多地占有抽象财富(货币)"提供所需的社会基础。

资本主义社会资本运动的本性会使资本和资本家探求各种盈利机会,为寻求新的市场、资源和廉价劳动力,必然不断开拓新的空间——世界市场,"资产阶级,由于开拓了世界市场,使一切国家生产和消费都变成世界性的了。……物质的生产如此,精神的生产也是如此。各民族的精神产品成了公共的财产。民族的片面性和局限性成为不可能,于是由许多种民族的和地方的文学形成了世界文学"❷。马克思虽然对资本主义在生产力强劲的发展、世界性社会关系的建立和创造复杂的个体等方面持肯定态度,但对于它一切从私利出发来组织这些活动表示强烈谴责。他认为,"以私利为原则的资产阶级生产,无论在生产力的发展中,或是在世界社会关系的建立中,都会阻碍民主、平等和自由的历史运动"❸。

与马克思关于全球化发展前景的预见不同,西方学者多持乐观、赞

❶《马克思恩格斯选集》第2卷,人民出版社1995年版,第293页。
❷《马克思恩格斯论教育》,人民出版社1986年版,第102页。
❸梁展:《全球化话语》,上海:生活·读书·新知三联书店2002年版,第243页。

成的态度。美国学者贝尔(Bell)认为,马克思主义作为一种意识形态已经终结,现代西方早已经不是阶级社会而是多元社会。他肯定资本主义的发展有着光明前景,他并不把市场经济发展所造成的传统家庭关系的解体、道德观念的瓦解、价值观标准的破坏以及由此所造成的资本主义社会"离散孤独的人群"问题等,看成是资本主义社会制度的弊端和缺陷。相反,他认为,在资本主义社会金融资本运作之下,家庭(家族)关系的解体带来的是家族财产(和权力)与家庭(和家族)的分离。社会对于个人的才能更加重视,个人自由以及发展机会增加。他认为,未来社会的问题所在是国与国或者民族与民族之间的对抗与冲突。另一位美国学者福山(Francis Fukuyama),与贝尔观点相类似。他在1989年柏林墙倒塌后发表了一篇《历史的终结》的文章,认为"我们也许正在经历历史的终结……也就是说,意识形态的发展正以西方的自由民主作为最终的政体在世界上普及而结束"。福山根据黑格尔关于历史的论述,把人类历史当做人类理性不断趋于充分实现,以及在自由自治的条件下不断寻求如何充分表述理性的自我意识的历史。历史是一个向着更高级的理性和自由进步不断发展的过程。自由国家将成为"历史的终点"。因为在他看来,现代西方资本主义国家取得了高度的物质文明和政治稳定性。人们已不再为政治目标奋斗,而是全身心关注经济活动。由此,福山进一步认为科学技术和教育对未来社会进步至关重要,教育是促进社会平等和自由民主的纽带,而科学技术的进步会促进物质财富的增加;在全球市场和消费文化的传播中,科学技术会支配世界朝着资本主义单一方向发展。

无论贝尔或福山还是其他为全球化鸣锣开道的学者,他们在从社会学角度为全球化提供理论依据时,都对于马克思曾经尖锐批判过的资本和市场的本性避而不谈,对于全球化对国家和民族的负面影响视而不见。由此可见,全球化仍旧是一个充满争议的话题。

二、全球化理论视角中的高等教育市场化观点

在以跨国公司为主导的经济全球化浪潮中,高等教育作为传统上由国家提供的服务,正在越来越多地转向市场提供。根据世界贸易组

织(WTO)的前身“关税及贸易总协定”(GATT)的分类,教育和商业服务、通信、金融等14项被列为“服务部门”;在教育服务贸易的四种形式——跨境交付、境外消费、商业存在和自然人流动中,除了商业存在一项外,其余三种教育服务贸易形式得到了不少成员国的认可和承诺。高等教育正在成为全球贸易中的服务性产品。对许多拥有大量留学生的国家来说,高等教育正在成为一项重要产业。许多国家,尤其是高等教育发达国家,正在积极开拓高等教育国外市场。高等教育国际市场的存在,已经成为不争的事实。在高等教育跨国力量刺激之下,许多国家为提高本国高等教育竞争力量,积极促进高等教育市场化改革,在改革中重建政府、市场和大学三者之间的关系。

全球化影响下的高等教育市场化改革理念,集中体现为下列观点。

(1)解除管制。解除管制就是要求政府对于高等教育“松绑”,即把传统上由政府决策管制或干预的大学事务诸如招生规模、收费标准、课程设置、人事管理、对外合作与协议等,交由大学自主决定。其目的在于在高等教育领域引入市场力量以削弱或取代政府干预,为使大学在市场竞争中生存而赋予其在市场和竞争所必需的自主权和自治权。

(2)消除垄断。消除垄断主要是指要求政府放松对于私立大学发展的种种限制,取消政府对于公立大学的垄断经营,目的在于使公私立大学能够在一个相对平等的基础上开展竞争。

(3)私有化或民营化。私有化或民营化的观点是指在政府财政紧张的情况之下,加之政府垄断经营高等教育所造成的公立大学的种种弊端诸如对社会需求反应迟缓等,要求政府大力促进私立高等教育发展,同时削减对于公立大学的经费投入,通过收取学费、促进产学合作、鼓励社会捐赠等手段,扩大公立大学的私有资金来源。

三、全球化理论与大学功能

在世界贸易组织把高等教育服务作为一种经济贸易形式,并由成员国付诸运作时,高等教育的全球市场观念和高等教育全球化理论相伴而生。如何辨识这种观念和理论主导下的民族国家的大学行为及其结果,是全球化理论中充满争议的议题之一。那些看重大学的营利功能和经济功能的理论家和实干家，赞同高等教育全球化理论并欢迎这种理论主导下的高等教育产业化运作方式。然而，即使这种与市场化紧密相伴的产业化运作方式迎合了知识经济、知识资本等概念和理论对于大学营利功能、经济功能的诠释，只要人们转换角度关注到大学的其他功能和价值时，就会产生疑虑。

首先，这种以“教育服务”形式所包装的教育商品，在全球市场的跨国、跨地区贸易中是不平等、不均衡的。发达国家和地区的经济、文化、技术和教育优势，决定了它们的教育服务商品在全球市场中的行销能力必然胜过发展中国家和地区。在此前提下，教育服务作为一种特殊的文化商品，其消费过程同时也就是消费者接受文化商品本身所包含的思想观念影响的过程。借助于教育服务贸易的不平衡、不平等关系，国家和地区之间的文化和思想交流在客观上以一种不平等的方式进行，实质上表现为发达国家和地区向发展中国家和地区进行以自我为主导和中心的文化和意识形态输出。其结果是：以民族国家、语言类别、历史传统或地缘关系等为载体和纽带的世界多元文化格局走向单极文化或单面文化格局；在这一过程中，发达国家和地区名利双收，而发展中国家和地区在政治上所担忧的是国家主权地位受到打压，在民族精神和民族文化层面失去自我。

其次，教育服务贸易形式下的大学运作动力是经济利益，这是明确的。在利益驱动之下，大学的经营服从于资本运作规律。商业理念、行销意识日益强烈地支配大学行为，而忽视它作为一个特殊社会组织的在民族国家中政治功能与文化功能，这也是不容置疑的。如何在逐渐蔓延高等教育全球化趋势中，采取适当手段加强政府对于大学运作的宏观调控和干预，维护和保持大学在民族国家中的政治与文化功能，是维护和保持世界民族文化多样性的重要方面。

小结

当代高等教育市场化改革趋势已经获得了多学科理论视角的支持，这种“多学科话语体系”共同的理论核心，是新自由主义经济学理论关于自由竞争的市场理论。它们关于高等教育市场化的主张，是企图通过理论说服，使得作为传统公共领域和公共部门的高等教育和大学组织的制度安排，服从于“经济人”假设前提下的经济制度安排规律，以实现对于既成现实的制度安排的解构和重塑。然而，他们终究不能使人信服的是：在理论建构上，他们大都有意或无意地回避市场化道路与大学作为一个传统的非营利部门在民族国家中所承担的社会政治功能与文化功能之间的关系这一问题。哈耶克曾经触及这一问题，但是，在知识观上，哈耶克与亚当·斯密的相似，强调实用知识（信息）的学习和发现是如何地适宜于市场环境中的个人选择权利和个人收益观念，而回避了像凡伯伦那样探讨高深知识的生产、传播和保存与大学行为的非利益驱动性，以及集体努力的必要性之间的内在联系。他试图通过重申自由主义、强调个人思想自由和文化多样性的重要价值，来消解作为集体主义思想代表的“大人物思想”对于个人思想自由的影响和压抑，从而进一步否定在国家或政府干预下，学校教育和教学内容统一性安排的必要性。然而，在他无法回避历史上的大学（例如他列举的 19 世纪的德国大学和美国建国以后的大学）为民族国家维护政治稳定、促进文化融合、形成共同文化价值观曾经发挥过重要作用时，他选择了单方面强调个人自由价值的偏执态度。

尽管如此，在多学科视角的高等教育市场化理论支持下，高等教育市场化改革实践已经从观念、行为和制度安排上，在不少国家营造出大学生存与发展的市场环境。

第四章　市场环境中的大学组织变迁和大学功能嬗变

大学作为最古老的社会机构形式之一，它在历史长河中的发展变化，既有容易确认的外显表征，也有难以辨识的内在因素或力量。它从发端于中世纪城邦社会环境中“行会性质”的原生形态，走进民族国家的社会系统，并深深地浸润于民族国家的历史与文化之中，成为在组织个性特征上与民族国家的历史文化特征密切相关的多样化存在。它与外部环境的联系，在开放与封闭之间变动并最终向周围社会开放、与世界沟通。在这样一个漫长的历史发展变化中，作为一个有着特殊使命的组织，它的组织任务与目标、组织理念和文化、组织结构、组织成员角色以及组织行为方式都在与外部环境的联系与互动中嬗变。它一方面坚持着先前的组织理念与功能，固守着原有的特征与习惯；一方面又主动或被动地接受着外部观念的影响，回应着外部社会的新需求，调节组织内部的冲突和张力，在实现与外部环境关系相协调的基础上赢得生存与发展的机遇和空间。而此时，它的组织理念、属性与特质已发生蜕变，它的功能或功用，相对于民族国家政府、社会和个人这些不同的受益主体来说，其相互作用的关系也已发生改变。

大学发展变化的漫长历史，在漫长历史中发展变化的复杂性，使得人们要想对于它的组织特征及其功能变化作出描述和分析面临困难。本章试图从高等教育市场化改革所带来的大学生存环境（资源环境、制度环境和文化观念环境）的变化，和国外对于市场化改革的理论分析文献，来描述和分析在市场化改革环境中，大学组织要素——大学组织的目标和任务、大学组织的结构、大学组织的角色、大学组织文化的变化，来分析高等教育市场化改革对于大学组织变迁和大学功能嬗变所产生的现实性或可能性影响。

第一节 大学组织的历史发展和特征

一、大学组织的历史发展

中世纪大学组织,由于在外部权力系统多元分散这样一个特定社会历史条件下,获得了很强的自治权力,所以那时的大学组织没有明确的、在外部权力干预下形成的组织目标和任务。围绕组织的存在和活动,组织的成员共同协商和行动,组织内部自发产生维持组织的存在和活动的管理意识。在其内部权力结构上,具有很小的等级差别,无论是属于学生组织类型的早期意大利的大学(如波隆那大学),或是属于教师组织类型的法国大学(巴黎大学),组织的领袖都是由选举产生,领袖的个人魅力是其权力的合法性来源。值得指出的是,在当时的教师行会组织类型的大学中和后来的神学居于主导地位的综合性大学里面,在相当一段历史时期内,师生之间具有严厉的支配与服从关系,那里曾经盛行体罚,教师对于学生的权威地位和训导作用是明显的。

中世纪大学组织中传授的知识主要是职业知识和关于信仰的人文知识。随着中世纪大学类型的走向综合性,神学知识居于最高地位。中世纪大学社会功能一方面是基于职业需求的知识传播,另一方面是基于信仰需要的文化维持。

中世纪大学生存与发展的外部资源依赖性较弱,教学场所是简陋的,甚至是流动的。经费来源依靠学费和捐助;教师收入保持在能够维持生计的水平;学生在城市中租房居住,有时因为房租和食品的价格过高也会导致迁移校址。在以后,随着永久性校园的建立,大学越来越多地接受地方社会的约束,而随着民族国家的建立,大学就完全处于民族国家政治、经济、文化等因素的渗透和干预之中了。

大学组织从文艺复兴这场思想解放运动中,第一次接受了外部社会所赋予的一个目标或任务:培养有教养的人——“绅士”,这是当时上层社会和王室对于大学培养标准的要求在大学教育目标上的反映。15、16 世纪以后,随着欧洲民族国家的建立和资产阶级政权的确立,国家开始创建更多的公立大学,开始构建包括各个层级在内的国民教育体系。高等教育系统在规模上获得扩大,大学组织在目标任务、组织结构等方面进入了国家化(政治化)建构时期。大学组织国家化建构的重要特征是突出了大学的政治功能和文化功能,在国家政权干预下,明确了以培养符合国家意识形态的政治人才和公民作为大学组织的目标任务,体现了"学而优则仕"的精英教育特征;在教育内容的思想性方面,也以灌输和维护国家意识形态、形成共同的民族文化价值观为标准;教师和学生既是大学组织的成员,同时又是国家公民,在遵守国家法律、履行公民义务方面不在像中世纪大学里那样拥有特权。在大学的权力结构上,体现出明显的等级性。加拿大学者约翰·范德拉夫在其《学术权利——七国高等教育管理体制比较》中,描述了国家行政权力对于大学学术权力的控制和渗透的状况。大学组织的权力结构在等级性上区分为自下而上的讲座或学部、系或学院、大学、地方政府或中央政府等层级;大学组织逐渐建立了职能明确的专门管理部门和权责明确的管理人员队伍,大学组织逐渐演化为类似官僚组织的科层制结构。这种科层制组织模式奠定了现代大学的组织范型。同时,由于大学组织一方面成为国家的官僚制行政管理系统的一个链条或部分;另一方面,根据大学组织在社会政治、经济、文化科技中的作用以及对于受教育者个体发展的影响被赋予的活动目标和任务,所以,人们往往会从大学的"职能"这一充满社会分工定位色彩的行政管理学角度来看待和理解大学组织的活动。

作为大学组织工作对象或材料的知识,是影响大学组织的目标、职能以及组织活动特征等各个方面的重要因素之一。科学知识进入大学殿堂,深刻地改变了大学组织的历史命运。以 18 世纪德国的柏林大学为代表,标志着大学组织由于接受了新类型的知识——自然科学知识——作为活动对象,从而增加了一项新的职能活动——科学研究。柏林大学曾经以纯粹科学研究作为自己的任务,一度培养了不少世界著名的科学家,创造了高等教育历史上一度辉煌的德国大学时代。

但是,追求科学技术开发应用一直是资本主义社会进步的重要动力,科学技术的开发推广的社会需求和国家需求催生了新的大学类型。

例如18世纪法国的综合理工学院、19世纪英国的城市学院和20世纪美国"赠地学院"等,这种性质的大学,担负着把科学技术转化为社会生产能力的使命,并为此做出了贡献,赢得了组织自身新的生命力。尤其是美国的"赠地学院",把世界对于大学的关注的目光从德国转向美国。科学知识进入大学组织,引起了大学组织目标、任务、结构和功能的变化,也引起了大学观的变化。

纽曼的大学观是柏林大学产生之前的牛津模式的代言人。纽曼认为,大学教育的目的在于提高社会理智的格调、培养大众的心智、净化民族的情趣、给大众热情提供真正的原则、使大众热望达到固定的目的、扩充和节制时代的观念、促进政治权力的行使,以及改善私人生活的交往。以心智的训练和精神的涵育为理想的自由教育观是纽曼大学观的基础。纽曼虽然也提倡文理学科方面的知识,但他认为"实用的知识"是微不足道的。伴随民主、工业和科学革命的兴起,柏林大学的诞生代表了一种新的模式,在柏林大学,"科学开始取代了道德哲学的位置,科研开始取代教学的位置"❶。在20世纪30年代,弗莱克斯纳描述了这种新型大学组织的变化,"'大学发生了深刻变化,这一变化同社会演变的方向是共同的,大学正是这种演变的一部分。'这种演变使大学建立了系,并在继续建立新的系;建立了越来越多的研究所和学院;建立了大型的图书馆;使依靠经验来推理的哲学家成为利用实验室或图书馆的研究者;把医学从一种传统行医者的手中转移到科学家手中;等等。"❷然而,就在弗莱克斯纳为柏林大学的模式做总结时,美国的"多元化巨型大学"已经出现了。弗莱克斯纳抱怨说,它们是"中学、职业学校、师范学校、研究中心、进修机构、事物所——成了多种功能的机构。"忙于"令人难以置信的荒唐事",是"大众的'服务站'"。事实上,美国多元化巨型大学并不如此糟糕,相反,它在职能活动上走出了高高在上的封闭的"象牙塔",向社会开放,为大众提供服务;降低了学生入学的"门槛";它在组织建构上,如伯顿·克拉克所说:"美国的高

❶克拉克·克尔著,陈学飞等译:《大学的功用》,江西教育出版社1993年版,第2页。
❷克拉克·克尔著,陈学飞等译:《大学的功用》。

等教育模式在纵向上生出一个凌驾于本科学院之上的第二中间层次，包括一些专业学院和文理研究生院。这个层次有一种扩张的机能，能够促进高教系统接纳一大批学科和专业领域，研究生教育的发展是扩张的主要原因。”美国大学组织结构的变化的形式在后来为许多国家借鉴。

克拉克·克尔在其《大学的功用》一书中，用形象的比喻描述了大学组织在先后不同时期的三种存在状况：

“大学观”是一个居住僧侣的村庄，“现代大学观”是一座城镇——一座由知识分子垄断的工业城镇。“多元化大学观”是一座变化无穷的城市。一些人在城市中失败了；另一些人则上升到城市的上层；大多数人则在许多亚文化群体中生活着。比起村庄来，它较少社区感，也较少局限感。比起城镇来，它较少目的感，但达到优越的途径比较多。他还是无名氏的避难所——为创新者也为流浪者。与村庄和城镇相比，“城市”随着自身的发展，愈加类似于文明的整体和文明不可缺少的部分；它进入或脱离周围社会的速度已大大加快，如同在一座城市里，在一种法规的管辖下，有着许多互不相连的努力一样。

“城市”的学生与“农村”的相比，年龄更大，可能已婚，职业倾向更为明确，他们来自所有的阶层和种族，他们发现自身置身于一种强大的竞争气氛中。他们和整个社群一致的少，而同亚群体一致的多……

对于教学人员来说，生活也在改变，多元化巨型大学事务纷繁，在教学人员和研究人员之外还有咨询人员和管理人员。……“一个人的地位越高，他同大学生打的交道就越少”，并导致以往的“教师”队伍出现了三重阶层结构：专门从事研究的人员、专门从事教学的人员（他们大部分担任辅助的角色），以及既搞科研又搞教学的人员。……❶

多元化巨型大学是当今世界各国普遍存在的一种大学组织模式，它们的存在和活动方式与伯顿·克拉克的描述在很大程度上类似。在当今各国，就一般大学组织而言，大学组织的内部结构在横向上增添了更

---

❶克拉克·克尔著，陈学飞等译：《大学的功用》，江西教育出版社2000年版，第26～27页。

多的职能部门、独立学院等,在纵向上分化出了高于本科教学的研究生院。大学组织的目标任务也变得复杂化、多样化;人们对于大学组织的领导(校长)角色的期望和评价,也变得越来越多元化、多标准。组织成员也复杂多样,集体认同感减弱而成为许多亚文化群体的存在。在金钱和物质方面,大学组织,尤其是研究性大学组织成为需要巨额投资的机构。但是,一般而言,大学组织的管理模式依然是科层制官僚模式。

现代大学已经不纯粹是非营利组织,因为,大学对于国家、社会和个人的经济贡献,为当代公立大学的生存和发展开拓出除政府财政拨款之外的更多渠道,提供了现实性和合理性。

进入信息时代以来,由于传媒技术的发达,依托计算机和通信技术的无形学院、虚拟大学等纷纷出现,随着高等教育国际化、全球化发展,大学组织的目标任务、技术、组织结构、人员组成变得更加多样和复杂。

观念的力量是主导和影响大学组织变迁的潜在力量,在大学理念、大学制度安排、大学教学和教育内容的选择、入学机会等问题上,在不同国家,都会受到意识形态和传统文化观念差别的影响。

总之,引起大学组织变迁的因素是复杂的,从历史的、政治的、经济的、文化和科学技术的角度都可以找到部分的原因和踪迹。但要厘清它们和大学组织变迁的关系是困难的,因为大学组织变迁是社会变迁的一部分,大学与社会在共同的变迁中处于一种互动的关系,而社会政治、经济、文化和科学技术方面也都不是独立地对于大学组织变迁发挥单方面的影响,而是体现为相互缠绕的互动关系的累积性结果。但是,必须指出的是,科学技术知识的传播和应用是引起大学组织变化的内部深刻力量。因为科学技术知识的传播和应用也深刻地在社会政治、经济和文化领域的变化中发挥着重要作用。科学技术知识的经济价值、国防价值乃至对于民众职业和生活的价值正在引发着人们意识形态价值观的改变和冲突,也同时引发着高等教育价值观的改变和冲突,潜在地支配着大学组织的变迁。

二、大学组织的特征

在组织理论中,人们关于"组织"一词有着从不同角度的理解。从组织形态的角度，把组织解释为有若干部门按一定的结构方式组合起来，去实现特定目标的群体。如高斯（John M Gaus）："组织是为便利实现大家同意的目标，经由分配权力和责任对人力所作的安排。"[1]从组织运转过程的角度，有人把组织解释为为完成共同目标彼此间的分工合作、相互影响的活动系统，如行为科学的代表人物巴纳德："组织不是集团，而是相互协作的关系，是人相互作用的系统。"[2]有人把组织比喻性地解释为一个生物有机体，在开放的状态下无时不在地接受周围环境的影响。还有人则从组织中人的心态和角色互动关系的角度，把组织解释为具有一定文化氛围的群体，等等。关于学校组织在组织分类中的归属，帕森斯在《现代社会的结构与过程》一书中，把学校列入四种社会功能组织（与生产经营有关的组织、以解决社会目标为前提的组织、解决统一问题的组织、保存社会的文化传统与价值的组织）中的最后一类，即学校是维护社会文化与传统价值的典型组织。布劳（P. M. Blau）和斯科特（W. R. Scott）按照组织的受益对象把组织分为互益组织、企业组织、公益组织和服务性组织四类，学校属于服务性组织。根据组织行为的特征，埃祖尼（A. Etzioni）把组织划分为强制权力型组织、功利型组织和规范型组织三种，学校属于规范型组织。在帕森斯的划分中，确认了大学组织维持社会文化和传统价值的功能，但现代大学也因为产业化、市场化运作越来越具有企业组织的特征。在布劳和斯科特的划分中，把大学列为服务性组织，但很多人批评强调大学的服务性则会损害学校和教师在学生心目中的传统权威和尊严，使教学和管理失去了教育的性质。埃祖尼把大学认定为规范型组织而与功利型组织区别开来，很多人是同意的，但是，金钱刺激在今天正在成为大学组织激励成员、提高效率的手段。可见，在现有的组织分类中，关于大学组织的归属很难取得人们一致同意的划分。

（一）松散结合系统的观点

科恩（Cohen）和马奇（J. G. March）从松散结合系统的理论观点出

---

[1]王健刚：《行政领导学》，山东人民出版社1985年版，第92、100页。

[2]吴志宏：《教育行政学》，人民教育出版社2000年版，第90页。

发,认为大学是"组织起来的无序状态","而不是紧密地、呈科层制形态连接在一起的"❶。

建立在对于世界诸多国家的高等教育机构进行比较分析的基础上,伯顿·克拉克在其《高等教育系统》中勾画了大学组织的一些主要特征。

(1)组织目的的自然模糊性。他以"目的的自然模糊性"来概括大学组织的目标和任务。从分析大学组织的历史发展入手,伯顿·克拉克认为,无论是弗莱克斯纳"大学是发展纯学术"的观点、纽曼"大学是保存和传授普遍性知识的场所,'目的'不能是发现和功利,而是传播永恒真理"的观点,还是洪堡"大学的核心是知识发现"的断言,都不能概括变化中的大学组织的目的、目标或任务。"事实上它们只代表一种对理想化了的过去的回忆,一种不能阻止现实向另外方向发展的怀旧观念。"❷而现代大学组织是多部门、多学科、多群体的松散的联合,"各组成单位都有它们自己的目标,这些目标反过来以累积的形式成为规模更大的系统的操作目标。"如果各具体部门的目标是首要的,则组织的整体目标势必是综合性的、"自然模糊性"的。对于组织的目标来源,他重视知识或知识类别的影响,认为"知识是处于行动核心的无形材料","知识决定了任务和群体"。

(2)松散联合的系统。伯顿·克拉克把大学组织看成是"松散的联合",在大学里,人员进进出出,流动性强;学科作为一种组织形式把同行们联系在一起,不同学科的人即使处于同一所大学也可能互不联系,但却可能与国内或国际同行联系紧密。专业作为学科之上的第二层组织结构,使大学裂变为更多的群体。专业与专业、学科与学科之间的目标和工作是独立的,有时也是相互依存的。大学组织的教师工作技术是不明确的、个人化的;管理技术都是模糊的,教师在教室独立工作,没有管理人员监督,只有最一般的要求。

---

❶吴志宏:《教育行政学》,人民教育出版社 2000 年版,第 90 页。

❷[美]伯顿·克拉克著,王承绪等译:《高等教育系统》,杭州大学出版社 1994 年版,第 21 页。

(3)依靠信念维持的组织。在组织的凝聚力和管理方面,伯顿·克拉克认为,大学组织的维系和发展依靠的是信念,其表现形式是学科文化、专业文化、院校文化、院校亚文化、系统文化等。大学的管理人员和教学人员是分离的群体,“每一方面都试图保持自己是‘一类人’的接触”,“‘管理者’形成了特定的自我利益,以创造和传播某种正规的意识形态”,“他们本身有特定的需要,即有助于维系松散调控的组织并给其成员以使命感的‘社会整合神话’。”大学文化是组织生存和发展的力量源泉,“一个强大的院校神话,是储备在院校士气库中的资源,是困难来临时可以取出使用以应付苦难的银行户头”❶。但是伯顿·克拉克同时认为,成员对学科、专业和院校的忠诚容易形成自爱,这往往会使大学在组织变革中倾向于保守。

(二)科层制理论的视角

虽然从组织结构和工作特征方面看,大学组织具有“松散联合”的非科层制特征,但是,从大学组织的管理机制看,它又具有明显的“科层制”特点,正如罗伯·特欧文所列举的:①坚持等级式的管理和对低层人员的监管。②确定和保持适当的垂直交流。③制定明确的书面规章和程序以确定标准和指导行为。④颁布明确的计划和日程以供参与人员遵守。⑤在组织等级体系中增加监管人员和行政人员,因为有必要这样来解决组织在不断变化的条件下所面临的问题❷。

事实上,在世界范围内,自从高等教育的发展进入民族国家的“政治化”过程以来,科层制管理模式是各国对大学组织实施控制和协调工作的首选机制。这种机制在高等教育发展的精英化阶段发挥了重要作用。但是,随着社会的发展,大学组织的科层制管理模式遭遇到了困境。罗伯特·欧文指出,两件事情使科层制思想面临着无法扭转的挑战:“第一,世界变革的不断深化和日益加速。技术似乎在以几何级数加速发展,政治、经济和社会的变革使僵化的科层体制陷于挣扎之中,

❶[美]伯顿·克拉克著,王承绪等译:《高等教育系统》,第100页。

❷[美]罗伯特·G·欧文著,窦卫霖等译:《教育组织行为学》,华东师范大学出版社2001年版,第95~96页。

反应迟钝。第二,世界范围内对民主、个人自由、自尊和尊严以及自我实现机会的更高渴求。虽然在第二次世界大战之前,教师只得服从于科层组织的权威,毫不迟疑地接受其命令,丝毫没有意识到这样已经触犯了自己的权力,但是,那个时代已经过去了,好像是一去不复返了。”[1]20 世纪 80 年代以后,随着市场化运动和新公共管理思想的兴起,对科层制模式的官僚主义作风、低效率运作、腐败现象等,更是遭到猛烈地抨击。在这一过程中,大学组织的各个方面又有了新的变化。

(三)社会系统理论的解释

系统理论认为系统可分为封闭系统和开放系统,社会系统理论强调社会子系统与其他社会系统的关联性,因此社会系统理论认为大学组织与其所处环境之间是一种永不休止地相互作用状态,存在着一种“输入—输出”关系,如表 4-1 所示。

表 4-1　社会系统理论视角的大学组织行为

来自社会的输入 →	教育过程 →	向社会输出
知识 价值 目标 资金	结构(如:年级、班级、各级学校、部门、组织层次) 人(如:教师、公共汽车司机、顾问、教练、监护人、视导员、营养学家、管理人员、护士) 技术(如:建筑、课表、课程、实验室、图书馆、黑板、书、视听设备、公共器材) 任务(如:教课、生活服务、开车、实施测验、计划开支、伙食财务管理、个别指导、组织课外活动)	个人之所以更有能力为自己和社会服务,是因为在下述各个方面有了提高 ★智力和体力 ★推理和分析的能力 ★价值观、态度、动机 ★创造发明能力 ★交往能力 ★文化欣赏 ★世界观 ★社会责任感

资料来源:引自吴志宏著《教育行政学》第 109 页。转引自 Robert G. Owens, Organizational Behavior in Education, 1991, p59.

[1][美]罗伯特·G·欧文著,窦卫霖等译:《教育组织行为学》,华东师范大学出版社 2001 年版,第 95 ~96 页。

这种把大学组织看成是一个开放系统的理论观点是非常可取的，尤其是在那些强调大学的投入—产出效率的人，更倾向于从这一视角和方法来分析大学的成本行为。但是，一些研究者指出，这种观点的缺陷是思维的"线性模式"，没有或不利于描述和分析大学组织的内部活动特征以及大学组织在适应环境过程中的变化特征。在这些方面，组织理论中的角色理论、平衡理论、社会技术系统理论和权变理论等，做出了很好的补充，其中，我们后面的分析会涉及。

大学组织的特征之所以难以解释和界定，原因是复杂的。大学组织本身是一个始终变化着的组织，组织的类型从相对单一到无限多样；组织的结构从简单到复杂；组织与外部环境的关系从相对封闭走向开放，等等。伴随着这些变化，组织的目标任务、组织的结构、组织内部成员和角色关系、组织的行为方式等也在变化之中。在不同的价值观下，人们对大学组织作为一个社会子系统或团体的角色功能期待不同；在不同的认识论和方法论角度下，人们对大学组织特征分析的侧重点不同，关于大学组织特征的结论自然不会相同。大学组织自身有着不同于其他社会组织的特征和变迁方式，而组织理论以大学作为独立研究对象的活动和成果，相对于公司组织和政府组织等方面的研究来说，是非常不足的。

大学组织本身的复杂性、多样性和变化性使得任何以包罗万象的方式做出总结的企图在目前都是徒劳的。尽管如此，组织理论关于大学组织特征的方法论和研究成果，都从某些方面为我们认识复杂、多样和变化的大学组织及其变化提供了很好的基础。

第二节　市场化改革与大学组织变革

大学组织变迁的过程，也是高等教育发生潜在变革的过程或人们有意识进行高等教育改革的过程。换句话说，任何形式的高等教育改革都在不同程度上关涉到大学组织的变化。但是，以往任何形式的高等教育改革，都远远不及今天的市场化改革对于大学组织变革的影响巨大和深刻。这是因为，以往任何形式的高等教育改革，都不触动大学组织作为一种科层制官僚模式、作为世界各国普遍接受的“最佳的形式”的存在。因而，以往的改革对于大学组织的影响都是局限于某个方面的改变。高等教育市场化恰恰就在这一点上，深刻触及了大学组织本身和人们的传统观念。它直指大学组织科层制模式的弊端，以改变大学组织的科层制权力关系为核心，重新改组大学组织。

一、丘伯和默对美国学校市场化改革的分析

美国斯坦福大学胡佛政治学院高级访问学者约翰·E·丘伯(John E. Chubb)和政治学教授泰力·M·默(Terry M. Moe)，是在美国80年代教育改革中深入研究制度环境对于大学组织影响的两位资深学者，他们共同研究的成果《政治、市场和学校》一书，是目前为止在世界范围内的市场化教育改革理论研究中最有影响力的最新成果，虽然他们的研究以美国公立中小学市场化改革为对象，但是，他们对于制度环境对学校组织的影响的分析方法和结论，在很大程度上对于分析市场化与大学组织变革具有指导和借鉴意义。

(一)科层制对于公立学校组织的影响

丘伯和默认为，美国的公立学校既是科层制的，又是政治化的，民主制度通过公众选举和任命校长、学校董事会席位来分配学校的决策权力，获得权力的“赢家”的个人利益就具有了官方性质，他们具有合法的权力进行决策和建立管理结构，将所有人统一到一个政治实体中去，而不管那些没有如此权力的人对于这样的安排是否情愿。在这样一种强迫性质的安排中，“民主管理的基本理念就是把高层的价值观强加到学校并限制它们的自主权。学校并不是一个为学生和家长服务的事业，它们不能设立自己的工作目标和计划，其工作目标由政治家、管理人员和各种民主组织设定——这些民主化的控制势力掌握了政治权力。公共学校制度的建立只是为了完成统治阶层希望他们完成的任务，所以他们必须与这些统治阶层的价值观保持一致。”[1]“处于高层的

[1] [美]约翰·E·丘伯、泰力·M·默：《政治、市场和学校》，教育科学出版社2003年版，第42页。

人们不能确定处于底层的人们是否会按照他们的意愿开展工作，于是他们利用各种科层化的方式来确保下属服从指示。”丘伯和默认为，这就是科层制管理模式得以掌管学校的原因。

科层制模式会得到科层制人员的拥护，因为他们生存在这样一个公共层级化体制中，可以对下属颐指气使，获得提升和工作报酬。丘伯和默认为，科层制种种弊端的真正原因是公共教育系统本身而不是科层制人员，但是，科层制人员和政客、利益集团一起参与学校管理——“藉用他们从所处的秩序环境中获得的鼓励和权力，玩弄结构政治的游戏。”科层制人员遭受批评的原因，是因为他们从属于控制这个组织的利益集团。科层制学校组织之所以存在弊端，是因为学校本来是一个中心偏低的组织——教育技术掌握在教师手中；每一个学生及家庭的具体情况和对于教育的要求都是学校应该回应的；学校自身应该有满足学生要求、鼓励教师工作、决定学校发展的自主权力。然而，公共教育体系的科层制和政治化——层级高度分化、规则烦琐、过于形式化使得“学校健康发展所需要的自主性和专业性消失殆尽”。与此相反，市场环境却可以保证学校的自主权：“在市场中，却有一些强大的动力推动学校自主权的发展——这些动力源于技术方面、管理方面和消费者满意度方面对于组织结构优化的要求，为了建立和培植成功的学校组织必须实行分权制，将权力下放到学校层面上。同样道理，学校独立存在着，就好像个体和团体都希望能从点滴开始工作，他们会发现成功不需要高度层级化的组织机构，而且实际上需要抵制建立这种形式的机构”❶。

（二）市场本位的学校组织变革

丘伯和默从教职员工、目标、管理和教学实践四个维度分析了学校组织在市场化条件下的结构变革。

（1）教职员工。在美国，公立学校的管理和其他公共部门一样，不能建立有效的员工激励机制，因为关于人事方面的决策被上一级管理层的正式规范所制约。虽然教师工会表面上看来是支持学校独立性

❶[美]约翰·E·丘伯、泰力·M·默：《政治、市场和学校》，第45页。

的，但实质上教师工会支持的是教师的自主权，希望教师从高层管理人员包括校长的控制下解放出来。为达到保护教师利益的目的，他们同样诉诸于科层制的手段，通过协商，达成种种规定。这样，校长虽然有要求教师如何工作的资格，却没有雇用他所需要的教师和剔除不合格教师的权力。教师即使工作表现不佳、抵制学校管理，由于他被牢牢嵌入这个体系之中，也不会轻易遭到解除。同时，校长由于缺乏足够的权力将管理委托给教师，无法形成具有凝聚力的团队，因而公立学校组织很可能是松散分裂、各行其是的，"所有人只是偶然在一起工作罢了。"在市场条件下，人事管理权掌握在校长手中，虽然表面上看起来校长是"老板"，教师是"下属"，但由于取得组织有效性和成功的主要技术——教育技术掌握在教师手里，他必须赋予教师自主权，并充分运用人事权奖勤罚懒，营造一个互动的、自由交流的环境。市场化会使公立学校的人事决策像私立学校那样走向非正式化和自主化。

(2)目标。公立学校实际上是公共代理机构，很难说有自己的目标。如果说有目标，那么公立学校的目标的性质是这样的：①庞杂。按照法律规定，各层上级权力部门都可以要求学校做他们要求的事情。②前后不一致。学校目标随权力更替而变化无常。③妥协。学校和教师的工作因为迎合政治的要求而失去自身的目标和标准。但市场化的学校不会为了迎合别人的利益去承担大量的额外工作，他们为了生存必须取悦学生，抢占市场份额，办出特色，在市场驱动下凝聚一个完整清晰的发展计划。

(3)管理。在科层制学校管理中，校长是层级决策链条中的一个环节，校长的上进心是向更高的职位迈进，因此在职业的轨道上兢兢业业，按部就班。在市场条件下，学校发展首先必须做好市场定位，采取灵活、创新的思想和方法运作组织。其次要建立合作团队，发挥集体智慧和积极性，共同搞好组织管理。

(4)教学实践。科层制公立学校的教学实践——教学、提供教育服务和教育学生，完全受制于政府确立的各种制度编织起来的网络。教师必须遵守强制性命令规定，限制了他们运用自己的专业知识和专业判断；他们必须按照行政管理的需要填写各种表格，记录和汇报自己的工作情况。在市场条件下,教师则拥有决定教学实践的自主权。不受烦琐规定的限制。学校教学实践因为要适应市场需求和进行质量竞争,就会多姿多彩。

虽然市场本位的学校组织变革倾向于把私立学校看做理想模式,但美国的教育改革并没有把公共学校私营化,而是在学校管理权力分配上削弱政府干预,加强学校自主权,推行“校本管理”模式。

二、大学科层制组织模式与高等教育发展的协调与冲突

高等教育发展的历史表明,在很大程度上,社会对于大学教育的需求和期望是大学组织目标与任务的来源及组织形成的原因,适应社会需求是大学取得合法性存在的重要基础。英国伦敦大学教育学院教授罗伯特·考文从广义的历史和以比较的分析方法,把有史以来高等教育体制的发展分为四种类型[1]:①主要致力于政权管理的教育体制。以中国古代培养和选拔行政与官僚人才的教育体制为代表。②主要围绕宗教的教育体制。这类体制尊崇和传播神(上帝、真主)的旨意,同时输送受到良好教育的人才去帮助国王或教主管理小官吏并处理重大政治事件。从中“人们无法找出它与需要‘教育服务’的‘世俗社会’之间的主要联系。”③从 18 世纪后期,美国、法国革命,以及普鲁士被拿破仑打败后复苏以来,出现了一种新的教育形式。这些体制主要围绕于政府,他们使用民族主义语言,而且与现代化国家的出现密切相关。其目的至少最初不是经济的。法国、美国和普鲁士的思想家们强调的是政治的甚至是革命的目的。罗伯特·考文认为,这一体制类型经历了很长的时间直至今天。在这一时期,国家创建了教育体制,但是我们没有“市场”和教育的概念,甚至没有教育管理的概念——“仅仅是在少数关键领导者(例如教育部长本人)的影响之下的教育行政。”④就这样我们来到当前的时代,面临一个新关系——市场经济与教育体制之间的关系。

[1]郝克明、淡松华:《市场经济与高等教育改革》,广西教育出版社 1996 年版,第 63 ~ 64 页。

布鲁贝克则描述了大学在这一过程中取得合法性的历史进程：

"中世纪的大学把它们的合法地位建立在满足当时社会的专业期望上。接着，文艺复兴后的大学又把其合法性建立在人文主义的抱负之上，这种人文主义抱负的发展以自由教育观念为顶点，自由教育观念使得红衣主教牛曼时代的英国式学院合法化。与英式学院暂时并进的是德国大学，它们是启蒙运动的产物，它们在注重科学研究中获得其合法地位。最后，还出现了'赠地'大学，这些大学的合法地位依赖于它们把人力物力用于为社会和国家的发展服务。这些获得合法地位的不同途径出现于不同的国家，不同的时期或不同国家的不同时期。大学则继承了所有这些传统。"❶

（一）科层制大学组织与精英化高等教育的协调发展

大学适应社会需求变化并不断获得新的合法性的过程，也是大学组织不断变革的过程。科层制组织模式成为公立大学系统的唯一形式，是在高等教育国家化或政治化过程中逐渐完成的。科层制组织管理模式，是国家灌输和实现其关于高等教育的意识形态和价值观的最佳途径。所以，自从民族国家出现以来，大学组织逐渐脱离了它的中世纪行会组织的自治特征。正如丘伯和默所言，走进了科层制和政治化同步进行的过程。在民族国家的政治制度框架之下，无论是集权管理的国家或分权管理的国家，大学的科层制组织形式都是相似的，但是，在政治化方面，或者说在大学组织的权力分配方面，却存在很大差异。对此，从约翰·范德格拉夫在其《学术权力——七国高等教育管理体制比较》一书中可以看出：一方面，各个国家大学组织的权力分配与其高等教育管理体制的传统有关；另一方面，与其现行的国家政治体制有关。一般说来，分权制国家的大学享有较高程度的自治权力，集权制国家的情况与之相反。苏联的情况是集权制国家大学组织的科层制与政治化高度一致的典型："在苏联，有一架巨大的国家机器全面控制各级各类教育的发展。这种控制不仅通过管理的方式，而且通过说教的方式；规定各级各类教育的目的、内容、重点和教学方法；掌握教师补充、

❶布鲁贝克著，王承绪译：《高等教育哲学》，浙江教育出版社2002年版，第3～4页。

教育机会的分配、薪金的发放、高等教育的招生以及毕业生的工作安排。”❶

应该说,在现代高等教育发展的一段时期内——在高等教育的精英化阶段,大学组织的科层制和政治化与高等教育活动本身并无根本冲突,甚至是比较完美的结合。尽管世界各国高等教育发展的速度不同,以精英高等教育为表征的历史时段长短不同,但是,科层制大学组织模式与精英高等教育自身活动特点是匹配的。因为:①在精英教育阶段,只有少数人有机会接受高等教育,培养目标是国家政治官员和技术官僚。这是国家的需要,也曾经是大学的自豪。②大学里人文学科知识教育占据重要地位,自然科学学科分化和交叉并不严重,所以,大学在管理上设置种种职能部门,在教学工作方面以学科建制是自然合理的制度安排。③大学与国家职能联系越紧密(例如军队和警察学校),科层制、政治化管理特征就越明显,因为这种管理活动本身就可以看做是学生未来职业规范训练的一部分。这些方面在高等教育属性观上可以归结为一点:即高等教育的目的主要是政治的而不是经济的或其他的。

(二)科层制大学组织与后精英时代高等教育发展的不适应

但是,在高等教育发展的后精英阶段,情况就逐渐加速地发生了改变,表现为:大学规模的扩张和非大学高等教育机构的大量出现;人力资源理论的出现和教育机会均等的观念;学生就业市场出现饱和;知识爆炸与知识经济的出现;政府财政的困难;苏联解体和社会主义国家计划经济体制向市场经济体制的转轨;西方市场经济理论、新公共管理理论对自由竞争市场的强调和对公共部门的批评;经济全球化使得高等教育服务成为一种跨国贸易产品,催生了高等教育的国际市场和国内市场;等等。在这些变化的背后,高等教育价值观也在逐渐发生改变。即高等教育在仍旧为着政治和文化目的的同时,正越来越朝向经济的目的,朝向个人职业生活的目的。

以上诸多方面因素的影响,导致世界高等教育在20世纪80年代

---

❶[英]埃德蒙·金著,王承绪译:《别国的学校和我们的学校》,人民教育出版社1989年版,第405页。

以来发生剧烈变化。主要表现在两大方面:一方面各个国家的整个高等教育体系与市场环境相互渗透,私立高等教育机构迅速增加,私立系统在整个高等教育系统中占据越来越大的比重;另一方面,人们对于公共垄断式高等教育系统的效率提出质疑和批评。而对于科层制组织模式的公立大学的批评,主要集中在:公立大学依靠政府经费资源生存和发展,缺乏面向市场的办学目标、竞争意识和取悦于"顾客"的服务意识;缺乏投入与产出的成本意识和责任意识,资源流失,资金浪费;缺乏建立提高工作效率的人事权力和制度,机构臃肿,人浮于事。从这些方面,反映出大学的科层制组织模式,与高等教育在后精英阶段所要达到的为经济发展服务、为个人职业生活服务的目的存在着不适应。

三、市场化改革与大学组织结构、组织行为的转变

后精英阶段的高等教育主要任务转变为为经济发展做贡献和为个人职业生活做准备的新使命,促使了大学组织的变化。这些变化是以多种方式来完成的。其一,新型大学组织的产生。例如朝向发展科学技术的学院、担负职业培训任务的机构、面向特殊群体的成人教育机构、为着利润目的的营利性大学、以自身的边界为标志的开放大学或无墙大学以及以组织工作技术为标志的虚拟学院,等等。这些新兴大学组织数量众多,令人眼花缭乱。与传统大学组织相比,它们在目标任务、教学内容、教学对象、办学目的、技术手段或与外部社会的关系等等方面,总是有着新颖的方面。其二,传统大学组织也在变革,它们同样也面临着新使命的压力,其中最大的变化,是在组织结构方面增加了更多的职能部门和机构,例如新的系科建制、科学研究与开发机构的建立、社会咨询与服务机构的设立等。显然,在进入后精英教育阶段较早的国家,大学组织的这种变化也很早就已经开始了。从系统理论的观点不难理解,这是大学适应环境变化的结果。但是,20 世纪 80 年代以前——在高等教育市场化改革出现之前,大学组织这种变化可能是局部的、肤浅的、无意识的。然而,高等教育改革市场化出现之后,大学机构的组成和活动在新公共管理理念影响下,正遭遇着被全方位重新审视、重新设计的"重组"、"重塑"命运。这种组织设计不仅要改变大学

组织的内部要素，而且，对于公立大学组织来说，这种设计还要改变它的生存环境——从“家养”的环境移植到“野生”的环境——市场环境。这种全方位的变化可以通过图表表示（如表4-2）❶。从图表中我们可以看出，市场化改革中的大学组织的变革是系统的、全面的。如果从组织要素来分析变化的层递性，那么，首要的变量是大学组织资源输入模式的变化，它改变了公立大学组织与政府之间的依赖——支配关系，使得大学组织在“谁出钱，谁控制”的意义上获得了更多的自主权。大学与市场环境的关系改变了，二者相互渗透，大学从封闭系统走向开放系统；大学组织在某种程度上生存于市场中，按照市场原理运作或经营。其次是组织结构的变化，其中大学组织目标和任务的变化——从政府规定的、高度抽象和统一的、长期稳定的、模糊的目标任务走向面向市场定位的、明确的、具有弹性的目标任务，使得大学组织的活动和业绩更具个性和特色；大学职能部门的设置扁平化，工作队伍的组成原则倾向于精简、高效。组织内部员工之间有明确的上下级关系，但与以往相比，在组织管理和工作方面更具有参与意识、责任意识和团队精神。第三级变量是组织技术的变化，在工作技术和管理技术中，管理技术的变化是主要的，它以金钱刺激为主要激励手段，改变了过去那种平均主义的分配观念。最后的变量是组织行为的变化，组织内外部环境的变化自然而然地改变了组织中的角色预期和角色认知。当然，这些并不是大学组织变革的全部，例如，大学组织文化的变化也是一个非常重要的方面，但却是我们很难推测和描述的。

显然，以上是关于市场化改革中的大学组织变革的预期模式，具体来说，它也许是新公共管理或管理主义对于市场化大学组织的理想设计。组织理论关于组织变革的动力学观点认为，变革需要三个方面的力量，即外部环境、内部环境和变革推动者。在现实性上，当今大学组织变革已经感受越来越强的外部市场环境的影响和渗透，而生活在科层制大学组织模式中的大多数人已经习惯于那种慵懒涣散的生活，他

❶参见：[美]罗伯特·G·欧文著，窦卫霖等译：《教育组织行为学》，华东师范大学出版社2001年版。借鉴该书列表比较的方法和对于大学组织要素的分析，制成此表。

们并没有要在市场环境中承受压力、追求卓越的动机。而改革的推动力量，在目前只是那些推崇市场功能的理论家们的呼吁。

表 4-2　市场化改革中的公立大学组织重组

非市场环境 ——————————→市场环境

组织要素		变化趋向	
组织资源		政府经费投入、学生限制入学、转学	市场竞争性政府经费输入、学生开放入学、转学
组织结构	目标任务	政府规定的模糊性统一目标任务	面向市场的明确目标与任务更多自主权
	权力分配	缺乏自主权，明确的上下级关系和支配、服从关系	明确的上下级的关系，模糊的支配、服从关系
	组织结构	科层制等级结构	扁平结构
组织角色	校长	a. 政府官员，学校委托代理人 b. 缺乏足够的学校人事决策权，上级命令的执行人 c. 服从上级指示，对下属发号施令	a. 大学组织经营者 b. 拥有独立的决策权 c. 集体决策的召集人，善于听取下属意见
	教师	a. 教学工作者 b. 管理的执行者 c. 在学校公共事务中与同事松散相处 d. 学生的权威教育者	a. 教学工作者 b. 管理的参与者 c. 在公共事务中与同事紧密联系 d. 教学服务的出售者
	学生	a. 受教育者 b. 很少参与管理 c. 对专业、课程、学习方式少有选择权	a. 受教育者 b. 教师服务商品的消费者 c. 管理的参与者 d. 对专业、课程、学习方式具有选择权
组织技术	管理技术	a. 公平主义 b. 统一标准的稳定工资收入 c. 只奖不罚	a. 效率主义 b. 绩效标准的浮动工资收入 c. 奖罚分明
	工作技术		

第三节 市场化改革中的大学功能嬗变

无论如何,即使是在20世纪80年代就推行高等教育市场化改革的英美两国,对于市场化改革也是充满争议的。这些争议集中表现在以下几个方面。

(1)政府垄断与市场机制是两种根本不同的制度安排。它们服务于不同的利益主体。丘伯和默认为:“当论及学校究竟反映了谁的利益这一基本问题时,这两种制度显然有不同的功能,并且促成了完全不同的社会效应。在民主管理制度之下,公立学校中存在着一个巨大的、范围广泛的管理组织结构,家长和学生在其中显得无足轻重。而在市场条件下,学生及家长就被推向中心位置。与学校的教职员工处于同等地位,而社会的其他部分则退居次要地位,仅仅充当进行教育选择的一个环境存在,不论两种制度在实际操作中多么不完善,这些根本性的差异总是根深蒂固的。”❶

(2)在大学制度安排的“政府垄断”与“市场机制”背后,存在着“目的理性”与“工具理性”的冲突。关于这一点,正如《教育改革——批判和后结构主义的视角》一书的译者在序言中所说:“管理主义者的话语强调‘问题’和‘答案’之间的直接关系,它以线性思维方式,以特定的行为方式导向特定(甚至是唯一)的目标。管理主义主要关注目标和计划,而不是意图和价值判断。管理主义是关于行动的,而不是关于反思的。他注重对问题的解析而不是综合。管理主义以技术性话语,取代了人们关于教育政策中的政治基础,或者说,是人们对于教育政策的争论从目的合理性转向手段合理性。”❷

事实上,管理主义有着它自己的市场理念,斯蒂芬·鲍尔批评了这种理念的偏颇和谬误:“①他们没有将由‘公共垄断教育’带来或被归

---

❶[美]约翰·E·丘伯、泰力·M·默:《政治、市场和学校》,第6页。

❷[英]斯蒂芬·J·鲍尔:《教育改革——批判和后结构主义的视角》,华东师范大学出版社2002年版,第6页。

咎其上的批评或假设与教育市场或受选择支配的教育结合起来。②在赞颂教育市场力量的各种可能性和好处的时候，他们将商品市场理想化了。③他们没有针对教育服务市场的特殊情形提供一套可靠的理论分析。④他没有深究教育市场带来的真实的和潜在的不平等，即使这些不平等性已经在他们的理论阐述中有所提及。⑤他们从对'垄断性公共专业人士'的批评中引申出理性自利的假设，却没有将这些假设带到他们的'教育企业家'的理念中。"❶

的确，无论是在政府垄断下的科层制和政治化的大学组织模式，还是市场环境中的新公共管理的大学组织模式，都存在着优势和缺陷，让我们感到困惑的是：在市场化改革中的大学组织结构和组织行为的变革，在满足人们对于它的新期望和新价值判断时，却同时在消融着人们对于大学组织在新的时代发展中仍旧想要固守的传统期望和价值判断。换句话说，组织形式层面的变化，引致了大学对于社会进步和人的发展的多种功能之间的此消彼长。而这是人们所不愿意看到的，也正是高等教育市场化改革充满争议和分歧的深刻原因。

一、市场竞争意识与大学的经济功能和社会服务功能

通过以上的分析我们可以看出，市场改革中的大学组织变革，使得大学从一个等级明显、机构臃肿、人员慵懒涣散、对学生和社会需求反应迟钝的从属性官僚科层制组织，变成了一个精简、高效、对学生和社会需求反应敏捷的拥有自主权的团队组织。在大学内部，学生可以根据自己的学习兴趣、能力以及未来就业的志向选择自己喜欢或认为有必要学习的专业、课程、自己喜欢的教师以及自己的学习方式，大学必须尊重并满足他们的选择，因为学生是付费的顾客；同时大学要取悦顾客，还必须具备市场中的营销意识和掌握技巧，大学之间会展开营销竞争，竞相提高质量和办学特色；大学校长会是一位公共关系的专家，既会同政府部门打交道，善于利用政策、采取对策，从中获取更多的资源，更要善于同社会各界、尤其是能给大学提供捐助和合作机会的团体、企

❶[英]斯蒂芬·J·鲍尔：《教育改革——批判和后结构主义的视角》，第138～139页。

业和个人广泛接触,目的在于最大化地获得大学生存和发展的资源,并尽可能减少外界对于学校的控制和干预;大学的管理队伍和教师队伍,他们会意识到自己的职业收入和机构的经营与收入息息相关,为此他们会团结一致、勤奋地工作使得组织的利益和自己的利益最大化。就大学和外部环境的关系来说,大学会尽可能充分开放,广泛接触社会,因为外界资源是其生存与发展的重要部分,他们会积极地与那些能够带来经济效益的企业、部门或个人合作,开展研究、开发或咨询服务工作,在取得经济回报的同时也赢得了教育业绩和学校声誉。在信息沟通方面,大学与社会需求之间相对逾越了政府的阻隔,这为大学为外界提供服务并从中获得自己的利益提供了制度上的便利条件。毫无疑问,在促进大学的经济功能和社会服务功能方面,市场化改革中的大学组织变革可能会使大学获得更大的成功。

二、"去政治化"、"去科层化"组织变革倾向与大学的政治功能

公共垄断式教育制度,是民族国家产生以来,处于统治地位的阶级和政党,根据他们的意识形态和政治抱负在教育领域所进行的制度建构,是社会上层建筑的一部分。公共垄断教育系统中的大学组织的科层制模式,是各个国家在高等教育领域灌输统治阶级意识形态并实施政治干预所选择的有效途径或方式。整个公共教育系统,既是一个工作系统,同时也是国家整个行政系统的一个分支——教育行政系统。大学,既是国家的一个事业部门,又是一个行政单位(所谓"大学局")。大学组织内部的这种"双子系统"(工作系统和行政管理系统)结构特征普遍地存在于世界各个国家。因此,所谓大学组织具有科层制和政治化的双重特征,就是由于大学组织内部活动的"双子"结构的系统特征所决定的。在大学内部,虽然"双子"系统作为一个整体存在,在大学组织的整体目标上具有一致性,但它们各自在组织内部的目标、任务和活动技术是互不相同的。这种"双子"结构的大学组织模式,在实现大学的政治功能方面是有效的:它有效地保证了国家在高等教育领域传播统治阶级或政党的意识形态价值观,控制和监督与政治有关的组

织内部活动，实现其所期望的国家认同、政治认同、制度和文化认同等。另外，国家对于大学里青年学生的政治影响和教育，还主要通过对于教学内容的强制性规定（例如课程设置）来实现。如前文所言，这种结构特征的大学组织在高等教育发展的精英化阶段是富有成效的，因为它与精英高等教育阶段政治属性的凸现是互为表里的。

市场化改革中的大学组织变革的方向，力图消解大学组织的这种“双子”系统结构，把它变成一个指向具体目标单一的工作系统。或者因为不可避免的组织活动需要，加上一个尽可能精简的“专业化”管理队伍。市场中的成本效益观念、政府直接投资的减少或空白，加上强化了的管理自主权，使得它们有动机和理由尽最大可能精简管理队伍，驱除政治因素。就如一些私立大学那样，它们尽可能减少人头开支且不愿意接受来自外部的干预。在这样一个预期中的可能性过程中，大学组织的市场化改革的确存在着“去科层化、去政治化”的倾向。而这种倾向在实践中必然减弱政府或政党对于大学的控制，削弱大学的传统政治功能。如何看待当代大学的政治功能，如何在组织变革中找到实现大学政治功能的新建构，是高等教育市场化改革在大学组织变革的层面带给人们的困惑之一。

然而，在当今世界，国家之间正在围绕构筑核心竞争力开展竞争，而教育，尤其是高等教育，作为体现国家核心竞争力的重要组成部分，越来越受到政府的关注。同时，高等教育市场化改革中的公平与效率问题也是国家不可避免地要进行干预的问题。因此，一方面是市场规则要求政府对大学放松管制，而另一方面，则要求国家政府加强干预。例如，在英美的高等教育市场化改革中，一种声音在强调加强大学组建专门的管理队伍并对管理人员进行专业化管理培训，事实上又在强化着大学组织的科层化管理。如何在二者之间取得平衡，正在考量着政府的教育决策和谋略。

三、学生选择权利与大学的文化功能和育人功能

高等教育进入后精英阶段以后，人们关于知识的价值观发生变化，即越来越重视科学技术知识对于国家经济进步和个人收入增加的重要

作用，使得人文学科发展在国家和个人功利主义选择动机支配之下，成为大众传播和学生学习选择中的弱势学科、边缘学科。

科学技术学科和科学技术知识在大学的专业学科设置和学生学习选择中对人文学科的“挤压”现象，是一个自从科学技术学科知识加速发展以来就已经出现得很早的过程。进入20世纪中叶以来，这种现象就越来越普遍地遭受科学家和思想家们的担忧与批评。然而，在高等教育市场化改革和大学组织变革中，这种偏颇的知识发展状况，正在市场理念中和制度建构上取得其合法性。因为，在市场选择中，学生作为消费者，在“消费者主权”的名义下，选择那种在未来能够更快、更多、更直接地为自己带来经济收入的知识、专业和学科，是自己的合法权利。而社会的就业机会也现实性地鼓励着导致知识偏颇发展的学生选择。有一组数据表格体现了美国学生在70年代、80年代和90年代专业选择、价值观念和学业状况方面的变化（如表4-3～表4-5）[1]：

表4-3　1980～1995年新生打算选择有关学习领域主修科目的百分率

打算选择的主修科目	1980	1985	1995	1980～1995年间的增减
艺术科	21	13	6	-13
人文科学				
生物科学	4	6	3	-1
商业	16	19	27	+11
教育	12	10	7	-5
工程	9	8	11	+2
自然科学	6	4	2	-4
社会科学	9	6	8	-1

[1]转引自张会军、戎占怀、相力《教育产业化实用全书》，开明出版社2000年版，第516页。

表4-4 1979~1994年间本科生认为大学教育的"基本"成果的百分比变化

大学教育的成果	1979	1986	1994	1979~1994年间的增减
学会与人相处	76	69	65	-11
辨明生活的价值和目标	71	63	63	-8
详尽精通某一专业领域	62	68	70	+8
职业训练与技能	59	64	73	+14
全面的普通教育	57	58	60	+3

表4-5 1980~1981学年与1992~1993学年美国学士学位授予学科百分比增减状况

学科	1980~1981(共84万个学位)	1992~1993(共97万个学位)
人文科学	17.1	13.7
社会科学	23.0	13.9
自然科学	9.8	7.8
商 业	13.7	23.4
教 育	21.1	10.1
工 程	6.0	9.2
其 他	9.4	21.8

从中可见,学生的专业选择的变化倾向于注重专业和课程的市场价值,学习观念变化倾向于实用主义。市场化改革中的大学组织变革,正在市场原理主导下的制度安排上带给人文学科存在和发展更加深刻的危机。而阐明和强调人文学科知识在"市场价值"之外的意义,探讨在市场环境中保存和发展人文学科知识的途径与手段,正是高等教育市场化改革中面临的严峻问题。

人们强调人文学科的教育价值,往往是指人文学科在创造和繁荣一个民族、国家的共同文化的过程中，能够形成人们共同的价值观、审美观、道德观和心理特征等；对于社会个体的成长来说，人文学科教育在人的“教养”和人格塑造方面，在历史上一直被认为是具有其他学科无法比拟的独特作用。因此，人文学科教育既具有维护民族、国家的繁荣和稳定的政治意义，又具有在改善人际交往和沟通方面的社会文化价值。这些价值和作用是“非市场”性质的，同时也被认为是科学技术教育所欠缺的。相反，人们觉得科学技术往往是和功利主义紧密联系的。然而，在高等教育市场化改革背后的理论探讨中，关于人文学科的教育价值的认识，并不存在着普遍一致的如上所述的观点。例如，在20 世纪 80 年代澳大利亚高等教育市场化改革中，关于人文学科的价值和地位的辩论就出现了分歧。在这场辩论中，亨利主要从历史、政治和哲学的角度分析认为❶，历史和现实并不存在一个抽象和完美的“人格”，在历史上，“人格”也是在话语权的影响下，在阶级、阶层或集团的范围内出现和存在的，例如绅士人格、武士人格和清教徒人格等。而现代社会的人格则是隶属于职业的志向，是一种“志业”人格；现代的自由民教育以及现代的人文学科，都是被现代社会的政治理性和政治技术实行“工程化”管治的，“现时自由民教育在大学获得注重，是因为它们可以塑造出教育制度所要求的人格和人才。…… 自由民教育的施行，意味着对人口的教化式管治，不会采取压迫性的教条灌输手段，而是通过(种种方式)不着痕迹地监察各种令个体将自己模塑成各类不同人格的技术和环境”。如此，他回应了传统教育价值的维护者关于人文学科在人的“人格”、“知性”、“道德”培养方面具有“绝对价值”的观点。显然，在澳大利亚高等教育市场化改革中，亨利的观点为政府侧重于发展专业技术教育的态度提供了理论注脚。限于本书的主题，本书无意在此评价和分析以上观点，但值得指出的是，在高等教育市场化改革中，大学人文学科的价值和地位以及人文学科的“育人”功能，正同时在更为广袤的理论视野中被重新审视。

---

❶华勒斯坦:《学科 · 知识 · 权力》，北京:生活 · 读书 · 新知三联书店 1999 年版，第 154 页。

四、利己主义的市场理性与大学传统组织文化和大学批判功能

自由竞争市场理论的哲学基础是“经济人”假设，正如《蜜蜂的寓言》所暗示的：人是自利的，人人从自利出发，可以自发地达成美好、合理的社会制度安排，在这里，利他主义是从属于利己主义的。但在传统高等教育领域，逻辑正好相反，利己主义是从属于利他主义的。拒斥功利主义一直是高等教育活动的历史传统，在高等教育活动的发轫时期，古希腊亚里士多德曾说过，智慧是无价的，因此启迪人的智慧的活动也不可以用金钱来衡量；中国的圣人孔子收取学费的标准是低廉的：“束脩以上，吾未尝无诲焉。”[1]在中世纪大学，学生捐钱给老师，也是以能够以维持其生计为度的。伯顿·克拉克在分析和总结现代大学组织人际关系的特征时，也认为这是一个靠“爱”维系的部门。的确，在大学这样一个既传授知识、创造文化，又培养学生品德、传播价值观念，并经常对社会发展自发做出评价和批判的场所，没有人会因为对于困难学生、问题学生给予了过多的帮助而想到多索取报酬；也没有教师因为在课堂上有高超的教学艺术和良好的效果而想到为自己的服务另行标价；在传统上，利己主义在大学是没有市场的。但是，市场化改革恰恰要把大学扭转成市场的一部分，这无疑在价值观上与传统产生了根本性冲突。这种冲突体现为大学组织活动的价值观和行为动机在很多方面发生改变。我们可以通过列表的方式展现这些改变（如表4-6）[2]：从表中我们可以看出，两种价值观所导致的大学组织气候和文化差异是巨大的。相对于过去，市场化改革后的大学组织气候和文化将可能不再是一个充满宽容和关爱的场所，而是一个在竞争和利益中变得自利的、充满利益理性的所在。而最为重要的是，在市场理性原则下，大学的职责是做好自身的工作，其中大学对于学生已经在一定程度上失去了师道尊严的地位，更没有“越位”去关注和批评周围社会的资格与动

---

[1]《论语·述而篇》。

[2]参见［英］斯蒂芬·J·鲍尔《教育改革——批判和后结构主义的视角》第190页。

机。因为人们相信市场本身会自发调节，自动达成美好秩序。

表 4-6 市场环境中大学组织活动价值观变化及表现

传统的价值观	市场的价值观
入学标准的国家控制、强调学生的综合素质	入学标准的学校控制、偏重学生的学习成绩
强调将资源分配给能力较弱者	强调将资源分配给能力较强者
在教学过程中强调共同性（混合编班/统一对待）	在教学过程中强调差异性（筛选/分流/选拔/排斥）
温和的协作主义校园文化（学校间、教师间、学生间的合作）	理性自利的校园竞争意识（学校间、教师间、学生间的竞争与合作）
基于质量多元的宽泛的（政府主体）价值评价标准	基于业绩的狭隘的（社会主体）价值评价标准
强调公平的价值观而向所有学生提供统一标准的教育	强调效率的价值观、关注成本和结果而提供不同标准的教育服务

小结

从以上分析我们可以看出，高等教育市场化改革经由的大学组织变革之路，会促进大学经济功能和社会服务功能的增强，但同时从理论上讲，势必造成大学传统政治功能、文化功能和育人功能的削弱。这种水火不容的表征使得人们"鱼与熊掌"兼得的期望处于两难境地。的确，这是一个难以简单厘清的课题。但是，这并不是一个不可以深入探讨以求折中的死症。因为，尽管有人（例如弗里德曼关于并非所有的学校教育都是教育的观点）已经在只言片语中提出了他们的深刻见解并应该使我们有所启发，但是，在关于如何看待高等教育市场化改革中大学功能的价值观冲突问题上，我们仍旧缺乏提纲挈领的理论高度和视角。在本书看来，这一问题的来源是历史发展的必然。因为高等教育的历史发展是大学功能分化和高等教育属性变化的历史，如果我们仍旧用传统的属性观和功能观来看待今天的高等教育与大学组织，并企图用简单、统一的制度安排解决以上冲突，必然是不可能的。在当今世界，多样化的大学存在是客观现实。同时，在多元化的意识形态之中，人们也不可能再用统一的价值观、属性观和功能观等来看待和对待今天的高等教育与大学组织，多样化的现实需要多样化的决策理念和管理技术来对待。事实上，一些高等教育市场化改革国家的做法已经表明他们正在朝着这个方向努力，例如英美和澳大利亚的“特许学校”、“国家关注课程”、“国家关注项目”和“国家关注领域”等。多样化不仅是对待现实的必要政策策略和管理手段，同时也是面向未来的理智选择。如果承认多样化是处理现实与理念冲突的必要途径，那么，高等教育市场化所面临的矛盾处理就降为政策技术的层面，而政策技术层面的问题总是可以解决的。尽管这仍然是一个艰难的、渐进的、巨大的、细致的、而且要在变化中应对的工程。

第五章　需求与回应

——从高等教育需求主体的变化解读大学功能与高等教育市场机制

通过本书以前的描述和分析，我们看到，高等教育市场化改革，使得大学处于这样一个情景：一方面，似乎有一种不可抗拒的力量推动着大学走进市场环境，政府的行政决策和制度安排导向，社会各行业、民众以及受教育者对于它的期望，都促使它的组织变迁和组织功能嬗变更具有与市场原理和市场环境相适配的特征；另一方面，在“高等教育市场化”的命题之下，各国理论家们围绕着“市场化”这一敏感字眼究竟是否适合高等教育和大学这样的特殊领域与组织，充满着疑虑甚至激烈讨论。

从历史发展的角度来看，中世纪早期的大学，它在探究高深学问的同时，也充满了对于适配这种行为方式所必需的条件——学术自治和自由的向往，为此，它不服羁绊，自由迁徙，随遇而安；它在接纳它的成员——教师和学生时是一种开放的姿态；它在几乎没有生存压力状况下的散漫生存，就像一匹在草原上自由觅食的野驹。而进入民族国家形成和发展的历史以来，中世纪大学散漫生存的形态发生了改变，民族国家按照不同的意识形态把它型塑成为己所用的高等教育系统。高等教育系统与其他社会系统一起，成为在统治阶级驾驭下，拉动国家与社会进步之车的忠诚马匹。随着历史时空的转换，人们又在驾驭它的困难性和必要性上产生困惑，一种充满争议的新主张——新自由主义者及其拥护者主张将它重新放逐到新的草原——竞争觅食的市场。

本章引入需求主体这一概念来解读这一现象。

第一节　大学功能发展与需求主体形成

一、需求主体概念的界定

需求是指主体对于大学服务的需求和对于这种服务所能够产生的功能(或功用)的预期。主体是相对于客体而言具有主观能动性的个人或集体组织。具体说,需求主体是指对于大学服务产生自我本位需要和对于大学服务所能够产生的功能有着自我本位预期的国家、社会[1]和个人。

之所以作出如上定义,把对于大学服务的需求划分为国家本位、社会本位和个人本位的三方主体需求,是因为,本章的探讨试图说明的一个重要方面是:自从进入民族国家的历史以来,国家、社会和个人对于大学服务的需求、对于大学功能的预期,是一个从相对统一到相对分离的过程;在这一过程中,国家、社会和个人逐渐形成了自我本位的大学服务需求及其功能预期。这种自我本位的需求主体之间的差别,主要表现为对于大学服务的利益需求不同和基于利益需求差别所产生的大学功能预期差别。不同需求主体之间的差别,必然要求大学服务按照自我本位的需求作出回应。然而,由于历史和现实的原因,他们对于大学服务的需求是否能够得以有效表达的"话语权"不同,他们为保证自我本位的愿望能够得以实现从而试图干预大学制度安排的"建构权"不同。如何去分析和对待需求主体在历史和现实中的变化,今天的大学如何回应不同需求主体的要求和期望,是我们理解高等教育改革中的"市场机制"或"市场化"概念和问题的一个视角。

二、国家需求主体的形成与特征

国家对于大学的控制和干预,在中世纪后期就已经开始。在民族

[1]这里的社会指市场经济环境中的非政府社会组织,主要指诸如公司、企业等生产性部门。

国家崛起的过程中,世俗王权一方面改造传统大学,一方面按照国家意志创办大学,培养国家需要的官吏,使大学为封建君主国家的工业发展和军事战争服务❶。而真正形成国家需求主体的高等教育系统,是在资产阶级革命所建立的民族国家之后。资产阶级革命胜利后所建立的这种新型国家形式,比封建王国更能代表大多数人的利益,得到大多数人的拥护;他们不但在共同的语言、心理和情感层面上形成了民族文化,而且在对自由、民主、人权观念的认同之下,还拥有共同的政治文化和价值观念。国家通过建构包括大学和中小学在内的整个公立教育系统,利用教育系统培养和形成公民的政治认同感、统一文化和价值观以及激发公民的爱国热情,利用教育系统为国家经济发展、科技进步和军事战争服务等。即在国家建构、控制和干预高等教育的权力,从政治、经济、文化和人的发展方面,赋予学校教育以符合国家意志的社会功能。这是以国家为本位的教育需求的本质内容和特征。

由于学校教育可以为国家形成和发展发挥如此作用,因此在国家成立之初或政治危机之后,教育需求的国家主体特征会得以充分体现。英国学者安迪·格林说:"教育作为国家形成过程中的一个部分似乎主要在国家建立过程的初期,或者在危机之后的政治重建时期发挥作用。……确切地说,快速建构的国民教育体系既是加速的国家形成过程的推动因素,又是这一过程的产物。"❷这一见解,无论是与最早出现的欧洲民族国家还是后起的民族国家的教育历史发展的事实都是相吻合的。

虽然国家倾向于自我本位的教育需求,但在如何实现这一目标的途径上,国家与国家之间存在着很大的差别,最主要的,就是政治集权型国家与分权型国家在教育控制上相应存在的集权式与分权式之别。采用集权式教育控制的国家一般都建立了强大的公立教育系统,限制

---

❶世俗王权对传统大学改造的直接手段是给大学重新颁发特许状、制定法律条文等限制其传统特权,改造其组织结构,或派员视察等。详见黄福涛《外国高等教育史》,上海教育出版社 2003 年版,第 83 ~ 123 页。

❷[英]安迪·格林著,王春化等译:《教育与国家形成》,教育科学出版社 2004 年版,第 4 页。

其他非公立学校发展,使整个国家教育系统的领导和管理,形成下级服从上级、地方服从中央的管理网络。在大学的组织结构与管理方面,具有统一化、政治化特征,便于强化对于学校教师、学生和员工的思想教育与行为控制,使大学的行为和功能仅仅服务于国家需求。例如法国、德国、苏联和日本等。而分权式管理的国家例如英国,不同的社会阶层或利益集团(教会、贵族或新兴资产阶级)运用他们的财富捐助适合他们愿望和利益的学校,从而也拥有干预此类学校的权利;例如美国,地方政府拥有独立管理本地区学校的最高权力。在英美两国,社会各阶层政治与经济地位的结构状况、自由放任的或民主的思想与文化传统、自由自治的大学历史和理念等因素,使得他们即使在建国之后,也没有像集权式国家那样,对整个国家的各级各类学校开展结构与管理方面的齐整化运动。韦伯社会主义学家玛格丽特·阿修在她的《教育体系的社会起源》一书中,对于国家教育体系的集权式和分权式成因与发展路径进行了解释[1],认为集权式是一种"限制型"发展道路——国家通过立法手段打破旧有垄断,用国家力量取而代之;分权式是一种"替代型"发展道路——各利益集团创建新的教育机构对抗旧有机构,通过新的机构满足他们的教育需求。"限制型体系中,统一和系统化开始得较早。一旦新体系开始建立,就必然处于一个统一的管理网络之下,这一网络是在国家废除旧体制后建立起来的。从一开始,所有的教育活动都是由中央政府发起和协调的。"[2]学校没有多少自主权,办学许可、办学经费、官员任命、入学考试、课程设置和招生等,都要经过上级领导部门批准。"替代型体系因为早就具备专门化和分化[3]的特征,所以必须由政府强制统一并将之系统化。各独立网络努力维持自己的特色和专长,并抵制标准化和中央控制。"[4]但最终或多或少地要受到国家限制。阿修还认为,限制型发展模式依靠的是决断团体的政治力

[1][英]安迪·格林著,王春化等译:《教育与国家形成》,第78~81页。

[2][英]安迪·格林著,王春化等译:《教育与国家形成》,第82页。

[3]"专门化是指建立特定教育机构使之服务于特殊功能","分化指的是教育从社会的各个部门赢得自主的过程"。见安迪·格林《教育与国家形成》第82页。

[4][英]安迪·格林著,王春化等译:《教育与国家形成》,第83页。

量,而替代型发展模式依靠的是决断团体的财富。例如18世纪前后的法国之与英国。

法国1789年资产阶级革命后,资产阶级国民议会于1793年通过了《关于公共教育组织法》(即"达鲁法案"),根据此法案关闭了22所旧大学,削弱了传统势力在大学中的影响;从维护和巩固新政权利益出发,在改造旧大学的基础上建立了综合理工学院和一系列专门学院与科研机构。这一行动无疑为科学技术普及有效地拓宽了道路,为迎接工业革命的到来准备了条件。拿破仑摄政后建立帝国大学制,以帝国大学统一管理全国教育事务;在全国划分学区,由帝国大学负责中央对地方各级教育的垂直领导;根据机构类别将综合理工学院和专门学院划归国家政府的有关部门管理;以国家任命学校行政官员和教师的方式及建立督学制的方式,把各级各类教育机构纳入国家集权式教育管理体制中。自由自治的中世纪大学特征在法国消失了,一种为国家利益服务的功利主义高等教育体系形成了。1807年普法战争普鲁士的失败,激发了德意志的民族精神,刺激了德国教育改革。德国对于高等教育加强控制的方法是,政府直接任命大学教授,教授作为国家官吏,必须忠诚国家的利益和意志。通过设立各种形式的国家考试,间接控制大学课程和学生毕业去向。

英国虽然最早爆发资产阶级革命,最早产生工业革命,但是,"1660年以后,复辟的王朝和教会破坏了英国革命时期教育运动的成果,教会重新夺取了对学校的控制。由于早期的改革与清教主义及共和制度联系得过于紧密,所以无法在复辟的王朝中存在下去,18世纪成了各古老学府日趋没落的时期,国家无意于发展教育并使之与欧洲大陆国家齐头并进。对学校的捐助失去价值,因而教育捐助数量就与文法学校、牛津、剑桥的入学率一样减少。奖学金的分配是由僧侣和绅士来决定的,平民的孩子都逐渐被挤出了文法学校。《1673年考试法案》的出台,古老的大学彻底变成了教会学府"❶。教会势力、传统贵族势力的强大使得资产阶级缺乏对于整个国家教育的绝对支配权,社会

❶[英]安迪·格林著,王春化等译:《教育与国家形成》,第259~260页。

各阶层或利益集团利用经济手段资助符合他们需要和愿望的各级教育机构。一种依靠财富力量形成的"捐助学校体系",在很大程度上替代了政府政治力量对于国家教育的统一化、系统化建构。传统大学的保守,政府对于大学发展的放任态度,上流社会对于自由教育、绅士教育的沉迷,使得反映工业进步要求的职业教育和非传统新式高等教育机构,在整个18世纪未能如法国等其他欧洲国家那样,在政府主导下得以发展。直到1826年,英国才出现了第一个非传统新式大学——伦敦大学。直到19世纪70年代,类似伦敦大学性质、反映工商业发展要求的各地城市大学才纷纷出现。而此时英国政府和社会已认识到,教育体制在与欧洲大陆其他强国的生存竞争中面临着必需的改革。

英国教育的分权式管理模式和替代型发展模式,与法国的集权式管理模式和限制型发展模式,成为世界各国教育体制安排的截然不同的两个源头,明显地影响了世界各国以后的教育体制安排,形成了相对意义上的"分权式"与"集权式"教育管理体制区别。同时,在两种体制安排的差别背后,也存在意识形态和教育价值观的差别与交锋。

无论采用集权式还是分权式教育管理模式,高等教育需求的国家主体本质是通过国家控制和干预,使大学功能在服务国家本位的功利主义教育需求方面得以有效发挥。其特征是要求大学通过自身的特殊活动,在政治、经济和文化领域,在学生个体的社会化的特殊阶段,能够提供符合国家意志的服务并能使这些服务发挥作用。然而,在不同的历史时期,集权式和分权式教育管理体制所能够满足国家需求的效率是不同的。在相当长的历史时期内,集权式模式优于分权式模式。相比较而言,集权式教育管理的国家,更具有国家本位教育需求的典型特征。

三、社会需求主体的形成和特征

高等教育社会需求主体的形成是一个漫长的过程,我们可以从以下几个方面描述它的成因。第一,科学技术知识的发展从简单到复杂,从凌乱的经验知识到系统的学科知识,逐步获得进入大学的条件,并促进了大学功能的分化,一些主要从事科学技术知识教学和培养技术专家型人才的大学，作为一种非传统大学的高等教育机构，如专门学院、综合理工学院等，17、18 世纪就在法国等国家获得发展。“17 世纪中期至 18 世纪，根据不同学科或职业设立的专门学院有外科学院、军事学院、炮兵学院、兽医学院、行政学院、矿业学院、农业学院、语言学员和商学院等”❶。19 世纪初柏林大学把科学研究引入大学建制，标志着大学内部职能活动和外部社会功能的巨大改变。大学基于对科技知识的传播和对科学研究的引进所担负的新职能、新功能一开始主要为国家政治、军事服务和工程技术等服务，但也为以后服务工农业发展准备了条件。第二，工业革命和工商业发展深刻地改变了发达国家的社会产业结构、社会结构和民众职业结构，促进了职业教育从低级向高级、从单一向多样发展。早期的工业革命促进了城市化和工人无产阶级的形成，资本主义社会早期工厂劳动需要对工人进行简单劳动技术培训。这些职业技术教育最早由少量的学校就可以完成，但随着高深科学技术的开发和应用，中等职业技术教育和高等职业技术教育越来越发达，形成一个相对独立的教育系统。科学技术进步还促进了传统农业的产业升级，农业大学或学院在世界各国普遍存在，对农业科学技术进步发挥巨大作用。19 世纪美国“赠地学院”、初级学院、社区学院的出现和威斯康星教育思想是反映时代要求的典型例子。第三，随着社会分工发展和科学技术进步，专门化社会组织越来越多，尤其是那些企业组织，越来越成为接受大学生就业和吸收大学科研成果的主要部门。现代企业组织在市场环境中的发展，一方面，独立法人资格和明晰产权制度使得它们明显区别于政府组织，成为以追求利润为目标的私益部门；另一方面，市场环境中的生存竞争使得它们越来越诉诸于对人才和科学技术的竞争。反映在教育需求上，就是积极录用高层次科技人才和管理人才，开展校企联合或企业内部的职业培训，积极寻求与大学科研部门合作，形成产 - 学 - 研一体化的科学技术应用和开发形式，构筑企业在市场竞争中的竞争力。英国教育家阿仕比说：“在现在，大学已更加成为社会的中心。由于技术的不断发展，大学已成为非常重要的机

❶黄福涛：《外国高等教育史》，第 90 页。

构，而且也接受数量更多的资金，因为大学有了新功能——虽然在很多情况下是政府强加给他们的——大学已经受到社会的更大关注，社会也更加依靠他们。”❶

社会各行业和企业的教育需求形成了社会主体的教育需求，在许多方面深刻地改变了大学教育的性质、形式和内容：①社会各行业和企业组织的对具有高等教育学历人才的大量需求，是促使高等教育的大众化发展的关键因素。②企业与大学联合的产-学-研一体化，改变了传统大学的组织结构，使大学既具有服务社会经济发展的社会公益价值和功能，又具有为大学和企业营利的私益价值和功能。形成了大学和产业界的伙伴关系。与此同时，如维伯仑所批评的那样，商业理念、商业原则和商业行为也日渐浸染着大学组织的理念和行为。③企业组织亚文化中的企业精神、团队精神、职业道德和管理制度对于接受过高等教育的员工的影响逐渐替代了大学思想教育的影响。④社会各行业和企业的教育需求往往是功利主义、实用主义的，这种倾向使得科学技术和管理等实用知识受到推崇和尊重，职业教育或实用人才培养受到重视，从而影响了大学的专业课程改革和人才观的变化。在另一方面，这种倾向作为一种巨大的潜在力量，削弱了大学人文学科的地位和人文人才的培养。⑤许多公司企业原本为了培训内部职工而办学，后来也向社会招生，出现了营利性公司大学，成为大学系统中的一种特殊成分。⑥社会主体的高等教育需求呈现越来越多样化的趋势，促进大学朝着多样化、个性化、特色化方向发展，以满足社会需求的多样性。

社会主体的教育需求特征是以行业或企业的局部利益为本位的，倾向于局部功利性目的。在这一点上与国家本位的教育需求并不完全一致，有时甚至相反或冲突。

必须指出的是，社会主体的高等教育需求能否有效地实现对于高等教育供给的干预，国家在其中的作用是非常重要的。在高度计划经济体制的国家，国家代理社会的高等教育需求表达和教育供给方式，社

❶[英]阿仕比著，滕大春、滕大生译：《科技发达时代的大学教育》，人民教育出版社 1983 年版，第 57 页。

会各行业、部门与大学在人才和科研需求方面不直接发生联系。大学办学模式趋同，没有个性和特色。政府主导下的人才需求预测、科研开发立项等，虽然旨在合理控制教育发展规模和人才培养类别，但当社会需求旺盛而且多样化时，国家代理的方式成本高、效率低。市场经济体制的国家的私立大学系统和私有企业的运作机制，在人才培养和科研合作信息沟通上，先天地具有替代国家安排的优势。20 世纪 80 年代以来，世界各国政府普遍主动引入市场手段，运用市场调节力量，实现大学和产业界的自由联合，加以政府宏观调控，形成企业、大学和政府之间相互合作的“三重螺旋关系”[1]。市场手段或市场机制的引入，保障了社会本位的高等教育需求的供给或满足，能够在社会对于大学教学、科研等有关职能活动进行直接参与或干预的基础上，得以真实地、有效地实现。而在计划经济条件下，社会高等教育需求的主体性地位（对高等教育供给的干预权）被国家主体性地位给遮蔽了。

四、个人需求主体的出现和特征

作为受教育者的社会个体，对于知识的兴趣、期望接受高等教育的需求，是大学产生和发展最为基础性的条件之一。但是，有史以来，大学并不完全按照个人的意愿提供他所需要的教育，换句话说，接受大学教育的人只有有限的自由去选择他所需要的实用知识或职业知识，而同时，在思想与精神自由方面，他难以避免地要接受社会既成文化和权威信念和思想的影响，从而束缚了他对世界个人化的独立理解。但他同时也在这种影响中追求思想的自由与独立，既成的文化和思想又成为他的追求所借助的工具，这是一个两难命题。接受教育的过程，也是在思想和精神上接受塑造与反塑造（或自我塑造）的过程，即使自由自治的中世纪大学也是如此。神学知识和信仰在大学中居于最高地位，

---

[1]指由于知识进化，引起社会组织的功能机制和社会体制机制关系变化、科学与市场关系变化，政府、企业和大学之间的社会作用和相互关系的“三重螺旋”模式是适应这种变化的过程和结果。参见［美］亨利·埃兹科维茨、［荷］劳埃特·雷德斯多夫：《大学与全球知识经济》，江西教育出版社 1999 年版。

学生必须接受神学的说教。文艺复兴是一次伟大的思想解放运动，在人性解放和个性解放方面取得了暂时的辉煌和永久性的影响。随着民族国家的建立，为了维护这个统一体的稳定，共同的政治和文化认同感在大学受教育者头脑中的塑造被认为是必要和合理的——教育是国家的功能，而大学是完成这项功能的工具。但是，当代世界对于民族国家的反思是：在民族国家的名义之下，政府在大学中通过意识形态的灌输究竟维护了哪个社会阶层的利益，政府的行为是否出于正义和公平的原则；政府是否在国家名义之下维护它作为一个利益集团的利益，像中世纪教会假借上帝的名义向信徒出售赎罪券那样腐败，这是人们对大学的政治和文化说教产生怀疑的理由。

对于教育中思想自由的向往，一直是西方自由主义思想所追求的，但在大学发展的历史中，这并不构成受教育者个人可以对于大学教育的供给方式进行干预和影响的主要条件。个人高等教育需求的主体性的出现，是非常晚近的事情。

个人的高等教育需求能够获得个性化满足，并能在大学制度安排上得以保障，应该说是始于1869年化学家埃利奥特充任哈佛大学校长后所进行的选修制课程改革。在他的就职演说中，“他说，在美国的高等教育中，个人智力上的差别和志趣还没有受到足够的重视。对于个人，只有深谋远虑的课程设置才能使其‘特有的官能得到最充分的发展’。他主张真正的大学应该给予学生在学习方面的自由。”哈佛开创的选修制很快为美国其他大学和其他国家的大学所效仿，在实践中不断完善。

1968年在法国的大学发生了“五月学潮”这样一个重大历史事件，人们普遍认为，这是法国长期以来教育体制僵化、管理过于集中、制度整齐划一、大学的结构一成不变的结果。这种沿袭自拿破仑“为了保证统一而设计的中央集权，如今变成了一种遏制，而不再有利于创造精神，并有可能将其扼杀掉”❶。学潮过后，法国政府提出以“参与”精神改革国家管理体制，大学的办学原则是：自治、参与、多学科性。大学生

❶转引自黄福涛《外国高等教育史》第268页。

参与学校管理,其主体地位从形式上得以提升。因为学生对于管理的参与并无实质性内容,久而久之,事过境迁,"参与只不过是个遥远的回忆,学生们很快就对几乎与他们无关的管理失去兴趣"❶。尽管如此,这一时间的历史影响是深远的。

个人高等教育需求主体地位得以较为充分显露,形成学生本位的办学理念,始于20世纪70年代美国大学的"学生消费者至上"观念的形成。表面看来,学生高等教育需求主体地位的确立是在财政危机、生源减少而教育设施相对过剩等情况下,大学为了生存而竞争生源的结果,实际上,在学生高等教育需求主体地位的确立背后还有更为深广的原因。首先是知识更新的速度加快和毕业生就业市场的饱和,双重原因的作用,使得大学生必须根据学生自我的知识状况来建构自己的知识结构,去竞争市场中的职业位置。大学应该按照学生的自我判断和意愿去提供服务。其次,后工业社会或知识经济社会,受教育者把知识看做是个人创业和取得成功的资本,而不像过去那样期望稳定地受雇于政府某个部门或收入颇丰的某个大公司。一种趋向流动和创业的新的自我雇佣观念❷开始流行。第三,在西方后工业社会的社会思想层面,后现代思潮对于大学传统课程和教学方式进行解构和建构的倾向,是主张打破原来的课程模式和班级编制方式,按照个人意愿进行自我课程设计和教学方式的"自组织"。在后工业社会,个人的高等教育需求主体地位无疑会更加突出。

由以上分析可见,个人主体的高等教育需求特征有两个方面的指向:其一是出于对未来的职业的考虑,希望获得自由选择专业和课程的权力;其二是出于个人追求行为和思想自由的原因,反对僵化的、整齐划一的管理和空洞虚伪的、教条的思想和道德说教。

国家主体需求、社会主体需求和个人主体需求是影响大学行为方式变化、大学制度变化和大学功能嬗变的三大力量。他们对于大学功

❶转引自黄福涛《外国高等教育史》第273页。

❷[美]埃里克·奥林·赖特著,陈心想等译:《后工业社会中的阶级》,辽宁教育出版社2004年版,第126页。

能关注的独特之处在于：国家主体关注大学的政治功能和文化功能，社会主体关注大学的经济功能，个人主体关注大学服务于个人职业准备和转换的功能及通过知识获得个人思想解放的功能。

他们主体地位的获得是在大学发展的历史过程中依次出现的。一般说来，就三大主体对于大学发展的影响力而言，由于他们所拥有的能够对大学行为施加影响的政治力量、经济力量和文化力量不同，国家是第一位的，社会和个人次之。就世界各国三大主体的发展状况而言，又是不平衡的。例如，在高等教育分权制国家或有着自由放任传统的国家，社会主体和个人主体的出现与形成就早于集权制国家。安迪·格林认为："各国的学校教育在很多重要的方面可能都会有所不同，即使是那些拥有类似经济结构的国家也是如此。此外，它还进一步声称，虽然学校的功能受其所处社会的影响，但学校本身也是社会变化的一个动因。[1]"

第二节　需求主体变化与高等教育市场机制

大学发展进入科技发达时代以来，高等教育社会需求主体和个人需求主体的形成和出现，打破了国家主体对于高等教育需求和供给的垄断地位，重新调整政府与大学的关系，引入市场机制和手段，或者说把大学在某种程度上放逐到市场中去，被世界各国视为必然趋势，现实中不少国家已经仿效英美两国，纷纷启动高等教育市场化改革。然而，令人迷惑的是：一方面，高等教育改革正在客观地走向市场道路，而另一方面，人们又在主观上争论不休。应该怎样解读这种现象呢？

一、知识进化的逻辑对于高等教育市场机制的支持

在社会发展历史的不同时期，人类所生产、传播和应用的知识，迄今为止大体上形成占主导地位的四种类型。即原始知识型（或神秘知识型）、古代知识型（或形而上学知识型）、现代知识型（或科学知识型）

[1] [英]安迪·格林著，王春化等译：《教育与国家形成》第3页。

和后现代知识型(或文化知识型)❶。占据主导地位的知识型以其特有的属性、功用和权威地位影响着教育对它的生产方式、传播方式、应用对象和价值选择取向。中世纪大学诞生于形而上学知识型时代,神学知识和经院哲学知识居于知识地位的上层,旨在对上帝的信仰和阐释、对绝对性和终极性"真理"的抽象阐释和追求。在中世纪大学,神学部的地位是最尊贵的,受教育者和知识分子都把学习神学知识和经院哲学当做最高精神追求的必由之路。

文艺复兴运动树立以人为中心的文化价值理念,也影响了人们追求知识的价值取向。从此以后,形而上学知识型的合法性受到普遍的怀疑和批判,实证性知识或科学知识开始受到重视和信任。从 16 世纪到 19 世纪,科学知识的地位在什么知识最有价值的论战中,在知识就是力量的宣示中获得了社会地位,在大学的教学和研究中得以建制,现代知识型或科学知识型得以形成和确立。现代知识型面向客观自然、面向事务的特征决定了它的世俗功用性和传播普及性。科学技术知识的生产、传播和应用也因此而深刻改变了国家、社会各阶层、各行业和个人与知识的关系,改变了社会结构和经济生活。与只有少数权威垄断者占主导地位的知识的形而上学知识型社会不同,现代知识型社会虽然也有知识的权威和霸权现象,但科学知识应用的无限下移倾向普遍拉近了普通民众和社会各阶层与它的关系和距离。借助于科学技术知识的应用性发展,社会行业横向扩展了,纵深发展了;专门化社会生产组织和服务组织增多了,职业结构多样化了。随之而来的是,大学的机构分化和专门化以及高等教育规模的大众化、普及化发展。

科学技术知识的功用性特征,不仅在于能够给国家和社会带来普遍的经济进步和物质技术便利,还在于它在市场经济中的巨大商业价值,能给企业带来利润、给个人带来财富和收入。由此,大学对于科学技术知识的生产、传播和应用开发活动既具有公益价值,也具有私益价值;大学与国家、社会和受教育者个人的经济关系改变了,大学自身的组织结构和功能定向也改变了。一种建立在经济受益性基础上,重新

❶石中英:《知识转型与教育改革》,教育科学出版社 2002 年版,第 87 ~124 页。

调节国家、社会和个人与大学之间的关系的理念、制度和手段——市场理念和市场机制成为必要。国家根据现代大学服务的私益性质要求社会和受教育者个人"用户"向大学付费，社会和受教育者个人要求国家在合理承担经济责任、维护教育公平的前提下，解除对大学的垄断供给和管制行为，使大学在市场机制的运作模式中，积极回应他们的需求，提供使他们满意的服务——因为他们是付费的用户，有"消费者主权"。在科学技术知识逐步获得它在社会和大学中的主导地位时，大学的功能与活动朝着分化和专门化方向快速发展，大学在抽象概念的定义上已很难找到它的内涵所指与外延边界。在现代传媒技术的支持下，大学的生存形态和活动范围也模糊不清。20 世纪初，美国政治经济学家维伯仑在《美国高等教育》一书中，既承认现代"面向事务性"高深知识在人类知识进化发展过程中的客观性和合法性，也批评现代大学运作沾染了太多的商业气息，大学组织中存在着来自其他非大学组织的"机构污染物"。科学知识型在现代社会主导地位的突出和人文知识所遭受的排挤，功利主义的泛滥和人文精神的衰落，导致人们在批评这些社会现象的同时，也追问大学的组织变异和活动失职。现在，更多的人在疑问，大学是什么？

后现代知识观，是一种兴起于后工业社会的后现代思潮关于知识的新观点。后现代知识观认为，既往的占主导地位的知识，都是政治权力、意识形态和学术权威相结合的产物，即使是科学知识，也不是"价值中立"和"文化无涉"的；在人文社会科学方面，那些权威人物的"宏大叙述"正在压抑和吞噬着其他社会个人的思想自由的权利与活力，剥夺了他们表达自我思想的"话语权"。后现代知识观认为，应该解构传统知识的客观性、绝对性、终极性和权威性等标准和信念，建构"后现代知识型"或"文化知识型"；反对知识霸权，解放个人主体的思想与表达的权利；把个体知识、地方知识、缄默知识、本土知识等引入知识共同体，在重新反思知识与社会发展、知识与个人发展的基础上，对之予以充分重视和尊重。后现代知识型或文化知识型的出现，是与后工业社会的社会思潮紧密联系的、由后现代知识观所积极推动的，充满争议的、未见端倪的产物。然而，在很多方面，后现代知识观具有发人深思之处,也必将带来对于大学和高等教育的冲击。哈耶克关于高等教育市场化改革的理论依据之一,也正是从这种知识观中所发掘出来的。

二、新自由主义的高等教育市场化改革主张与意识形态争端

主要由于科学知识的发展及其功用性特征,以及大学对于科学知识的生产、传播和应用所起的作用,既催生了社会和受教育者个人在高等教育需求中的主体地位,也同时改变了大学的内部结构和外部功能,使得在某种程度上或从某些方面,运用“看不见的手”的力量来重新调节大学与国家、社会和个人的关系成为必要。这应该可以看做是客观力量推动下的必然趋势。然而,以哈耶克和弗里德曼(尤其是哈耶克)为代表的新自由主义经济学家,在引入“看不见的手”的程度和目的方面,引致了世界范围内的纷繁争端——意识形态方面的争端。

在面对大学、社会和国家三者之间的关系方面,哈耶克主张采取一种素有英美传统的“替代”策略来发展高等教育,即利用民间力量办大学,走“私营化”道路。到此为止,本也没有什么,但他同时主张取消大学入学考试的设计,加之他那些充满族群歧视的话语,立即在“公平”、“效率”和社会正义层面掀起了意识形态的波澜。自然,哈耶克有着自己“自圆其说”的话语体系,只是在哈耶克的理论设计中处于劣势的大多数人,和那些对于社会公平与正义与哈耶克持不同看法的大多数人,不能接受他的主张或设计。同时,他也过分地忽略了政府在高等教育发展中的责任和作用。不同国家的经济发展状况不同,国民经济收入不同,消费支付能力不同,有时各阶级或阶层、各地区之间甚至存在巨大差别。如何合理解决市场化运作情形之下的“用户支付”问题,也是其市场化主张能否行得通的关键所在。按照哈耶克的私营化方案,大学在走市场化道路的同时也必然开始产业化、企业化运作。而因为民众经济力量的不平等必然造成受教育权机会不平等,这显然是与西方的教育民主化运动的精神理念相悖逆的。

在面对大学、受教育者个人和国家三者之间的关系方面,哈耶克的后现代知识观显然使得市场作为“知识发现的程序”具有一定的合理

性。但是，并非所有的知识都适合在市场中发现，有些知识，那些不具备市场交换价格优势的知识(例如人文知识)，势必在大学的市场化运作中遭受淘汰或被边缘化。人文学科和人文知识传播在大学被边缘化，这本来就是科学技术知识占主导地位的时代大学所难以克服的弊端，而在高等教育的市场化运作中，这种状况被加剧了——不仅人文知识，那些不具备交换价值的科学知识和科学研究也将面临被边缘化的危险；这种状况被制度化了——如果你承认市场理念和市场制度在大学运作中的合理性，你就无法承认这种边缘化是不合理的。

从适合市场发现的知识——个体知识、默会知识、信息知识出发，哈耶克进一步指出个人在知识发现中的作用，从而为他反对大学或整个教育中教学内容的统一性、思想与文化价值观培养的统一性打下基础，最后把批判的矛头对准了政府如此干预的必要性。

事实上，哈耶克的新自由主义明显地秉承了英美自由主义传统。英美教育的发展，也一直有着自由主义的思想传统和分权制(替代型)管理(发展)模式的传统。然而，在历史上，英国从前工业社会的 16 世纪到进入工业社会的 19 世纪中期，国家对于教育发展的“不干预”政策，既没有实现真正的个人自由，也没有使高等教育为国家经济进步起到应有作用。在社会特权集团或阶层控制下的，是一种缺乏政府干预的不平等的教育。特权集团和阶层长期沉醉于绅士教育，大学处于对前工业社会的科学技术知识发展要求不作反映的保守状态；大学迎合特权集团或阶层的喜好，教师和学生一度纵酒寻欢，道德堕落。而欧洲大陆其他国家政府的教育干预政策，恰恰在这一时期发挥了应有作用。科学技术知识的生产、传播和应用，借助于大学的这一得力工具，富有效率地服务于国家经济发展、技术进步和人才需求。同时大学也充分发挥了它的政治功能和文化功能。

如此这般的现实，使得人们把英国特色的教育自由和其他自由，归结为一个在生存环境中缺乏竞争对手和威胁的封闭岛国的思想情结与文化特色❶，在形式上，成为人类今天的自由主义遗产。传统自由主义

❶[英]安迪·格林著，王春化等译：《教育与国家形成》，第 334 页。

教育思想,既反对统一化、集中化教育对于个性发展的伤害,同时又承认教育是人的天赋权力。而哈耶克的教育市场化主张,因为经济不平等因素的介入,最终的结果必然是只要前者,抛弃了后者。针对20世纪80、90年代英国的高等教育市场化改革,安迪·格林说:“的确,英国应该回避欧洲大陆国家教育体系中集中控制的那些方面,比如对教科书的法律规定。在这种意义上,自由的传统就像它的许多支持者所说的,确实为英国的教育免受国家的集中控制提供了一种有用的工具,然而,那样的传统在很多方面是有害的。它导致了对独立和灵活性的狂热追求,而忽视了教育的普及和平等。”❶安迪·格林认为新自由主义所主张建立的“学券制”,会产生一个新的精英教育等级制,加剧教育的不平等。对于这种市场化改革的未来结果,安迪·格林的预见是不乐观的:“如果说过去的历史给了我们一些教训,那么这些教训就是市场机制以及自由放任的理念根本就不适合教育的发展。如果那个最晚建立、且从来没有真正建立起全国性教育体系的国家,却又成了第一个放弃这一体系的国家的话,那真是一个令人感到悲哀的讽刺。在市场自由主义名义之下,英国是否会再次成为‘教育最糟糕的欧洲国家’,就让我们拭目以待吧。”❷

事实上,笔者认为,在某种程度上,安迪·格林在这里把大学教育和普通中小学教育混为一谈了。的确,今天的市场化如果离开政府的必要干预,必然会造成新的等级制和不平等,这是市场化的显然弊端。在这一点上安迪·格林是对的。但是,大学教育和中学教育毕竟有着根本不同之处。其中之一即在于:大学的专业教育或职业教育以及科学研究和技术开发活动,决定了大学功能与普通中小学截然不同,而如前所述,国家、社会和个人,在大学功能的历史嬗变中先后获得了对于高等教育的需求主体地位,而如何处理他们和大学的关系以及他们相互之间的关系,这是评价新自由主义的市场化,或换个角度——市场机制的角度来理解和解决高等教育的现代问题的合理维度之一。

---

❶[英]安迪·格林著,王春化等译:《教育与国家形成》,第342页。
❷[英]安迪·格林著,王春化等译:《教育与国家形成》,第343页。

三、消解和定义高等教育市场化

如果说亚当·斯密在18世纪的英国提出高等教育的市场化改革道路的旨趣之一,是企图建立学生选择的权力和自由来促进英国的大学对科学技术知识发展的时代要求作出积极回应,那么,由于当时的新兴资产阶级和社会生产组织还没有形成他们的高等教育需求的主体地位,也就是说,他们关于科学技术知识的需求愿望不能够为大学和政府所重视和接受,他们自己也没有足够的经济力量来建立为自己的知识需求提供服务的大学。因此,在事实上已经是类似市场机制的英国"民间捐助式"或"替代型"高等教育发展模式,并不能帮助亚当·斯密实现其愿望。当时英国的大学,仍旧是在具有经济实力的社会阶层或集团支配之下,沉湎于绅士教育的虚荣幻想,在实际运作中一度走向学术衰退和道德堕落。

尽管亚当·斯密的理论主张没有付诸实践,但还是招致了穆勒的批评,认为他忽视了大学的社会功能之一是培养"伟大的头脑",而这一功能的实现不会靠学生对知识学习的个人主义选择来达成的,必须由国家来干预。所以,穆勒关于大学运作的市场手段是有限的,他反对教师报酬的固定工资制度,但同时也反对学生选择的必要性。事实上,在穆勒所处时代,接受过高等教育的学生,毕业后是国家官僚和社会精英,学生选择权力的国家替代是完全可以被接受的。

到了维伯仑时代,大学的组织结构和功能已经发生巨大变化;教育民主化理念已深入人心并运作于实践;高等教育规模的扩张,使得学生就业的社会流动性质已经发生变化,精英教育的性质已经开始褪色。于是,维伯仑既没有否定学生选择,也没有否定国家干预。他只是感叹商业习性已经深深浸渍了传统大学的理念;大学机构再也不像过去那样纯粹地追求高深学问,而是包容了许多"机构污染物"。他只是在关注那些不适合商业化、市场化运作的高深知识在大学的传授和生产,他有把这个部分从大学的现实运作中隔离出去的倾向,他幻想建立或重塑"真正的大学"。

当代关于高等教育市场化的理论主张,主要起源于新自由主义市场经济理论的崛起，但已经为多学科理论所关注或支持。新公共管理理论、经济全球化理论、新制度经济学关于交易成本的理论、公共选择理论关于高等教育服务的“准公共物品”观点、信息经济理论关于知识资本的观点等，共同为20世纪80、90年代英美两国的高等教育市场化改革理论提供了支点。但是，这些学科、学派理论关于高等教育市场化的理论主张，除了新自由主义理论的哈耶克和弗里德曼之外，甚至都没有他们的跨世纪前辈们的思想深邃和犀利。他们秉持着“局部合理性”的主张——或指责公立大学作为“公共部门”存在的弊端，或青睐大学所传授的知识和大学的研究成果具有市场中的交换价值，或强调今天的大学服务具有私益价值和功能，等等——从而主张仅仅有利于为他们的“局部合理性”观点服务的高等教育市场化改革，他们忽略了大学或高等教育功能与价值的多面性、多主体性和嬗变规律。这种秉持一点、不计其余的片面主张在实践中的最大危险，是会导致片面激进、得不偿失的改革结果。

相比之下，哈耶克和弗里德曼从大学的类别与功能方面，从知识进步的状况方面，为其关于高等教育市场化的理论主张寻找依据，提出了一些发人深思的见解。例如根据当代知识发展状况，提出个体知识、默会知识、信息知识的重要性，学术权威和学术霸权的不合时宜和危害性，大学管理和课程安排的过度集中化、统一化对于文化的多样化、对于受教育者思想自由的压抑和伤害，等等。又如弗里德曼提出的“并非所有的教育都是学校教育，并非所有的学校教育都是教育”的见解，对于我们思考今天的大学功能分化，在此基础上探究学校管理的区别对待等等都是非常有益的。只不过，笔者认为，虽然二人有诸多独到合理的见解，但他们对于高等教育市场化的理论分析，没有从需求主体变化的角度找到大学功能发展和高等教育需求之间的内在联系，没有找到或者说没有明确地表述出，支配当代大学行为的是国家、社会和受教育者个人三方主体同时共在的需求主体的力量。

的确，知识的形态、性质和功用的变化是影响大学结构与功能的重要因素，但是，这种影响是间接的，这种影响只有转化为社会需求的力量时，才会对大学的运作理念、运作方式和高等教育价值观产生真正直接而现实的影响，而社会需求力量的变化，如前所述，经历了需求主体嬗变那样一个历史过程。因而，他们关于高等教育市场化的主张，依照本书关于高等教育需求主体历史嬗变的分析看来，是过分地强调了高等教育社会需求与个人需求的重要性和合理性，忽略了或轻视了国家需求主体的客观存在和国家干预高等教育的必要性与必然性。

什么是高等教育的市场化，哈耶克和弗里德曼并没有给出明确定义，各派理论家们也是如此。事实上，也不存在一个普适性的定义。因为，高等教育市场化理论在世界的传播和阐释，一如市场经济理论、经济全球化理论和新公共管理理论在世界的传播和阐释一样，正经历着不同国家、不同学派的学者，从本国实际情况出发、从不同的学科视角出发，以及从学者本人的立场出发所进行阐释时一样遭遇到争议和分歧。同时，世界各国的高等教育市场化改革实践又进一步加剧了这种认识论上的混乱。

1997 年经济合作与发展组织（OECD）对高等教育市场化的界定为："把市场机制引入高等教育中，使高等教育运营至少具有如下一个显著的市场特征：竞争、选择、价格、分散决策、金钱刺激等。它排除绝对的传统公有化和绝对的私有化。"❶这个定义是宽泛的，充分地表达了高等教育市场化改革的"隐喻"性质。它排除了绝对的公有化和私有化，否定了新自由主义经济理论关于高等教育市场化的极端主张，在绝对公有化与绝对私有化之间采取折中路线，但它关于市场化的手段和目的的表达都过于模糊。

国内香港学者卢乃桂、操太圣认为："从本质上讲，'市场化'就是国家通过在公共部门引入市场因素，把原本由国家承担的责任转移到'非国有'部门，或者是改变国家参与公共部门的性质。这样，'教育市场化'就可以理解为运用'私有领域'或者'市场'的理念、原则和做法，来运营作为公共事业的教育，以令其提供的服务更适合市场需要。"❷

❶李盛兵：《高等教育市场化：欧洲观点》，《高等教育研究》2000 年第 4 期第 109 页。

❷卢乃桂、操太圣：《中国改革情景中的全球化：中国高等教育市场化现象透析》，《北京大学教育评论》2003 年第 1 期第 49 页。

本书认为，这是一个可接受的狭义概念，即市场化是指在公共教育领域所进行的新公共管理改革。它回答了高等教育市场化改革的途径和目的。但是，它的不足之处，在于没有把高等教育市场化改革的社会条件适应性考虑在内。

本书认为，促成高等教育市场化改革的客观原因，如前文所分析的，是由于大学功能的历史嬗变所引致的高等教育需求主体的变化，和由此而来的支配大学行为与运作理念的社会力量变化。沿着如上分析思路，本书为高等教育市场化所下的定义是：

所谓高等教育市场化，就是国家或地方政府根据公立高等教育规模发展状况和政府财政支付能力、根据大学机构专门化和功能分化状况，有区别地在公立高等教育系统引入诸如用户支付、价格调节、资源竞争、成本核算等市场理念与手段，在维护和保持高等教育的一般社会功能和价值的基础上，重新调整政府与各类高等教育机构之间的关系，促进公立高等学校系统在市场环境中积极回应社会和个体的高等教育需求，提供多样化的高等教育服务。同时积极鼓励发展私立高等教育，以弥补公立高等教育之不足。

无论我们如何理解和定义高等教育市场化，高等教育的市场化改革实践都会面临如下问题。①市场化是有条件的，是否采取高等教育市场化运作机制或手段，取决于大学的功能变化状况对于国家、社会和个人的价值与意义。②如何认识和定位国家在高等教育发展中的地位与作用，采取什么手段或方式的政府干预，才能继续维护和保持国家所应关注的大学功能与教育价值。③如何为高等教育服务“埋单”。即使在高等教育服务的私益价值观和“用户付费”观念已为人们接受时，高等教育公益价值和私益价值也总是同时存在的，如何合理确定国家、社会和个人在高等教育领域中的经济责任与道义责任，才不至于失去社会正义与公平。④市场化应有之意义，在于促使职能活动专门化和功能分化的当代大学，围绕国家、社会和个人的高等教育需求，提供多样化的高等教育服务；在市场竞争的环境中，利用各具特色或优势的高等教育服务，开拓出机构自身生存与发展的空间。任何经济手段在大学行为调节中的运用，如果不能达到如此的目的和效果，都可以视为对市场化或市场机制误用或曲解。

第三节　大学理念与高等教育市场机制

如前所述,当我们把高等教育市场化或市场机制改革,理解为当代国家、社会和个人作为高等教育需求主体的影响力共同作用于大学行为的时候,我们不能忽略的重要方面是,大学作为高等教育服务的供给机构,它们自身的存在和理念,它们对于市场化或市场机制的反应和态度,必然是一股不可忽视的影响力量。

一、传统大学理念的发展和特征

中世纪大学的产生并不是依赖于一个清晰完美的组织理念,而是在高深知识授受过程中自发产生的。为了维护自身的自由和利益,大学自觉或不自觉地采取集体行动来反抗外来的干预,谋取自身的权力和利益。尽管那时以及以前的思想家、教育家如亚里士多德等,曾经对于高等教育活动以及对于知识和真理的探究活动的价值和意义予以高度评价,但是,作为知识授受活动机构的大学,也许并非出于什么崇高的目标而组织起来。换言之,在中世纪大学产生之前,人们就有了高等教育活动的理念,但是,作为一种组织的理念——大学的理念,即使在中世纪大学产生之后,也还没有出现。大学理念的出现、发展和完备,是一个缓慢的历史过程。

在这里之所以把高等教育理念与大学理念区别开来,是因为截至目前,许多人还不能把作为一个知识授受活动的高等教育的理念和作为一种知识授受组织的大学理念在既联系又区别的基础上来认识,在很多情况下,人们往往把大学理念的组成部分之一——组织活动的理念(例如大学活动的使命、本质、目的、价值和意义等)当做大学组织理念的全部。如此而使得大学理念与高等教育理念的界限变得极其模糊甚至等同。之所以有必要把大学理念与高等教育理念区别开来,是因为:其一,大学组织的产生与高等教育活动的出现并非一个同步的社会历史现象。高等教育活动并不依于大学组织而产生和存在,而是早于大学组织而出现的。其二,高等教育理念是对于一种活动的目的和追求、价值和意义的阐释。而大学理念不仅阐释组织活动的目标与追求以及价值和意义(这一层面,可以看做是高等教育理念的个体性表达),更为重要的是,大学理念还应包括大学作为一个社会机构,它的组织特性是如何被人们认识和界定的,以此与社会其他组织机构相区别;它的组织存在和活动原则是什么,是处理大学组织与外部环境关系的重要依据。高等教育理念常常作为一种政治话语权主导下的教育观念而出现,充满着国家、政府和社会利益集团的教育理想、追求和价值观,充满着在功利主义主导下的"工具理性"。在历史的实践中,它常常盲视地、短视地忽略大学作为一种社会组织机构的特殊性质和发展中的嬗变,因而常常自负地、狂妄地以教育理念替代大学理念,把大学组织拖入"政府本位"的社会建构之中。在有关大学和高等教育的历史中,尤其在现代大学发展较晚的民族国家,教育理念也许是漫溢的,而大学理念往往是缺失或扭曲的。

作为现代大学原生形态的欧洲中世纪大学,虽然在维护教师和学生行会组织的行动中获得了教会和王权承认的特权,但作为一个组织,还没有明确地形成自己的大学理念,没有形成自身对于组织目标、社会职能和追求的自觉意识。尽管如此,中世纪世俗大学在市民社会印象中的地位应该是崇高的,因为它不仅是职业训练的场所,更重要的,神学知识、经院哲学在中世纪大学的保存和传播,反映了市民社会的精神信仰和追求。诚如涂尔干所言,中世纪大学是当时欧洲市民社会精神生活的适配"器官"。

文艺复兴之后,随着人文主义思想的发展和神学信仰的衰退,人们对于大学在人类知识进步和精神信仰方面的作用开始给予解释,哲学家康德是在这方面最早做出突出贡献的人物。康德的大学理念,集中体现在他于1798年出版的著作《学部冲突》中。康德把大学看做是一个"学术共同体",是由不同学科的学者通过劳动分工而形成的学术生产组织。从其哲学思想出发,康德认为理性是人类获得现世幸福的智慧之光,在大学的神学、法律、医学和哲学四个学部中,哲学学部是人类依赖自身理性探究真理的地方。因此,他认为每个大学都要有哲学部。

而且由于理性是自由的、求"真"的，所以哲学部的学术活动（探究真理的活动）应该是自由的，不受外界的干预。"大学学术共同体中包含一个教学独立于政府支配之外的学部（指是哲学部）是绝对必要的；没有任何外界对它下达指示，它可以自由评估一切。它仅关心那门科学自身的利益，也就是说仅关心'真理'；在这样的学部中，理性有权公开立说，没有这种学部，'真理'不会呈现；理性按基本性是自由的，在'真'的问题上它不承认任何外在的命令。"❶对理性与自由的肯定和张扬，是康德大学理念中关于大学"学术自由"的认识论基础，也是后来的大学理念中（包括洪堡的"科学研究的自由"）关于这一主张的重要思想来源之一。

随着科学知识的积累和进步及其在社会生产中的应用价值越来越被人们重视。科学研究进入大学殿堂这一不可阻挡的倾向，深深地改变康德的大学理念。1808 年，洪堡担任普鲁士内政部文化教育司负责人，1809～1810 年间，在组建柏林大学期间，提出了他的大学理念并付诸柏林大学的实践。洪堡认为，在大学与国家和外部社会环境的关系方面，大学首先应相对独立。大学应摆脱国家政治和经济不恰当的干扰，保持自己作为一个学术组织的自主性和目标追求，而不能成为政治和经济的附庸。但国家对大学应提供支持，并采取积极措施防止各种弊病侵害大学的健全发展。大学理应对社会履行学术责任。洪堡认为，大学的相对独立和学术自由并不是要保证一种特权生活，更不是摆脱社会约束和社会责任，而仅仅是大学作为献身学术事业的环境和机构首先应具备的先决条件。在洪堡看来，宁静和自由是大学的基本组织原则，他说："自由是必需的，宁静是有益的；大学全部的外在组织即以这两点为依据。"❷通过宁静与自由，可使人保持内心平静，注意力集中，通过对学问的反思将会产生一种有成效的抽象思维，引导创造性的工作。这在当时获得学者们的极大认同。大学的这种学术地位和环境

---

❶张岂之、谢阳举：《西方近代大学理念评析》，《高等教育研究》2003 年第 4 期。

❷肖海涛：《一种经典的大学理念——洪堡的大学理念考察》，《深圳大学学报（人文社会科学）》2000 年第 4 期第 83 页。

条件不是要脱离社会和国家，而是利用相对的自由，可以更主动地承担为社会服务的责任。同时，他还认为，独立和自由可以使教授和学者与政治和社会环境保持相对的距离，这种距离使得教授和学者处于政治与社会环境的彼岸，而科学探究的自由，作为精神上的内心自由，正是要保证通往彼岸的自由。因此，这种自由的意义在于，它能为国家和社会保存一支校正力量，以便能去校正那些在政治和社会上形成了优势力量的东西，并能将这个社会引向一个绝对健康的方向上去。洪堡重视大学在发展科学方面的重要作用，提出著名的“洪堡五原则”：①科学是某种还没有得出完全结论的东西，还没有被完全发现、完全找到的东西，完全性的结论取决于对真理和知识的永无止境的探求过程，取决于研究、创造性以及自我行动原则上的不断反思。②科学是一个整体，每个专业和学科都是从不同角度对生活现实的反思，对世界的反思，对人的行为准则的反思。唯有通过研究、综合与反思，科学才能与苍白的手工业区别开来。③科学首先有它的自我目的，至于它的实用性，其重要意义也仅仅是第二位的。当然，对真理进行的这种目标自由式的探求，恰恰能导致可能是最重要的实用性知识，并能服务于社会。④科学是与高等学校联系在一起的。唯有通过对学术的研究，对整体世界的反思，才能培养出最优秀的人才。⑤大学的生存条件是宁静与自由❶。

与康德的大学理念相比，洪堡的大学理念中所追求的知识已经发生重大转型，从哲学知识转向科学知识，虽然他们都强调大学行为的自由原则，但是，自由的目的却是迥异的，康德的哲学自由是为了精神生活的幸福，而洪堡的科学自由是为了达到更长远的实用目的；虽然他也强调追求真理，但是，他所推崇的大学科学研究，是关于物质的、自然的，而非社会的、精神的。可以说，洪堡的大学理念，忽视了大学对人的精神生活的作用，他所推崇的是科学研究的行为自由，而行为自由的目的，实质上是功利主义。他的偏差，后来为纽曼所诟病。

19 世纪中叶，英国的大学面临大量问题。诸如如何界定和处理世俗教育与宗教教育在大学中的地位；如何认识传统的自由教育（绅士

---

❶肖海涛：《一种经典的大学理念——洪堡的大学理念考察》。

教育)的价值;如何统一人文教育、职业教育与神学教育的关系;如何认识各类知识之间的关系、教育价值以及在大学教学内容中的比例;如何看待大学教学与研究之间的关系等。纽曼以“大学的理念”为名,主要围绕着大学的目的和培养人的标准,阐述了他关于大学的观念。他认为,大学是通识教育的地方,其目的是智育的而非道德的;大学是传播知识的地方而非仅仅是增长知识的地方;是世俗教育的地方而非宗教教育的地方。“大学是进行通识教育的地方。这意味它的目的,一方面是智育的,而非道德的;另一方面,大学致力于知识的传播和扩展而非知识的增长。如果大学的目的是哲学与科学发现,我不明白大学需要学生做什么;如果是宗教训练,我不明白大学如何能成为文学和科学的活动场所。”❶纽曼的大学理念奠定了牛津、剑桥大学的理念基础,尤其是他重视大学教学工作重要性的思想,也是奠定今天牛津与剑桥作为世界顶尖大学坚持教学与科研并重特色的理念基础。与洪堡相比较,纽曼重视大学的教学工作和对学生的道德培养,是对洪堡大学理念的一个“纠偏”和进步。但是,从作为大学理念的周延性上来看,如果说纽曼的大学理念有所缺憾的话,那就是他多从大学活动的价值观上谈论了自己的主张,而没有从把大学作为一个组织机构的角度,来讨论它在处理与外界环境方面的行动原则。而纽曼所主张的“通识教育”,可以看做是企图在科学知识和哲学知识之间寻求调和。

科学技术知识作为影响大学职能活动的活跃变量,以其在社会生产和生活中的应用性,推动大学走出“自由理性”的“象牙塔”,服从于国家和社会的“工具理性”,服务于国家和社会的功利目的。进入20世纪,大学与产业界的联系越来越多,大学的专业、学科与职业的联系越来越紧密。

20世纪初,美国学者和教育家弗莱克斯纳是在大学理念上回应时代要求的重要人物。在其著作《美英德大学研究》一书中,弗莱克斯纳对大学在现代社会中的地位、大学的工作职能和性质、大学组织的管理、大学与外部环境的关系以及大学的专业设置和学术标准等方面,系

❶张岂之、谢阳举:《西方近代大学理念评析》。

统地表达了他的大学理念:"今天的世界充满传统的精华与糟粕,种族的混合,民族主义与国际主义的斗争,商业的利益,追求正义或邪恶的巨大无知力量,解放了的工农,不安的东方人,喧闹的城市,冲突的哲学,——在这四处颠簸的世界里,除了大学,在哪里能够产生理论,在哪里能够分析经济和社会问题,在哪里能够理论联系实际,在哪里能够传播真理而不顾是否受到欢迎,在哪里能够培养探究和讲授真理的人……人类的智慧至今尚未设计出任何可与大学相比的机构。"[1]

弗莱克斯纳认为,大学的独特作用在于它有独特的职能,尽管一个国家的大学不可避免地受到民族性格和传统的影响,但是,大学是国际性的,"保存知识和观念、解释知识和观念、追求真理、训练学生以'继承事业'"是学者和科学家共同关心的四件事。在弗莱克斯纳的视野中,大学是众多教育机构中的顶尖层次,应该有自己的专业学术标准。那些不包含严格的研究活动的专业学科不应该在大学中存在。那些职业性质的教育和"服务性"工作不应该由大学来承担。弗莱克斯纳还认为,大学既要研究社会现实问题,又要与外部社会保持距离。在研究问题与采取行动解决问题的两个环节中,大学应该是"客观地"研究问题,而采取行动则不是大学的职能。我们不难发现,弗莱克斯纳的大学理念与同时代的凡伯伦的大学观非常相似。

弗莱克斯纳处于大学功能快速嬗变的时代,他以批评的眼光看待大学的变化,把大学里非"纯研究"的学科专业的存在、职业性教育和服务性活动看做是影响大学活动的坏的事物。他认为,他花费大量的话语对大学进行批评,是从大学中除去坏的事物,是从美丽的花园中剔除丛生的杂草。然而,知识发展的自身逻辑、社会功利需求对大学的影响、国家对大学的期望和干预等,催生了"多元化巨型大学"。在今天看来,弗莱克斯纳试图维护大学的经典模式的理念虽然在大学分类分工方面仍具有指导意义,但在当时,他的大学理念没有引起更多社会共识,影响大学活动的模式,在不可阻挡的大学类型多样化和功能多元化

[1] 徐辉:《弗莱克斯纳大学理念初探》,《华北水利水电学院学报(社会科学版)》1999年第1期。

趋势面前，他的大学理念成为对于过去的经典大学理念和大学模式的一种追忆。

20世纪中叶以来，西方发达国家的高等教育进入快速发展时期，科技知识的快速更新和增长、政府对于大学在经济发展方面重要作用的重视和干预、高等教育大众化的发展趋势、大学数量的增多和类型多样化、商业习性对于大学理念和行为的影响等，这些因素促进着大学功能和高等教育属性的裂变，大学理念也随着时代发展而进入新时代。

大学理念的发展，随着大学组织机构的专门化和功能的分化而变化。从康德到弗莱克斯纳，大学理念沿着以下几个维度演变：①大学对于受教育者和社会的精神生活影响作用呈下降趋势，对受教育者和社会的经济生活影响作用呈上升状态。造成这种现象的原因，是在社会生活之中占据主导地位的"知识型"发生变化，大学和社会在互动关系中共同迎合并促成了知识转型，从而也改变了大学自身。②大学的机构专门化和功能分化，使得对大学理念作出普适性解释的企图遭遇到困难。当弗莱克斯纳和凡伯伦等试图把大学从边界模糊的高等教育机构中分离出来予以单独解释时，现实中的大学，无论从职能分类上、行为动机上、组织结构上、生存资源上、制度安排上等，已经很难按照他们的理念成为一个单独的组织机构。③传统大学理念企图形塑的大学组织，是一个非利益动机驱动的机构；它所崇尚自由自治的组织行为原则，目的是为了保证大学对高深学问的探究，驱除功利主义的影响，获得符合这一活动本质要求的工作条件。但是，现代大学对于科学技术的探究一方面很难厘清研究与应用的边界；另一方面，大学和知识分子的行为动机都深深浸染了商业社会的影响。这一切，似乎都宣布了传统大学理念的终结。

二、市场机制与大学理念的分化

综观英美等发达国家大学理念的发展，大学功能的嬗变、办学模式的多样化是引领大学理念演变的最终因素：这些变化主要表现为：①由中世纪担负以传播神学和人文知识、培养人才的单一功能到19世纪增加自然科学教育和研究功能、再到担负直接为社会服务的多样化功能的转变;大学功能的多样化和丰富性引致大学理念的多样化;②最初的英才教育标准向大众化教育和普及化教育标准的转变;改变了传统大学和高等教育的政治、经济和文化属性以及人们认识和评价大学的价值观念、质量观念、功能和属性观念等;③最初的追求绝对的自主自治和学术自由到加强政府干预、再到强调在市场环境中根据大学的办学层次、功能特点以及大学与政治、经济文化的关系决定“学”与“术”、“职业性”与“教育性”的关系原则;④大学中应用性知识和研究的发展引致大学与外部环境的关系封闭型走向开放,大学根据个性化的理念寻求在“高深学问”和面向社会服务之间取得自身平衡;⑤知识的更新速度引致大学由一次性终结教育走向持续性终身教育;大学教育国际化趋势引致大学的国际化与民族化的冲突与调适,都成为影响大学理念的当代因素。

历史实践证明,大学理念发展到今天,是一种与时俱进的、逐渐不断在嬗变中丰富和完整地接近事物本质的认识。关于这一点,可以从本体论和实践论两个方面做出总结:从本体论的角度看,人们在理论的层面试图阐释大学是什么的问题,作为一个有着独特社会功能的组织,有着那些不同于其他社会组织的特征和活动规律,由此而判断如何看待和对待大学组织一般性问题。从实践论的角度看,大学理念是每一个具体大学组织的自我认识和定位,个性化的理想与追求。大学理念的主体是大学。大学理念的存在总是具体的、个性化的。换言之,大学理念是每一个具体存在的大学的自我意识——她的办学宗旨、目标追求以及为实现宗旨和追求的行动原则与措施。因而,没有一个可以涵盖一切的大学理念,但是,大学作为一个有着特殊功能和个性的古老社会组织,有着相通的共性理念。例如,“学术自由”和“大学自治”是所有研究型大学的共同理想和行动原则。但是,无论本体论的或实践论的大学理念,都应该是周延的、完整的。本体论的大学理念既要从哲学、社会学、组织学等多学科的角度回答大学是什么的问题,也要探讨大学活动的内部逻辑以及它与外部环境的应然关系。实践论的大学理念既要宣示作为一个具体的、单个的大学组织,她的宗旨、理想和追求,也要确定保证实现其宗旨、理想和追求的组织原则与行动措施,由此而不至于流于空洞的、苍白的口号或机械地、呆板地模仿。本体论的大学理念是从宏观层面获得对大学的一般性认识和思考，是政府和社会如何从决策层面、观念层面看待和对待大学组织的理论依托。实践论的大学理念是每一个大学组织个性化的办学指导思想。而本体论和实践论的大学理念的共同影响，决定了现代大学制度和大学精神。

历史实践还证明，“大学自治”和“学术自由”是大学独特而永恒的核心理念。从康德关于人类理性对于人类和人类社会获得幸福和进步的重要性的阐释、人的精神自由对于揭示理性的重要性的警示，到洪堡关于学术自由对于科学研究和发现的必要性的强调，再到弗莱克斯纳关于“学术自由”、“大学自治”理念的重申，一再表明了这一点。值得指出的是，大学的批判理念，作为后来明确提出“社会批判精神”，这一大学理念的组成部分之一，早在中世纪大学那里，作为一种思维训练的方式——例如在巴黎大学广泛盛行的辩论中、在牛津大学教师对学生的“诘问”式培养中——就已经深深地埋下了怀疑和批判的思维倾向与精神种子。对现有知识的重新考问和对于新知识的探究从本质上的需要，是形成大学的批判精神和批判功能的最核心、最坚固的基石，也是引发“学术自由”和“大学自治”的大学理念与行动原则的原始动因。熟悉中外高等教育历史的人们应该知道，在大学组织产生以来的高等教育活动历史中，“大学自治”和“学术自由”的大学理念几乎是主导大学繁荣的金科玉律。因为“大学自治”和“学术自由”是大学组织存在与活动的原则，是大学区别于其他社会组织的特殊性质和要求。在处理大学与外部环境的关系中，遵循了这一原则，就意味着大学的黄金时代的到来；而违背了这一原则，就意味着大学作为一种社会组织遭遇着压抑和灾难，大学的功能被削弱和扭曲。

高等教育市场化改革，深刻地改变了大学的生存环境和生存状态，使得传统大学理念遭遇危机，大学理念在不同于以往的制度环境中发展。市场化或市场机制的大学制度安排，鼓励大学自主决策、分散决策，目的在于鼓励大学以其办学个性和特色，在市场竞争中赢取生存空间；如此一来，个性化的大学理念成为适应市场生存的关键因素。大学办学资金来源的市场竞争原则，一方面使得大学成为一个富有效率的组织,另一方面,使得大学成为一个精于算计的市场利益主体,大学的目标是学术的或是利润的,二者兼而有之或孰轻孰重,无论何种情况,都使得难以避免地接受功利动机的驱动。尤其是公立大学,与过去经费来源主要依靠国家拨款的状况(家养状态)相比,大学办学资源的市场依赖状况(野生状态),使得大学在社会中的传统政治地位和经济待遇都发生变化,这些都深刻地影响着大学理念的生成机制。知识资本主义,知识商品意识、知识产权观念等,当代社会的经济理性主义和功利主义思想观念渗透到大学和其他知识生产与传播场所,深刻地改变了当代知识分子的价值理念与行为动机,使得具有市场交换价值的知识和知识生产受到追捧,其他类型的知识和知识生产遭受冷落和排斥。围绕着知识与利益,大学内部出现了“经济人”知识分子和利益群体,学术垄断、学科霸权在经济利益的驱动下变得更加严重,在微观层面瓦解了大学理念中的利他主义成分。如凡伯伦所言,大学进化性机构发展的结果表明,传统的大学发展到今天,在组织结构上已经不在是一个单纯追求高深学问的场所,而是结构复杂功能多样的机构。弗莱克斯纳和凡伯伦曾试图追求真正的大学,但是,在如上所述的市场化和市场机制的制度环境中,他们的希望更加渺茫。有人预言,从探究高深学问的场所到知识的超级市场,传统的大学正在遭遇死亡与新生的命运。同样,传统大学理念也遭遇同样的命运。

总之,在市场化或市场机制的大学制度环境和大学运营环境中,大学的理念将更加个性化、具体化。传统大学理念所追求的“学术自由”,也在大学行为的经济理性主义牵制下,转变为“学术功利”。

小结

高等教育需求主体的历史变化使得高等教育市场化(市场机制)改革成为必要,如何处理国家、社会和个人作为不同的高等教育需求主体之间的利益和关系,如何处理国家、社会和个人与大学的关系,是实现大学功能均衡发展、合理发展的关键问题。

高等教育市场化(市场机制)改革,使得从传统非营利组织大学越来越变成一个市场利益主体,从而形成了政府、市场和大学的三角关系。如何处理三者之间的关系，主导权仍旧掌握在政府手中。

大学进化性机构发展的历史结果表明，高深学问探究已经深受现代大学结构复杂化、功能多样化、运作商业化的不良影响，这是美国学者早在20世纪初已经关注的问题，在世界高等教育市场化（市场机制）改革潮流中，这一问题会更加普遍和突出。

第六章　中国现代大学功能与高等教育市场化改革

当我们把关于高等教育市场化讨论的目光转向我国当前实际的时候，目前关于我国高等教育市场化是是非非的讨论，给予了我们一种改革的紧迫感。然而，如何看待和应对世界范围内的高等教育市场化改革潮流，国内的讨论目前还没有达成一致的、甚或是主流的认识和理解。

正如阿特巴赫所言，一国的大学深深地植根于民族的历史和文化中，同时又把她的眼光投向世界。回顾近代以来、尤其是新中国成立以来中国高等教育发展的历史，顾看今天的高等教育市场化的思潮，我们无法摆脱一种沉重的历史感。大学是什么？我国现代大学走过了怎样一个功能与价值的历史过程？当代我国大学面对的是什么样的社会需求？等等。这是当前我国应对高等教育市场化改革的世界潮流不能回避的问题。因为，无论如何，高等教育市场化改革最终关涉到的是如何看待和对待大学功能与价值的问题。而如何看待和对待大学，在我国的历史和现实中，是有着特殊的价值观念、制度导向和文化习性影响的。

从清末废科举、兴西学，到中华人民共和国成立、建立完备的现代国家高等教育系统，既是西学东渐、中国高等教育现代化的一段历史，也是中华民族"救亡图存"、"御侮图强"的一段历史；可以说，没有哪一个民族国家的高等教育像中华民族这样，高等教育的历史和命运与其民族国家的命运如此紧密地血肉相连。在一百多年漫长的、民族自强的奋斗征程中，多少个政治家、教育家和志士仁人，为着民族国家的兴亡，去理解高等教育和实践高等教育。"教育救国"、"科学救国"、"为中华民族崛起而读书"，这些理念至今仍令人心潮澎湃。回顾那些投身于这些理念和实践的先驱们,他们在历史上所做出的教育改革、教育实验业绩,至今仍让我们肃然起敬。就是历史上的这些人物和事件深深地铸就了中华民族特殊而宝贵的教育历史和文化。我们今天的高等教育改革中所面临的某些问题,曾经是令我们敬重的前人们已经思考过、实践过的。而我们今天对于某些同样问题的思考,甚至还没有前人们那样深思熟虑。新中国成立以后,社会主义计划经济体制曾经一度使得我国教育系统变成政府职能部门主管下的纯粹一色的公立学校系统。而社会主义市场经济制度的建立,又使私立大学获得发展;伴随着高等教育从精英化向大众化的发展,大学的功能,大学与国家、社会和个人的经济关系已经发生改变;伴随高等教育市场化改革思潮的兴起,关于高等教育的投资渠道和成本分担问题、关于大学制度创新问题、关于大学的理念与特色问题等,引起政界与学界的讨论;伴随着经济全球化和中国进入"世界贸易组织",关于高等教育产业化的主张也在呼吁之中。这一切,都在考验着我们国家对于高等教育和大学的理解能力和驾驭能力。

比较"民族复兴"的今天与"救亡图存"的历史,我国高等教育发展所处的政治、经济、文化和科技背景已是大不相同,然而,我们的教育从历史中来,教育历史的文化和理念无意识地背负在我们的头脑之中,要理清我们今天的思想,我们必须回到我们民族的历史中去,诚如克拉克·科尔为他的一本高等教育专著所命名的:"高等教育不能回避历史"。

第一节　大学理念的历史缺失与新中国大学的同质化、齐整化

1840 年的鸦片战争使古老的中国遭遇到"数千年未有之变局","数千年来未有之强敌"(李鸿昌语),与列强军事失败,其表征性原因被归结为中国科学技术的落后,然而,这一表征性原因所引起的,是中国政治、经济和文化的全面、深刻的忧患。

清政府面对危机所做出的反应,是由洋务派官员发起的旨在救亡

图存的洋务派运动——富国强兵、学习西方的科技和军事。——至于制度文明与道德文化，仍旧被认为是中国优越❶。高等教育的变革也服从这一目的。“中体西用”办学思想的提出，是这一变革目的的表达。所以，清廷洋务派于1862年创建的京师同文馆，主要是学习西方科学技术，培养科技与军事人才。京师同文馆作为中国最早的现代大学的萌芽，它出现的历史背景，与中世纪大学以传播知识和探究真理为目的、依靠民间力量自发形成的历史背景相比较，有着很大不同。中国现代大学的发端肇始于民族自救的社会运动之中，一开始就具有强烈的、民族的功利主义目的。包括后来中国人开办的私立大学，也是如此。当然，这一目的是伟大的。只不过，中国现代大学从开办之日起，就视教育为民族救亡图存的主要路径之一，这种“后发外生型”大学“天然地”具有政治、经济和文化的宏观目的性并与民族国家的社会运动、政治运动紧密联系在一起。这种历史背景和实践，在观念上成为一种历史和文化的心理沉淀，一直影响着后来的大学理念和大学观。这是中国现代大学诞生的特殊的民族历史和文化背景。从洋务运动到维新变法直到辛亥革命，清王朝没有挽回必然衰亡的命运。然而，当时的官员、学者和社会活动家们为挽救民族危机所推行的教育改革，创建新式学堂、建立的新学制等，富有积极的探索意义。

一、民国时期大学理念的幻灭

中华民国的成立，开启了民主共和的新时代，孙中山先生提出：“教育为立国之本，振兴之道，不可稍缓。”❷重视教育，是民国政府的一贯方针。从1911年民国成立到1927年国民政府定都南京，期间是中国社会进一步以一种开放的姿态经受西方文化洗礼的时代，尤其是“五四”新文化运动，为西方思想和制度文明在中国的传播起到了巨大

❶在当时关于“体”与“用”关系之争中，虽然也有人提出西方技术文明与制度文明的不可分割性，认为既要学习西方的技术文明，也要学习西方的制度文明，但限于时代和政治原因，未能成为主导当时社会变革的主流认识。

❷李华兴：《民国教育史》，上海教育出版社1997年版，第7页。

的推波助澜作用，成为影响以后中国教育文化的时代标志。这一时期，军阀战争、政治动荡、封建传统的解体，为新思想、新文化的生长提供了空间；知识分子群体和开明乡绅活跃在公共教育领域，他们追寻着通过教育走向民族自强和现代文明的理想，进行教育运动、教育改革和教育实验，尤其是一些从西方国家留学回来的知识分子，他们借鉴外国办学理念，催生了中国的现代大学制度和理念。最为著名的是蔡元培先生主持北京大学和他的大学理念。

蔡元培留学德国，1912 年回国出任民国政府首届教育总长。他亲自制定《大学令》，明确大学的办学宗旨是“以教授高深学问、养成硕学宏才应国家需要”，规定了大学的学科设置，建立了“教授治校”制度、校长负责制、评议会制度和教授会制度等，奠定了中国现代大学的制度基础，标志着现代大学制度在中国的正式产生。

1917 年，蔡元培先生任北京大学校长，以“兼容并包、学术自由”的理念和原则治理北大，他所主张的大学以研究高深学问为主，思想独立、学术自由、兼容并蓄的大学精神和实践，使北京大学面貌一时焕然一新。蔡元培的大学理念主要体现在以下几个方面：①实施完全的人格教育。他认为，人格教育是国民教育的重要目标，“国民而无完全人格，欲国家之隆盛，非但不可得，且有衰亡之虑焉。”❶人格教育是发展学生的健康心理品质和与人交往并相处的能力。“发展人格者，举知、情、意而统一光明之谓也”。“盖群性与个性的发展相反适以相成，是今日完全人格，亦即新教育之标准也”。“教育之任务，在发见一种方法，能使国民内包的个性发达，同时使外延的社会与国家之共同性发达而已矣”。②教育独立、大学自治。他认为，“教育事业当完全交与教育家，保有独立的资格，毫不受各派政党或各派教会的影响”❷。“大学的事务，都由大学教授所组织的教育委员会主持。大学校长，也由委员会举出”。他力倡大学自治、教授治校、学术自由、教学与科研相统一，从组织结构上改变了北大，形成了北大自由探讨的学术氛围和学术精

❶高平叔：《蔡元培教育文选》，人民教育出版社 1980 年版。

❷高平叔：《蔡元培全集（4）》，中华书局 1984 年版，第 177 页。

神。③大学应该以研究高深学问为主要任务,要“昌明学术”、“倚重研究”。他说,“大学为纯粹研究学问之机关”,“大学者,研究高深学问者也”。而学术与民族的兴衰密切相关。“一个民族或国家要在世界上立得住脚——而且要光荣地立住——是要以学术为基础的。尤其是在竞争剧烈的20世纪更要依靠学术。所以学术昌明的国家,没有不强盛的。反之,学术幼稚和智识蒙昧的民族,没有不贫弱的”。他反对中国传统的“读书做官”思想,鼓励大学生献身学术。“大学生当以研究学术为天职,不当以大学为升官发财之阶梯”。④大学在学术上应“思想自由”,“兼容并包”。他认为,“大学教员所发表之思想,不但不受任何宗教或政党之拘束,亦不受任何著名学者之牵掣”。对于学术流派、新学旧学等问题,在他主持北大时的原则是:“我对于各家学说,依各国大学之通例,循思想自由之原则,兼容并包。无论何种学派,苟其言之成理,持之有故,尚不达自然淘汰之命运,即使彼此相反,也听他们自由发展。”因为在他看来,“大学以思想自由为原则。……近代思想自由之公例,既被公认,能完全实现之者,厥唯大学。……苟其确有所见,而言之成理,则虽在一校中,两相反对之学说,不妨同时并行,而一任学生比较而选择,此大学之所以为大也。”

蔡元培是完整地提出我国现代大学理念的第一人,他提出的北大理念,既有办学宗旨,又有行动原则,既在理论上完整,又切实地贯彻于北大的改革实践。在理论和实践两个方面,成为中国现代大学理念的典范。在他的大学理念以及他所主持的北京大学影响下,其他一些具有西方大学理念的著名学者在充任公、私立大学校长时,也都强调个性化的大学理念。梅贻奇先生和他主持的清华大学理念,以及抗日战争期间的西北联大理念,等等,是现代大学理念在民国时期曾经得到发展并在实践中一度闪现光辉的佐证。不过,在1934年国民政府修正公布《大学组织法》之后,政治干预逐渐渗透到大学组织管理之中,蔡元培先生在《大学令》中所确立的教授治校制度和学术自由精神,受到了根本性削弱和扭曲。以后,国民政府更加细致地、制度化地在高等学校加强对青年学生的思想控制和组织管束。曾经闪现和发展的民国时期的大学理念逐渐式微。

从洋务运动开办京师同文馆,到民国时期中国大学理念的生发,可以看做是从组织形式上模仿或"移植"西方大学,到从文化观念上理解和对待一个特殊社会组织的使命和灵魂,这是一个深刻的进步。只不过,民国时期的国内战争、抗日战争时期的民族危机以及学生运动等,很快就使得国民党政府加强了对大学的政治管制,大学理念的发展,一度闪现终归幻灭。尽管如此,这一时期曾经昌明的大学理念以及这些大学理念曾经给中国大学和学术带来的辉煌与希望,成为中国现代大学和大学理念发展史上永远值得回味、思考并借鉴的一页。

二、新中国大学的同质化和齐整化

新中国成立后,随着社会主义计划经济制度的确立,高等教育事业迅速步入国家化轨道,从 1951 年中央政府取缔私立学校,到 20 世纪 80 年代以前,新中国的教育系统一直保持"同质化"的公立性质。同时,在大学组织建制方面,学科专业建制、管理职能部门设置、管理人员配备,等等,也都实现了统一化、标准化的齐整化安排。同类院校相比,更是相似甚至雷同。可以理解的是,这一过程的起始,像安迪·格林在《教育与国家形成》一书中关于国家教育体系的形成原因所做的分析一样,是符合世界集权制国家教育发展的一般规律的。

新中国社会主义计划经济体制的确立,精英化高等教育发展阶段大学功能的政治性特征,决定了大学对国家和政治的服务——依附关系的基本定位;加之新中国成立之后最高领导人为巩固新政权所不断强调的阶级斗争观念和不断开展政治运动,使得我国大学自新中国成立以来长期处于高度政治干预的运动之中。尤其是"文革"十年,被人们认为中国文化和教育事业的历史性灾难,是中国知识分子不堪回首的痛苦岁月。在特殊的历史背景中,大学不是"学术的共同体",而是政治运动和意识形态斗争的"阵地"与"堡垒"。在政治运动风雨飘摇中的大学,鲜有稳定的工作环境,更无"自治"奢望;在阶级划分中被定位为"小资产阶级"和"臭老九"、必须接受改造的大学知识分子,哪里有"学术自由"的资格?

从新中国成立,到 20 世纪 70 年代末的改革开放,中国大学基本上处于以上状况，之后，就进入了历史发展的新阶段。

第二节　新中国大学功能的演变与当代高等教育改革

根据新中国成立以来大学功能的发展状况，本书以毛泽东时代，邓小平时代和后邓小平时代三个阶段来予以分析。

一、毛泽东时代——大学政治功能的强化阶段(1949～1978)

毛泽东时代，形成并奠定了我国高等教育管理体制的基本模式和大学的组织形式。毛泽东主席关于教育的思想体系，同其整个思想体系一样，是继承马列主义并结合中国实践的产物。

在教育的属性观上，毛泽东主席说："学校教育，文学艺术，都是意识形态，都是上层建筑，都是有阶级性的。"❶强调了教育与政治的紧密联系，强调教育为无产阶级政治服务。在战争年代，毛主席就强调教育为革命战争服务，提出"伟大的抗战必须有伟大的抗战教育运动与之配合"。新中国成立后，随着强调阶级斗争的政治运动的狂热，高等教育系统被毛泽东主席看做是无产阶级与资产阶级和修正主义争夺青年一代的"战线"和"阵地"。在"文革"期间，教育一度几乎完全成为政治斗争的工具，大学是阶级斗争的重要场所。

关于学生。毛泽东主席重视对青年一代的教育工作，把青年一代看做是反对资产阶级和修正主义思想、消灭剥削和压迫，建设社会主义，迈向共产主义的"革命事业"接班人。他指出："青年应具有坚定正确的政治方向"。"没有正确的政治观点，就等于没有灵魂"❷。在处理政治与业务的"红""专"关系上，他更强调"红"。"红与专、政治与业务的关系，是两个对立物的统一，一定要批判不问实际的政治倾向。一方面要反对空头政治家，另一方面要反对迷失方向的实际家"。在"文

---

❶《毛泽东选集》人民出版社 1977 年版，第 5 卷第 444 页。

❷《毛泽东著作选读(下)》，第 780 页。

革"期间,青年学生成为政治运动中的"红卫兵"。政治运动可以成为荒废学业的正当理由。

关于教师。毛泽东时代,高等学校的教师被阶级划分法划归为知识分子。"知识分子和青年学生并不是一个阶级或阶层。但是从他们的家庭出身来看,从他们的生活条件来看,从他们的政治立场看,现代中国知识分子和青年学生的多数是可以归入小资产阶级范畴的"❶。在很长时期内,高等学校的教师是被当做需要接受思想改造和劳动改造的一族,在政治运动中常常成为受冲击的对象。显然,这是阶级斗争扩大化的结果。

关于学校。高等教育既然被看做无产阶级与资产阶级争夺青年一代的战线,高等学校当然被看做是前沿阵地。毛泽东主席非常强调党对高等教育的领导,强调高等学校党组织建设和党委书记对全盘工作的领导问题。在毛泽东时代,高等学校一律由政府举办,隶属政府职能部门管理。由于过度强调政治,高等学校实际上也成了一个政府部门的延伸机构。高等学校除了服从上级主管部门的领导并负责向上级部门汇报工作外,很少再与其他社会系统发生工作上的联系。在大学组织结构上,学校成了一个集后勤、保卫、统战、工会、卫生、计生等等部门为一体的"小社会",大学机构庞杂,人员臃肿。

总结毛泽东时代的大学管理特征,主要表现在以下几个方面:

(1)高度集中的政府管理模式。高等学校主要事务的决策权、最终决定权存在于中央。高等学校的举办权、专业设置权、办学层次与招生规模、毕业生分配、教师配备与调动等,都由高等学校报政府部门批准。有些事务从学校到中央逐级上报、逐级审批,学校按上级指示办事,就像政府的一级行政机构。与此同时,政府是高等学校的唯一投资主体,高等学校的生存与发展的仅经费一项就必须紧紧依赖政府。行政服从与经费依赖,这两重制约的长期存在,使得高等学校养成了对于政府的依赖惰性。

(2)政府既是高等教育的供给主体,又是高等教育的需求主体。

---

❶《毛泽东著作选读(上)》,第302、303页。

政府从财政方面、行政管理方面控制了高等学校的存在与运作,成为高等教育举办者和经营者,同时政府又负责高等学校的教育产出的接受——为毕业生分配工作,为知识或科技成果安排用场等。这样一来,高等学校的工作任务、目标、运作情况就只需与政府沟通即可。高等学校成了只与政府主管部门发生关系,而与其他高校和社会系统几乎不发生职能关系的封闭组织。

(3)大学管理是"民主的",反科层化的。从阶级斗争和政治运动的角度而言,大学是高度开放的,大学的管理是"民主"的,所谓民主,就是大学生,甚至是街头青年,都可以在领袖的号召之下,或在"革命"、"反传统"名义之下,指责大学以及教授的立场问题、知识与"反动"之间的关系问题,等等,并可以肆无忌惮地冲击大学校园,甚至把大学校园作为武装冲突的阵地和堡垒。大学的学术权威和行政领导往往正是政治运动冲击的对象,在政治运动面前,大学管理中的等级观念是虚无的,大学生作为革命的新生力量,经常以实际行动颠覆这种等级制度和它的建构观念。在革命的名义之下、在阶级斗争的行动纲领之下,出身可靠工农的子弟可以不经过考试推荐入学。

毛泽东时代的大学功能,最突出的表现是为政治斗争服务,与政治运动相结合。

二、邓小平时代——大学经济功能发展阶段(1979~1991)

1978年我国实行改革开放,标志着中国社会邓小平时代的到来,我国高等教育从根本上开始了新变化,这些变化的肇始,应该归因于邓小平与毛泽东关于高等教育理念之不同。

在高等教育属性和职能观上,邓小平强调教育对于发展社会生产与科技进步的作用。"我们要实现现代化,关键是科学技术要能上去。发展科学技术,不抓教育不行。"[1]关于青年学生的政治与业务,邓小平这样表述他对"红"与"专"关系的解释:"专并不等于红,但是红一定要专。不

[1]《邓小平文选(1975-1981)》,人民出版社,第37页。

管你搞哪一行,你不专,你不懂,你去瞎指挥,损害了人民的利益,耽误了生产建设,就谈不上红,不解决这个问题,不可能实现四个现代化"❶。

关于教师。邓小平同志从理论上彻底明确了"知识分子是工人阶段的一部分"、"是劳动者"的观点,并落实了知识分子政策。与毛泽东所认为的大多数知识分子"世界观基本上是资产阶段的,他们还是属于资产阶段知识分子"❷的观点相比较,有着在相当长时期内决定了中国知识分子的社会地位和命运的截然不同的差别。邓小平的教育理念,从根本上扭转毛泽东时代高等教育发展的政治取向,使得高等教育从狂热的政治运动的束缚中解脱出来,大学功能完成了从为政治服务到为生产和科技进步服务的转向。被定义为"劳动者"的知识分子——教师真正成了社会主义教育事业的执业者。与此同时,高等学校入学统一考试制度恢复,学生的专业素质被强调,大学逐步恢复正常的教学和科学研究工作。

以"摸着石头过河"为行动原则的我国经济体制改革,在高等教育领域同样也引起了的一系列改革和结构性变化。1985 年中共中央"关于教育体制改革的决定",旨在调动社会力量,挖掘办学资源,创造更多的教育机会。"鼓励所有民主党派,人民团体,社会组织,退休干部和知识分子,集体所有制经济组织和个人响应党和政府政策,积极地自愿地以多种形式和手段发展教育事业。"1987 年,中央中共又下发了"关于社会力量办学的规定",进一步明确了鼓励和保护个人或社会团体办学的指导思想。很快,私立高等学校如雨后春笋似地涌现出来。为扩大教育经费来源,国家在 80 年代鼓励高等学校经商创收。80 年代后期开始招收自费生。

到 1991 年邓小平退出政坛,中国高等教育发展从理念到实践都已经发生巨大变化,主要表现在:①邓小平关于教育为发展生产、为发展科学技术服务的理论转向,为毛泽东时代长期遭受政治禁锢的高等教育松绑,为长期遭受政治运动之苦的高校教师和学生创造了稳定的工

❶《邓小平文选(1975-1982)》, 人民出版社,第 227 页。

❷《毛泽东选集》,第五卷第 409 页。

作学习环境。②由于注重教育在经济发展和技术进步中的作用,同时也就淡化了毛泽东时代过分强调教育领域的意识形态斗争并把高等学校当做开展阶级斗争和政治运动的“阵地”的意识。这种转变还在教育理论界引发了关于教育属性问题的国内大讨论。这使得教育理论界、学术界乃至整个社会能真正地以“思想解放”的姿态对待和探讨教育问题。尤其是教育的属性与职能问题。③多渠道筹措教育经费的活动唤醒了高等学校的自主意识,扩大了高等学校与外界的交往和互动。尤其是初步促成了高等学校与产业界的联系。学校不再是只与政府对话的政府下属组织。学校运作方式的多样化和灵活性的需要,唤醒了高等学校“办学自主权”意识和开放意识。④教育投融资方式的变化和高等学校举办权的下放,不仅促进了私立高等学校的发展,同时也引发人们关于公立高等学校运作方式的再思考。因为部分私立学校的成功经验,刺激了人们对于公立高等学校办学成本与效益的思考,公立高等学校内部管理体制改革也适时启动了。

在邓小平时代,大学功能发生重大转变。大学从服务于阶级斗争和政治运动,充当阶级斗争和政治运动的场所,到为发展国家经济、发展科技服务,为促进改革开放,与世界经济接轨服务,充当实事求是探究科学真理与社会进步、着重培养社会主义经济建设人才的场所,这一转变的划时代意义,永远彪炳史册。

三、后邓小平时代——大学经济功能分化发展阶段(1992年至今)

后邓小平时代我国经济与社会发展,继续沿着改革开放的道路前进;高等教育的改革与发展,在某些方面有着相当纵深的发展。表现在:①大学收取学费和毕业生就业制度改革。自 20 世纪 90 年代初开始进行并轨招生改革,1993 年全国有 30 所高等学校被选为“并轨招生”的试点, 1994 年进一步扩大了试点范围,到 1997 年,对所有学生实行交费上学。毕业生就业实行双向选择制度,政府不再包办毕业生就业派遣。②以“共建、调整、合作、合并”八字方针为指导的高等学校宏观管理体制改革。改革从 1992 年试点起,到 2000 年基本完成。全国有387所普通高校、169所成人高校经合并调整为212所普通高校、20所成人高校，组建了一批综合性大学。原中央部委主管的高校绝大部分划归地方政府管理或者地方共建，或转为教育部直接管理。改革的目标是：“争取到2000年或稍长一点时间，基本形成了中央和省级人民政府两级管理，分工负责，以省级人民政府统筹为主，条块有机结合的新体制。”经调整合并，中国大量的“多功能巨型大学”和“大学城”出现了。③高等教育大众化进程的启动和发展。在政府主导下，我国高等教育规模发展在21世纪初启动了大众化发展进程，把启动高等教育大众化发展当做“新的经济增长点”的政府构想，迅速迎合了中国社会一贯旺盛的接受高等教育的社会心理需求。2001年，高等教育毛入学率达到13.3%，2002年，达到15%❶，2001年已接近高等教育大众化的门槛（毛入学率15%）。与此同时，大学生入学的收费标准普遍增高。收费性扩招，成了很多高校的重要经费来源。④高等学校内部管理体制改革。针对高等学校机构设置的“小社会”现象和管理队伍臃肿、缺乏活力、效率低下的状况，大学推行了后勤社会化改革、人事分配制度改革。虽然改革是不成功的，但通过改革，人们对于造成我国公立大学弊端的深层次原因已有所认识和触及。

后邓小平时代的高等教育发展和改革，面临着前所未有的许多问题。私立高等教育的地位、政策待遇问题，私立大学的产权问题；公立高等教育的投融资渠道问题、公平与效率问题；公立大学的办学自主权问题、围绕成本与效率的内部管理体制改革问题；大学收费标准问题以及毕业生就业问题；等等。

如何分析和看待以上问题，笔者认为，概括起来，可以从大学生生存和发展的社会背景变化与大学功能分化两个角度切入。

社会主义计划经济体制向市场经济体制转轨，私有经济成分和私有财产的发展，使得我国大学处于新的社会经济结构和经济生活背景中；加之多渠道投资高等教育的政策，使得私立大学的举办、私立高等教育发展获得了合法性。但同时，由于高等教育需求旺盛和高等教育

❶教育部发展规划司：《教育统计报告》，中国高等教育学生信息网：www.moe.edu.cn/.

供给稀缺,举办私立大学成为一项营利事业。如何对待和处理私立大学业主的办学所得,规范私立大学管理,促使其办学质量和办学层次不断提高,发挥私立高等教育的社会公益属性和作用,既是一个意识形态价值观问题,也是一个管理决策的智慧和技术问题。

大学收费制度,毕业生就业双向选择制度,国家和大学鼓励毕业生创业的观念使得学生和大学的经济关系与以往相比发生了根本性变化;大学和产业界横向联合,围绕科学技术研发、知识和智力服务、人才培养和培训等产生了经济利益关系;私有企业、外资企业大量录用利用国家资源培养的毕业生等。这些因素共同促使当代大学的经济功能既面向国家公益领域,也面向社会和个人私益领域。大学的经济功能分化为帮助企业创造利润,帮助个人自谋职业、自我雇佣。公立大学适当收取学生学费,大学向企业实行有偿服务,大学自行创收等,各种经济关系的发生都取得了其合理性。而有效地维护这种经济关系的高等教育市场机制的建立成为必要。

经济功能的发展和分化,为改变传统大学的非营利性质提供了空间与可能;大学在某种程度上,具备了进入市场成为经济行为和经济利益主体的条件与可能。

公立大学依赖政府资源的惯性和慵懒涣散的惰性,机构臃肿、人浮于事、贪污腐败、平均主义、不思进取等诸种弊端,以及管理僵化、自主权缺乏等缺陷,都在整个社会经济体制改革的过程中、在私立大学的办学效率面前被充分显露和暴露。

围绕以上诸多问题,改革中国高等教育的呼声此起彼伏尽在情理之中了。

围绕中国高等教育发展面临的诸多问题,理论界存在思维取向不同的改革主张,综括起来,主要有以下几个方面。

(1)主张高等教育产业化运作。随着信息经济、知识经济时代的到来,社会生产从劳动密集型转向知识与信息密集型,催生了高等教育产业化运作的理论主张。这种理论主张认为:现代高等教育现实是,一方面,获得进入大学学习机会并缴纳一定费用被认为是获得未来职业和收入的人力资本投入;另一方面,由于在发现和传播知识信息方面的优势条件，大学被认为既是可以为国家和社会经济发展提供智力支持的机构，又是可以通过提供科技服务、创建科技园区、与产业界合作等方式为自己赢取经济收入的产业部门。同时，为更好地实现大学在以上两个方面的效用，还要求大学应该拥有相当的自主权、良好的市场环境和法律保障，使大学能够获得像企业运作那样的内、外部空间，等等。这就是高等教育产业化改革主张的主要观点。尽管事实上高等教育的产业属性以及大学的产业化运作范式已经是客观存在，但是，由于高等教育产业化着重强调高等教育的经济功能，把大学组织混同于产业组织，因而在这一点上常常为人所诟病。

(2)高等教育私营化主张。经济体制转轨伊始就很快出现的私立大学，经过20多年的发展，并没有在大学的数量、规模以及办学层次上取得它们的支持者所期望的长足进步。人们普遍认为政府的政策法规对于私立大学的发展限制太多。因而，支持者以私立大学已经在整个高等教育领域所发挥的重要作用、私立大学的办学特色与效率为理由，要求政府进一步放宽限制，创造条件促进私立高等教育的发展。

(3)当代大学理念与大学制度创新的改革主张。这一思维趋向以提高大学的内部管理水平和学术水平为起源。以北京大学的体制改革为代表，试图在不触动大学与外部环境的关系的情况下，主要通过大学内部的人事制度改革，形成竞争与淘汰的压力机制，提高工作效率和质量；提升学术水平，跻身世界一流大学。然而，改革者所提出的“校长治校”、“教授治学”的美好图景并没有描画出大学的全部面貌，庞大的政治工作队伍和行政管理队伍如何与教师队伍在人事分配制度改革中取得平衡，几乎是所有大学在这种改革模式之下都不可回避也无法解决的矛盾。

(4)高等教育市场化改革主张。

第三节　当代中国高等教育市场化改革问题与思考

从英美发源的高等教育市场化改革潮流，给予当代中国高等教育观念的影响是显著的。然而，即使在西方资本主义国家，对于高等教育市场化的利弊得失尚充满争议，既没有在认识上获得普遍认同的理论体系，也没有实践上成型成熟的经验和模式。中国高等教育改革的市场化思潮，发生在整个社会计划经济向市场经济转轨过程的背景之中，更是充满争议、分歧和禁忌。尽管如此，作为高等教育市场化的组成部分之一——私立高等教育事实上早已出现并不断发展；而公立大学收取学费制度的建立、大学办学自主权的下放、校内人事和分配制度改革、一度尝试过的公立大学二级学院模式，以及目前所尝试的大学制度创新等，也已经在实践上践履着高等教育市场化的隐喻[1]本质。我国高等教育市场化改革的理论禁忌和分歧，是政府和学界对于高等教育市场化具有中国特色的从直觉反映到逐步深入理解和阐释的过程。

一、当前我国高等教育市场化改革的理论分歧和进展

从计划经济向市场经济转轨过程中的社会背景，刚刚进入高等教育大众化发展阶段、尚未成熟的大众化高等教育理念与浓厚的精英化高等教育传统理念同时共在的现实，高等教育需求多元主体初步形成、大学的公益功能（价值）与私益功能（价值）初步分野的局面，尤其是新自由主义经济学家哈耶克的极端自由放任的经济自由主义和本质上属于私营化高等教育教育市场化改革主张在我国所遭遇的强烈反对，决定了我国政府、学者和社会民众对高等教育市场化的态度，一开始必然是拒斥的。而随着探讨和认识的深入，情况逐渐发生了改变。

最初对于高等教育市场化的反对意见，可以理解为一种普遍地直觉反映，那些深受被计划经济时代精英高等教育理念和大学运作方式影响的人，从本能上无法想象：一个非经济领域、一个曾经是无产阶级与资产阶级激烈争夺年轻一代的“阵地”，交给一只靠利益驱动“无形之手”去调节是如何的匪夷所思。因为按照过去的思维习惯，“化”意

[1] 2001 年在加拿大多伦多大学教育系获得哲学博士学位的 Stacey Johanna Young，在他未发表的博士学位论文《高等教育的市场模式——比较视角中的安大略》（The market model in higher education: Ontario in comparative perspective）中，把高等教育市场化理解为是在私营化、中央计划控制和学术自治之间的一种妥协，市场化概念是“对于政府（利用经济手段）所启动的富于生机的变化与控制的隐喻（比喻）”。参见该论文导言和第一章。

味着“彻头彻尾”。随着认识的深入,“市场机制”被强调为在语言表达方式上与英文“Marketization”(市场化)的“通约”。

稍后的反对意见有着各种的理由。概括起来可以归结为以下方面:①高等教育属于“非经济领域”,大学组织属于“非营利组织”,高等教育市场化违背高等教育发展规律和大学行为原则。例如强调高等教育是培养人的活动,而不是生产商品的活动;高等教育具有多种社会功能,而不仅仅是经济功能;高等教育强调社会效益而不是经济效益;大学是“传道、授业、解惑”的场所,高等教育市场化必然会有损“师道尊严”等。②高等教育具有公益功能和价值,市场化所认可甚至推崇的收费行为,会使政府推卸本应承担的经济责任;社会阶层、民众之间经济收入的差别会导致入学机会的不平等。可以说,这些观点都从某些方面切中了高等教育市场化的弊端或负面效应,但是,他们的共同缺陷是没有真正理解市场化的“隐喻”性质,而是要么狭隘理解高等教育市场化,把高等教育市场化仅仅理解为“收费”或出售高等教育教育服务;要么夸大高等教育市场化的程度,把高等教育市场化理解为政府转移财政负担和推脱主持社会公平的责任,把大学运作完全交由市场力量支配。也有人提出高等教育市场化的目的是为了促进竞争,但又笼统地认为这一目标可以不必通过市场化来达到。事实上,这些观点显然忽略了的矛盾现实是:一边是不断高涨的要求扩大高等教育入学机会的呼声,一边是政府高等教育财政投入不足;一边是日益多样化、多主体化的高等教育需求,一边是公立大学的依赖政府和忽视市场、反应迟钝与弊端丛生等。针对这些问题,他们在反对市场化的时候却没有提出更好的解决办法。当然,这些反对的声音和理由也与我国高等教育改革所采纳的经济手段或市场手段的局限性有关。

最初支持高等教育市场化改革的人,往往比较单面地论证高等教育市场化的必要性。例如,通过论证精英教育阶段国家包办教育,使得接受高等教育成为一种低价格、甚至无成本行为,因而造成高等教育需求的无限膨胀和政府财政力量不足的矛盾来说明高等教育市场化的必要性。这种论证逻辑不能解释的事实是:在发达国家,为什么高等教育进入后精英发展阶段时,高等教育需求依旧旺盛,且人们同意为获得受教育机会付费。

随着探讨的深入,人们对市场化认识逐步深入和辨证。例如,有人认为"大学市场化行为的出现是大学对市场经济社会发展的一种主动适应,也是经费来源多样化过程中大学谋求发展的一种选择。……在现代社会,崇尚真理、追求学问的基本精神虽然没有改变,但是大学的发展已经与社会发展紧密联系在一起,大学必须在充满竞争的市场经济中学会生存与发展"。"市场化行为还促使大学进一步分层、分化,使大学体系更加形式多样,丰富多彩。公平竞争,优胜劣汰,是市场经济的基本法则,同样也规范着大学的市场化行为。在激烈的市场竞争中一所大学赖以生存与发展的是它的适应市场需要的办学特色与个性"❶。还有人把高等教育市场化的成因归结为两个方面:即高等教育的大众化发展和知识经济的产生与发展。❷ 遗憾的是,这一分析结果并没有追问到市场化形成的最终力量——伴随着大学在大众化阶段的功能分化,高等教育需求主体和供给主体出现多元化,使得政府对于高等教育的供需垄断成为不必要和不可能。伴随这不少人对于市场化利弊冲突的分析,也有比较准确、客观的认识和评价。例如精神价值与经济价值的矛盾,教育理念与市场理念的矛盾,人文导向与职业导向的矛盾,公益目标与经营目标的矛盾❸。

在深层次分析高等教育市场化的成因方面,也有个别文章独具慧眼,将大学发展的诸种历史形态归结为需求主体的影响的结果:"从大学发展的历史来看,大学经历了世俗化、民族化、大众化、民主化等历程。可以看出,宗教、国家、普通民众等曾是大学发展中重要的影响力量。大学从宗教社会走入世俗社会,从象牙塔走入大众生活,正是这些力量作用的反映和结果。"❹其实,市场化或市场机制介入高等教育领

❶胡建华:《大学市场化行为的若干理论分析》,《南京师范大学学报(社会科学版)》2001年第4期。

❷汤萌:《大学市场化的社会历史成因考察》,《探索与争鸣》2002年第6期。

❸别敦荣、郭冬生:《"象牙之塔"与"无形之手":大学市场化矛盾解析》,《江苏高教》2001年第5期。

❹赵婷婷:《大学市场化趋势与大学精神传承》,《高等教育研究》2001年第5期。

域之所以成为必要，又何尝不是当代多元高等教育需求主体的力量共同作用于高等教育供给方式的结果呢。

国人对于高等教育市场化弊端的最深刻忧虑与西方人有着共同之处，即对于那些行为动机不适于为市场原则所驱动的知识追求和精神追求方面；然而，其间的微妙不同是，二者所追求的知识性质和精神指向不同，前者担忧人文知识保存、生产和传播的边缘化以及大学人文精神、批判精神的衰落，后者（如凡伯伦）担忧的是大学高深知识探究日益遭受商业化的影响和大学自由精神与环境的逝去。如何认识这些问题和二者之间差别的原因，将会是一个艰难的命题。

在高等教育市场化目的诉求方面，在对我国高等教育大众化进程中的缺陷的批评方面，有人的见解是犀利的。“现有的所谓市场化改革既没有建立消费者的主权，也没有为生产者争得主权，因此与市场化机制没有任何内在联系，进而也就与改善质量、提高效率的目标无缘。不仅如此，这些向社会让渡财政责任的改革措施，使政府在教育中的公共责任已经和正在面临着深刻危机”❶。本书对于市场机制的目的在于形成竞争机制以及市场机制需要具有相应的消费者主权和生产者主权的观点深表赞同，因为这一观点显然与本书分析所得的结论，在很大程度上是相同或相似的。同时本书认为，市场化改革中的缺陷是客观存在的，但是造成缺陷的原因是复杂的、多方面的。

二、我国高等教育市场化改革的实践困境和出路

如果人们认可高等教育市场化改革或者说把市场机制引入高等教育领域的目的，是要在高等教育需求主体和受益主体初步多元化的市场经济结构背景和高等教育大众化发展背景下，恰当分配受益主体的高等教育成本分担；利用经济手段调节大学行为，理顺国家、社会和个人与不同类型、不同性质的高等教育机构之间的“需求—服务”关系和“服务—报酬”关系等，促使大学或高等教育机构在竞争中发挥和发展

❶见北京大学2001届硕士毕业生尹海涛硕士学位论文《竞争机制与政府责任——我国教育体制改革的思考》（摘要）。

自身功能优势，富有效率地满足多元主体的、多样化的高等教育需求，那么，近年来我国高等教育改革朝向这一目标走了多远呢？我们可以把迈向这一目标的过程划分为“成本分担”和“形成竞争”两个步骤来看。

在“成本分担”方面，多渠道投融资高等教育政策措施的出台和私立高校的发展、大学收费制度的确立、校办产业的发展和大学与公司企业伙伴关系的发展，极大地缓解了我国高等教育发展的财政紧张问题。可以说，尽管还存在局部问题，“成本分担”是成功的。同时，“成本分担”局面的形成，在很大程度上为“形成竞争”创造了条件。

在“形成竞争”方面，虽然在改革中作出了尝试和努力，但现实与目标还相差甚远，而没有竞争是诸多弊端的来源。①公、私立高等教育在政府政策待遇方面处于不平等竞争状态，私立大学的办学优点不能给公立大学运作带来刺激和压力，相反，公立大学对政府的依赖习性和作风正日益影响私立大学依赖市场、面向市场的办学理念和作风。②公立大学与政府的关系是千丝万缕的。除了大学办学经费的“国家依赖”关系外，在政治和行政管理层面，大学校长的国家官员身份和委托代理人角色、官僚科层制的大学管理组织结构和队伍，使得新公共管理理论所指责的官僚科层制公共部门的弊端在中国公立大学身上不同程度地表现出来：缺乏责任、唯上是听、短期行为、贪污腐败；机构臃肿、人浮于事、平庸主义、效率低下；拉帮结派、颐指气使，以官为本、嫉贤妒能；等等。大学管理组织队伍的官僚主义作风和利益集团属性，成为有效地阻断办学自主权改革、后勤制度改革、人事分配制度改革等目标实现的关键因素。而这些弊端的根除又是艰难的，因为这些弊端的根除不能仅通过大学内部改革来完成。集权式高等教育管理体制下，长期形成的公立大学对政府的政治和经济双重依赖关系，决定了公立大学的办学理念与办学特色的“非个性化”和呆板空洞，内部课程改革和教学改革的被动肤浅，也削弱了公立大学系统面向市场的能力和面向市场的动机。

民众旺盛的高等教育需求和精英高等教育投资理念使得公立大学在“卖方市场”中能以傲慢和类似欺诈的姿态生存。它们收取了学费，也无法像过去那样安排学生就业,却无视消费者应有的学习选择权利;在这个层面上,它其实并不缺乏自主权。缺乏竞争的环境,是公立大学几乎所有弊端的最终来源。不愿意进入竞争的心态,是大学管理组织作为一个官僚科层制利益集团属性的一面,其自利动机的本质表现。在一种扭曲的发展中,传统知识分子人格所凝铸的大学精神,正在被"权学交易"、"学术霸权"等所销蚀。在市场经济改革日渐深入的今天,公立大学作为一个"学术共同体"或"知识生产、传播和应用开发共同体",没有发挥出其所应有的功能和价值,没有主动地承担起改革时代历史所赋予的责任和使命。

笔者认为,我国高等教育市场化或市场机制改革,必须迈向"形成竞争"的目标,没有竞争,意味着改革的结果只能是"画虎不成"。而那种"形成(公立大学)竞争不必通过市场化"的观点,如果不是过于狭隘地理解高等教育市场化的特殊性质,那就是忽略了在通向改革目标的路径选择上,各种"利益集团"、"利益群体"和"利益人"行为的阻断与干扰,他们最终会发现,缺乏市场机制或市场化环境的竞争是不可行的。而要形成竞争,并使我国高等教育市场化改革健康发展,笔者认为应该从以下几个方面着手。

(1)政府应以更长远、更卓越的眼光来看待和发展私立高等教育的发展,从制度建设层面规范现有私立高等教育的发展;在此基础上进一步以政策引导的方式,鼓励社会力量办学,尤其是大型公司企业办学,提升私立大学办学起点、办学规模和办学层次,目的在于使我国私立高等教育发展走向制度规范化、生态"自然化";在公立高等教育市场化改革不能取得突破性进展的困局中,选择"替代型"发展道路,通过政策待遇的调整,使私立高等教育发展在办学规模、层次、质量、信誉等诸方面,达到能与公立高等教育竞争的地位与水平。

(2)政府应根据"功能—价值"特征来确定各类高等学校的行政管理体制和组织管理形式。重点干预和保护具有国家功能的大学,例如公安院校、警察院校、军事院校甚至师范院校等,使它们免受市场环境中商业行为的影响,确保实现其服务国家和社会的功能和价值;重点干预和保护具有精英教育功能和价值、社会公益功能和价值的大学、学科专业和课程，从组织管理和经费拨付等各方面，保护其免受市场化改革的影响；推动其他各类院校的经营运作、学科专业设置和课程教学面向市场选择；营造出一个管理多样化、功能多样化、办学特色多样化的高等教育机构系统，使国家、社会和个人的高等教育需求都能得到满足，使不同功能与价值的高等教育机构的生存与发展能够各得其所。

(3)削减公立大学公共经费投入，扩大公立大学办学自主权，鼓励大学与产业界在科技开发和人才培养方面建立伙伴关系，推动公立大学走向社会、走向市场；继续推进公立大学内部管理体制改革，尤其是人事分配制度改革，利用经济手段打破"官本位"思想，刺激提高教学科研工作质量、水平和效率；保障学生的"消费者主权"，使他们拥有应有的学习选择权利，刺激大学内部的"学生本位"服务意识和竞争意识。

(4)建立高等教育信息市场。允许和鼓励社会中介组织发挥作用，建立关于大学办学资源、办学业绩和办学信誉及其社会评价(评估)的信息发布中心和传播渠道，在增加透明度的情况下，发挥社会监督和学生选择对于大学办学的有益影响。

(5)在赋予学生选择权利的前提下，增进学生对自由和义务关系的认识；改变学生的传统就业观念，加强大学和全社会对于大学生就业信息发布和指导工作；逐步实现以需求为导向发展高等教育规模，为市场经济环境中的高等教育规模发展澄清观念基础。

小结

中国现代大学发端于近代中国对西方大学的移植。"救亡图存"的民族国家背景决定了它的产生和活动一开始就具有与政治和社会运动紧密结合的特征，而缺乏西方大学在历史文化积淀所形成的自由探讨的学术精神和机构自治的行为原则对于现代大学制度和大学理念的影响。民国时期现代大学理念曾经闪现而后又消逝；新中国成立以后的高等教育国家化、大学齐整化和同质化运动，以及后来的"文化大革命"运动一直使大学仅仅依附于政治。邓小平时代大学功能由政治方面转向经济方面，后邓小平时代大学功能分化发展，但是，中国公立大学却一直缺乏适合其功能转向和分化的大学理念、办学特色及行为自主原则。当市场化改革来临时,这一缺陷尤其突出。改革公立大学弊端的重重困难,使得政府选择另外一种"替代型"发展道路——发展私立或民营高等教育成为必要,以求最终形成"竞争机制"并在竞争中满足当代社会多元主体的和多样化的高等教育需求。然而,要选择这一路径,无论政府和社会民众,还都需要在观念上的跨越式进步。

第七章　市场化时代的大学危机

第一节　市场化时代的人文道德危机

20世纪70年代以来，市场经济制度开始为计划经济体制国家所接受，而老牌的资本主义国家，如英国和美国等，则采纳新自由主义学的理论主张，实行更加私有化、自由竞争化的市场经济体制。世界正在走向市场化时代❶。

社会制度变迁和意识形态的变化，从来都是改变并重新形塑各国高等教育制度和大学组织及其运作方式的不可抗拒的力量。在这里我们所要讨论的，就是在社会制度和意识形态发生变化的情况下，大学组织所受到的影响。然而，影响大学组织变化的力量，主要是、却决不仅仅是来自意识形态的方面，与此同时，还有那些较为客观的变化，例如学科知识自身的变化、大学自身规模和高等教育总规模的变化等，市场制度作为一种追求效率、利润和金钱的建制力量在社会制度安排中的规训作用等，也都是形塑当代大学组织的巨大力量。这些综合因素在当代社会正在把大学推向一个传统属性裂变的过程，裂变为新旧特质杂陈、未来不见端倪的时下状态。为了综合性讨论当代高等教育和大学组织的这些问题，我们把本章讨论的题目拟定为：市场化时代的大学危机。

笔者认为，在讨论本章正题之前，首先探讨市场化时代的人文危机，是一个不可或缺的铺陈。因为，人文道德危机是资本主义社会政治、经济和文化运动的历史结果，大学危机是这种危机结果的一部分并

❶“市场化时代”可以只是一个“时间跨度”的标签，标注着自苏联解体以来，在当下和今后，市场经济制度在世界范围内的社会主义国家阵营逐步得到接纳的一个时期。

深受这一结果的影响。

一、"除魅"运动与资本主义社会信仰危机和道德虚无的肇始

西方世界历史上两次重大思想运动——文艺复兴和启蒙运动达到一种"除魅"效果。所谓"除魅",就是以否定神灵的真实存在为前提,驱除宗教神秘主义"生死轮回"生命观和"天堂地狱"道德信仰,克服人类那种把命运和行为交给上帝乃至别人来支配的怯懦懒散状态,启迪人运用自己的勇气和理智来思考并行动。用康德的话讲,"启蒙就是人类脱离自己所加于自己的不成熟状态,不成熟状态就是不经别人的引导,就对运用自己的理智无能为力。"[1]康德对于启蒙运动抱着极为赞赏的态度,他认为启蒙运动的积极意义,在于在能够使广大民众逐渐脱离各种形式的蒙昧主义,在思想和行为上真正成为自己的主人:①在宗教信仰方面,驱逐作为一个神秘主义实体的上帝的存在,摆脱腐败、虚伪的教会人士的欺骗和盘剥。②在社会政治生活中,抵制和反对各种形式的专制主义欺骗和统治。③当个人能够有勇气运用自己的理智来思考和行动时,就有可能克服自己的偏见,并能够以辩论和检验的方法主动地认识真理。④当人类普遍能够有勇气和能力运用自己的理智时,就能够获得精神自由,成为具有"主体性"的人。

当康德如此赞赏启蒙运动时,他对于宗教是什么态度呢?康德并不由此否定宗教在道德意义上存在的必要性。他认为,在劝说或规范人类走向人格"至善"的道德意义上,宗教的存在是有必要的。但是,他所主张的宗教,并不是以《圣经》和传说中的"神迹"为理论依据,以宗教神秘主义的个人感官体验为认识途径,以上帝或各种神灵的实体存在为前提的宗教。他这样来论述作为道德宗教的存在必要性,他认为:人类借助于自身所具备的实践理性,道德是可以自给自足的,"道德为了自身起见,绝对不需要宗教"[2],但是,为了实现道德"至善"这样

---

[1] [德]康德:《历史理性批判文集》,人民出版社1991年版,第22页。

[2] [德]康德:《理性限度内的宗教》,中国人民大学出版社2003年版,第1页。

一种出自纯粹理性的终极道德追求，我们把“上帝”看做一种“公设”而存在。在当时的宇宙论、人类学已经否定了“上帝”和“诸神”的存在之后，“上帝”成为康德按照人类实践理性而推论出来的道德职责或道德律令的化身。另外，康德还赞同莱布尼兹的道德宗教推论，即我们人类所认识到的个别事物总是有量的区别。这些有量的区别的个别存在会给予我们一个“实在整体”的概念，并进而导致一个抽象的“纯粹理性的理想”，即某个存在具有所有实在最高、最完美的品质，这就是“上帝”。同样，在道德修养方面，人们会追求一种“至善”的道德境界，这种抽象的“至善”道德境界和人们向往“至善”的道德追求，就是作为道德的宗教存在的合法性、必要性和可行性的来源。

黑格尔也从理性的角度确认道德宗教的意义。与康德不同的是，黑格尔认为在人类意识的最高层面存在着“绝对精神”，“精神之力以与自我意识相对立的普遍者的形态，向个体，向个别的经验的意识显示自身”。“神”就是这种“普遍者”或“普遍的真理”。因此，“所谓信仰，即是来自真理的精神、来自圣灵精神之观照……因为信仰实质上是对绝对真理的意识，是对自在自为的上帝所是者之意识”[1]。黑格尔认为，哲学和宗教同属于“绝对精神”这一最高意识层面，他们的目的都是要把握真理、把握“绝对的真知”或把握“神”。只不过哲学是通过“思”来把握神。他认为，宗教的性质是一种“绝对的真知”，它也应该借助于思想而把握，并存在于思想之中。因此，他反对那种基于“奇迹”的神秘主义宗教信仰，而是把它作为一种思想的产物。

无论康德或黑格尔，尽管他们推论“上帝”作为一种思想的产物而存在的路径不同，但是，他们的共同之处就是要通过人类理性改造宗教，把它改造成为人的理性的思考的产物，而不是作为彼岸神灵的存在。他们之所以改造宗教而不是简单地否定宗教，是因为宗教对于道德是必要的。他们的目的是想把宗教改革为道德的工具。

基于有神论的传统宗教之所以为康德和黑格尔所热衷于改造而不是抛弃，可以说是因为传统宗教的道德教化作用给予了他们以重要的

[1] [德]黑格尔：《宗教哲学讲座·导论》，山东大学出版社1988年版，第68页。

启示或警示。然而，无论康德、黑格尔还是任何其他的以理性思考方式推论出来的道德宗教，迄今为止，都不能成为一种像传统宗教那样普遍为人们所信奉的新宗教。启蒙运动赶走了“上帝”和“诸神”，并没有完全赶走因为“上帝”和“诸神”而存在的宗教。

在今天看来，传统宗教之所以具有不可忽视的道德教化作用，与它基于有神论的道德说教有着不可分割的联系。①在传统宗教那里，生命的死亡意味着再生，“生”与“死”在道德意义上是因果联系的。“生”的道德之“因”（善行或恶行）会相应获得“死”的道德之“果”（天堂或地狱）。这种道德学说意味着幸福既在现时，又在来世。②“上帝”或“诸神”作为无所不在的存在始终看顾着每一个人，所以“谨独”这样一种最高层次的道德自觉行为实践也具有“他律主义”的监督机制。③就基督教而言，它的“世界末日”或“末日审判”之说具有强烈的“终极关怀”意识。这种“终极关怀”意识能够启示人们在科技日益发达的今天正确认识和处理人与自然的关系。④当今天的人们已经普遍地否认“上帝”和“诸神”作为实体的存在之后，基于有神论的宗教之所以还能够历经沧桑而存在，对于宗教已经成为习俗文化的人们而言，借助于传统宗教的教义、戒律和修行，人们能够正确对待自己身体、欲望和外界环境之间的关系。它既有助于人们在富裕和繁荣中拒斥奢靡和堕落，也能够有助于人们在苦难中坚忍和豁达。正是在这种道德实践和体验中，帮助人们安置了自己的灵魂。在此，“上帝”和“诸神”的存在与否已经变得不重要。⑤就作为一种习俗文化的宗教而言，它的魅力还在于它基于有神论的道德阐释。传统宗教“因果报应”道德学说中，因为“死”的道德意义是奖惩分明的、内涵实在而充沛的，因而“生”的道德实践也就具有了丰富多彩的道德文化意蕴。而在康德、黑格尔那里，当他们把基于有神论的宗教改造为理性思考产物时，当“死”被理解为一种不可回复的自然过程时，“死”的道德意义就大为逊色，同时“生”的道德实践内涵也就缺失了传统宗教作为一种文化习俗的丰富内涵。

客观地说，作为“除魅”运动的努力的结果，康德、黑格尔在否定基于有神论的传统宗教的同时，并没有如愿地建立起理性的道德宗教。

他们在无法最终赶走传统宗教时，却把它置于基于无神论认识论的“缺席”而实际上却仍然“出席”的尴尬状态。对于那些因为“除魅”运动而真正放弃了传统宗教信仰但又不能像康德、黑格尔那样以“思”的方式建立自己的理性道德的人来说，对于那些身为传统宗教信仰者却因“除魅”运动而变得玩世不恭的人来说，“除魅”运动的结果，只能使他们在道德上无家可归。

二、科技进步、工业文明与生命意义的消失

文艺复兴、启蒙运动所开启的“除魅”运动，以及由此而产生的信仰危机和道德虚无、道德文化缺失和道德文化重建也在继续。

马克斯·韦伯在《学术与政治》一书中提到并尝试回答托尔斯泰曾经提出的问题：在一个不断追求进步的社会，死亡已经不再有意义。因为生活在有信仰的时代或古代农业文明时代的人，“年寿已高，有享尽天年之感”。因为他处于一个生命的有机循环之中，他临终之际，他的生命已经为他提供了所能提供的一切，再没有更多的困惑希望去解答。而一个置身现代社会的文明人，个人生活却被嵌入“进步”和无限之中，对于进步中的未来，个人永远是无知的，因此关于生活意义的理解，也不能得到一个像过去那样的圆满的自我理解。生命处于一个无限变化、永远未知的过程之中，再也没有建立在“不惑之年”意义上的“美丽的死亡”。死亡的意义消失了，生的意义也就消失了。

的确，托尔斯泰提出的问题是真实的。一个已经被“除魅”的西方世界，离开了宗教传统和信仰，也就失去了传统的文化道德资源和传统文化中关于人生意义的内涵。围绕这一问题，西方资本主义社会的思想家和学者不断进行新的阐释与道德重建。马克斯·韦伯承接着托尔斯泰的问题并进一步进行解释：“我们这个时代，因为它所独有的理智化或理性化，最重要的是因为世界已被除魅，它的命运便是，那些终极的、最高贵的价值，已经从公共生活中销声匿迹，它们或者遁入神秘生活的超验领域，或者走进了个人之间直接的私人交往的友爱之中。……今天，唯有在最小的团体中，在个人之间才有着一些同先知的圣灵相感通的东西在极端微弱地搏动，而在过去，这样的东西曾像燎原

烈火一般，燃遍巨大的共同体，将他们凝聚在一起……”❶他认为，基于有神论的宗教体验在一个已经“除魅”的世界中，越来越成为现代人文世界中微弱搏动的脉搏。科学正在使人们走向理性化、理智化，正在使现代人成为“精于算计的理性人”。科学发展使世界走向一个“进步”和“无限”的过程之中，每个生命在其中所体验到的都是这一过程中短暂的一瞬，所谓生命的意义随着过程的消失而消失，不能在任何“永恒”的东西上面建立支点。同时，现代社会分工的深入发展，使每一个生命个体都依附着社会分工中的“局部”而存在，现代人的个体的生命再也不能像生活在信仰时代或农业社会的人那样，当“年寿已高”时，对于自己所处的生活和社会环境获得一种“不惑之年”的生命体验。个体生命所能够体验到的，都是“局部文明的碎片”。在这样一个已经“除魅”的世界中，科学进步能够像文艺复兴时代的人们所想象的那样带给人类幸福吗？马克斯·韦伯说：“在尼采对那些‘发明了幸福’的‘末代人’做出毁灭性批判之后，对于天真的乐观主义将科学——即在科学的基础上支配生活的技术——欢呼为通向幸福之路这种事情，我已经完全无需再费口舌了。除了在教书匠中间和编辑部里的一些老稚童，谁会相信这些幸福？”

在过去，“科学意味着通向真正的存在，真正的艺术，真正的上帝之路，通向真正的幸福之路——而这一切都被恰当地理解为通向真正的生活之路，其中尽管多少有些曲折。韦伯同意，这一切过去确实如此，但如今已不是这样了。”❷韦伯认为，科学所能贡献给人类的，是帮助人类获得对于事物的理性的、理智的知识，即“知道”。但是科学不关切这些知识对于人类的价值，即这些知识“值得不值得去尊重和知道，以及在多大程度上值得人类去知道”。根据韦伯的看法，“……科学是一项纯粹的、独立的和理性的教育工作，它是对一些经验事实的纯粹的仲裁者，它利用归纳法得出的因果律和系统的抽象，可以从这些事

---

❶[德]马克斯·韦伯：《学术与政治》，北京：生活·读书·新知三联书店 1998 年版，第 48 页。

❷[德]马克斯·韦伯：《学术与政治》，第 144 页。

实中推断出超越时空、因此也是超越生活的一些确切规律”❶。由此，韦伯特别强调，学术与政治不同，学术服从科学的逻辑，而政治则“是一种煽动和先知的行为”，教师不应是领袖，他应该保持价值中立的立场向学生传授客观的知识，或不带个人成见地引领学生客观地分析事物和归纳经验。在《学术与政治》一书中，韦伯通过对于学术职业与政治职业的道德问题的分析，得出的结论是：现代社会的道德标准和道德评价，应该以职业要求为依据。即：现代社会的道德标准和道德评价，只来源于个人当下所做的事务的性质（或者说职业要求）所产生的责任或义务要求。

从“世界已被除魅”的角度出发，韦伯在回答道德来源于何处、人生应该如何才有意义这类问题时，并没有给出直接的答案。而是从分析学术与政治作为两个不同职业领域从而具有不同的道德、责任或义务要求出发，把道德来源阐释为个人当立志从事于某一职业时，就应该具备进入该职业领域所应具备的献身精神并履行该职业活动所要求的责任和义务。简单说，在韦伯那里，道德就是“充当一种志业的人格”。这样，韦伯就在承认康德、黑格尔的道德宗教的前提之下，又把他们关于道德宗教的思考向前推进一步。但是，可以说，这种推进在某种程度上是具有颠覆性的。因为，按照韦伯的理解，“除魅”之后的道德来源并不是来自黑格尔的理性对于“绝对精神”的思考，也不是来自康德的理性对于“完美”的追求。“除魅”之后的道德来源，已经失去了道德标准的统一性。在韦伯的视界里，随着同步于科学进步的人类行为理智化或理性化进程，道德标准的统一性被分解为以社会职业分工为前提和基础的道德标准多元性。在这种多元价值和标准的道德世界，生命的意义也被瓦解为转瞬即逝的过程和“碎片”。

三、“学科规训”与人文教育的功利化

在韦伯以“充当一种志业的人格”瓦解了康德、黑格尔的基于理性的道德标准统一性之后，美国社会学家华勒斯坦等人在《学科·知识·

---

❶[德]马克斯·韦伯：《学术与政治》，第147页。

权力》一书中所做的分析和阐释，使得“世界已被除魅”之后的道德标准继续裂变。他们的分析进一步瓦解了韦伯关于学术应该保持价值中立的职业道德立场。即：事实上，学术（科学），尤其是 19 世纪以来的学术，始终是知识和权力的混合物。

沙姆韦和梅瑟 - 达维多在“学科规训制度导论”一文中，首先从 discipline 一词在字源就具有“学科”和“规训方式”双重含义出发，通过追溯学科发展的历史，指出，学科发展是一个在研究对象领域不断进行“分门划界”的过程，在这个过程中，各学科分别建立自己的学术组织。学科建制过程，事实上就是依据“排他性”方式建立各种学术社群、掌控各种资源和权力、分割学科利益和左右学科发展方向的历史过程。例如，女性在学术中弱势的地位，就是在“学术准入”权力上始终被“男权主义”掌控的历史上结果。所谓的跨科际规训（跨学科研究），在打破僵化的学科界限方面虽然可以起到弥补作用，但这种方式仍然不能解决学术组织建制中的权力结构。

霍斯金在《教育与学术规训制度的缘起》一文中指出，18 世纪以后出现的“考试、评分和书写”三种新的教育技术，从细微处开始产生了对于教师和学生的学科规训作用。考试、评分和书写，作为自 18 世纪以来在学校各学科专业教学中经常使用的教育技术，在教师和学生双方之间建立了经常性的监视和评判制度，这种监视和评判制度的长期存在，在教学双方主体身上培育出一种对自己的身体、思想不断地、主动地进行自我检视和计量评价意识。而这种在教育场所所使用的技术及其所衍生出来的监视、评判主体意识，后来竟然通行于社会其他机构和场所，以至于构成了现代社会权力的基础。霍斯金和麦克夫在《会计学：一门学科的规训》一文中以分析会计学学科发展的历史，实证性地进一步具体阐明了以上观点。此文表明，现代企业制度，追本溯源，是会计学“学科规训世界”的结果。

正是在“学科规训世界”的意义上，鲍尔的文章以《管理学：一种道德的技术》为题，具体分析了学校组织在引入现代管理学技术之后所产生的学科规训结果。他指出，在现代管理学普遍被奉为组织管理的金科玉律之后，管理学借助于专业人员培训和在管理过程中不断的监视和评判手段,在学校建立了一支专门的学校管理官僚队伍和学校管理技术。这支队伍的存在及其所运用的管理技术把学校规训为一个科层制官僚组织,管理队伍专门化使得教师与管理隔离,现代管理技术则使得学校组织与有企业组织管理目标混同,"……办学有如办工业,受制于生产及市场竞争的逻辑"❶。

鲍尔的分析表明了这样一个意思:现代学校管理的现实,是现代管理学在现代学校组织中行使学科规训作用的结果,即使我们感觉到现代学校管理偏离了它自己应有的特点和目标,其谬误不在管理人员本身,因为,管理人员之所以如此不当地队伍庞大或权力过多,并非出自己愿,而是在管理学学科规训制度下,管理者不断地屈从管理机制、管理程序和技术的结果,管理者自身也是学科规训的对象和客体。至于管理学为什么被奉为金科玉律,鲍尔认为:"管理学多半植根于某种版本的系统理论和人文心理学。……管理学论述认为现实生活中有关组织的问题已尽在其中,因此排斥其他同样关于组织的论说。作为一种享有科学地位的论述,作为一种'真理的统制罗网'(regime of truth),管理学给予管理层权力,容许管理层主宰被管理的员工,并将他们物化。"❷即作为一种"真理的统制罗网",管理学原本是源于道德的一种管理技术。

在《充当一种志业的人格》一文中,作者亨特从学科规训和政府管治技术两个方面,批判了人文学科关于"完人人格"的教育理想,并进一步探讨了韦伯的"志业人格"理论观点。

亨特从回顾自由民教育的历史入手,反驳了现代人文学科以及一些人文教育思想家所谓的大学人文学科在关于人的完美人格塑造方面的重要性和超功利性。他认为,历史上从来都不存在所谓统一的完美人格,自由民教育的历史表明,所谓的自由教育和人格塑造都是具有功利性和职业目的的。"事实上,人格之理想和组成,常常取决于特定和

❶[美]华勒斯坦等著:《学科·知识·权力》,北京:生活·读书·新知三联书店1999年版,第131页。

❷[美]华勒斯坦等著:《学科·知识·权力》,第149页。

有限的身体技术和道德技术。由于历史变化的因素很大，所以，根本不会有本质的和完美的形式。再者，其实还有很多制度和环境，例如种姓训练、宗教管治、美学文化、军事规训、宫廷礼仪、专业训练等也在负责这些配置。这都说明了人性化的培育工作，只是碰巧地曾将责任交托给一些学术科目的人文学科而已”。最后，亨特认为，大学的人文学科不是教育下一代的不可或缺的工具，必须接受政治管治，即必须拥护政府出于经济目的做出的大学改革策略和措施。

针对韦伯“志业人格”理论中关于政治是煽动家和江湖术士所在的非理性领地的观点，亨特持反对态度。他认为，晚近的研究已经表明，一系列政治技术、论述、计算技巧和社会监控模式在历史上出现和配置起来，日渐将政治权力的行使转变为韦伯所说的“理性活动”。现代政治成为福柯所说的“管治工程”，它本身就是一种理性活动，“它是当权力的运用和运用者，都受制于冒现中的政府管治技术和各种以方法（为核心）的学科规训时，被相应界划出来的”。人文学科之所以在大学占有一席之地，主要是因为政府要建立一个教育全体人民的学校制度。“19世纪初出现了一项计划，把国力和‘普罗阶级’的智力和道德教育水平挂钩”。事实上，现代大学已经变成了一个可渗透性很强的躯壳：“简言之，尽管大学经常谈起不计实利的研究和完人教育，其实一般而言，大学，包括人文学科，并没有拒‘社会要求’于千里之外。相反地，它们其实相当来者不拒。而且，大学远远不是一个道德和理论的领航室，要做所有社会生活的舵手。大学其实是让各类不同的计划、功能、知识、规范和目的栖息的躯壳，而这些东西一定要通过‘管治工程’（的协调）才会被奉为圭臬及生产种种相互的关系。”❶

通过以上对华勒斯坦等人的理论观点的概述，我们总结出他们在韦伯之后关于道德问题的思考。从探讨学科规训作用入手，他们发现，现代学科在建制方式（分门划界）和建制历史过程中，的确存在着出于各种原因的排他性行为（权力）。同时，在学科知识和方法演进的过程中经常采用的考试、评分、书写、检视等技术，本身既体现为知识，也体

❶［美］华勒斯坦等著：《学科·知识·权力》，第201页。

现为权力。

不仅如此，这种技术还内化为现代人工作和生活中的一种自我检视和评判意识。也正是在这种学科规训作用下，在管理学和政治领域，监视和评判技术的广泛使用和管理层对技术的习惯性尊崇，使得管理和政治也日渐理性化。因为现代政治就是学科规训“机缘巧合的凑在一起”的结果。

当他们把学科规训做出如此解读时，他们就否定了韦伯关于科学作为一种“志业”的价值中立道德观，否定了韦伯把政治看做非理性领域的观点。相反，在他们“学科规训”视角之中，知识不仅仅如后现代思潮所认为的是政治权力和学术权威共同运作的结果，而是知识演进中的那种分门别类的学科建制方式和考试、评分、书写等技术本身就体现为权力。这种等同于权力的技术使得各学科、职业、机构组织中的现代人为之臣服；同时，在管理和政治领域，这种管治的权力又以“基于道德的技术”面目出现并大行其道，管理层和被管理对象同时沦为技术理性的工具。所谓道德和人格就是在丧失了道德主体前提下遵从学科规训的役使。在此，人文主义者关于理想人格的理论和人格教育的超功利性质也被解读为不切实际。

虽然，亨特针对大学人文学科存在的必要性和人文教育理想的功利性的攻击是过激的，但是，他关于现代大学已经成为为各种权力和利益所纷纷渗透的“躯壳”的描述，是真实的。

四、亚当·斯密经济学学科规训与利己主义、他律主义道德牢笼

如果说华勒斯坦等人更多地从学科、知识和权力的关系的角度，或者说从政治理性化的角度解读了现代资本主义社会的道德困境，那么，这些作者中的霍斯金则在其《教育和学科规训制度的缘起》一文中，对于亚当·斯密系谱的经济学学科规训的简略论述，为我们开启了从“经济人”理性的角度检视资本主义社会人文道德困境的又一个窗口。

霍斯金强调性指出，18 世纪的道德哲学家在 1759 年完成了他的《道德情操论》之后，一直处于关于人的自私自利倾向与自由市场竞争

制度之间的困惑之中。因为,17 世纪英国哲学家霍布斯在其著作《利维坦》中提出一个政治观点。他认为,个人永远都是非理性地倾向于自私自利,人类为了私利会无休止地争斗下去,因此一个理性的社会必然需要专制统治者。针对人性自私前提下的自由竞争制度与专制统治制度之间的抉择困境,亚当·斯密在《道德情操论》第二版修订稿中提出了解决自由竞争中个人自私自利倾向与道德情操修养之间矛盾的理论观点。他认为:"当我们努力去省察自己的行为……很明显地,我往往要把自我分割成两个部分;作为省察者和裁判的我,代表着一种我被审查者和被裁判的我很不相同的性格。前者是旁观者,我努力想进入他关乎我的行为所发出的情感……后者是能动者,通常称为我自己的我。"[1]这种个体的自我省察能力就能够使经济人免于不道德的自私自利,自此,亚当·斯密似乎为以"经济人"假设为前提的经济学现代论述扫清了障碍,为他的《国富论》写作找到了理论依据。迈尔斯在其著作《现代经济人的灵魂》中这样评价斯密的作用:"古典经济学的出现,解决了斯密之前一个世纪来,一直磨难着一些道德哲学领域内最有头脑的人(的问题)。"[2]但是,今天,在霍斯金看来,"不幸地,历史并非以大团圆结局写就的。尽管此言不是要否定斯密结局方案的历史作用。他建构了一个现代经济理论据之而行的假设,这个完全竞争的模型,是自我调节的市场,按由供求关系带动价格机制而运作。然而,现在看来已经很清楚,斯密的解决方案实在并没有解决什么。他没有克服霍布斯式的疑难,而只是搬弄过目标位置,把问题搁在一旁"。在霍布斯看来,斯密的《国富论》这样一种有着先天的理论缺失的现代经济学理论奠基,之所以能够大行其道,其实也是因为他的理论通过学校(教室)教学获得了学科规训权力的结果。

关于亚当·斯密经济学为什么在理论上似乎成立而历史并非以一个大圆满结局写就这一问题。此前不久,笔者曾经撰写《从"市场规

[1]转引自《学科·知识·权力》第 72 页。

[2]转引自《学科·知识·权力》第 71 页。此句疑有误,括号内为笔者所补加。

训”视角审视“经济人”假设的局限性》[1]一文作过专门探讨，本书在这里把它全文选录，对于我们进一步探讨资本主义社会的人文信仰危机是恰当的。

目前，在经济理论界，反思“经济人”假设是一个热点。本文作者认为，要使关于“经济人”假设的反思深入开展，需要拓展学科理论视野，刷新理论视角。因此，本文尝试从“市场规训”视角反思“经济人”假设，自揣浅陋，愿就教各位专家。

一、从“人性恶”认识论到“经济人”假设，再到“市场规训”

古往今来，关于人性善恶的认识论问题，无论东方社会或西方世界，都可以分别举出一长串先贤圣哲的名字。他们或持“性善说”，或持“性恶说”，或持“非善非恶”说，或持“性三品说”，有的甚至是一人持“两说”。这种现象充分说明了人性善恶问题的复杂性，同时也证明了关于人性善恶的“二元论”认识方式难以得到问题的最终答案。

每一个人，在其社会化成长过程中到达某个阶段时，都会形成个人关于人性善恶问题的认识论，并用这种认识论指导自己的社会行为。而先贤圣哲们的人性善恶观，由于他们的社会地位和权威作用，往往会影响其他人的思想行为、权力部门决策、社会制度安排以及精神信仰和文化观念的形成。因此，关于人性善恶的阐释，往往是个人行为决策和社会制度安排的前提，同时也是诸如宗教、神话、道德等精神信仰和人文文化观念的前提。

把关于人性善恶的认识论诉诸于指导社会实践，历来是先哲圣贤们的理想和追求。但是真正做到把关于人性善恶的阐释与社会制度安排密切地相联系、从而奠定了一门现代学科理论演绎的经典性基础，并因此而影响了整个世界历史进程的人，无疑是18世纪英国经济学家亚当·斯密。他的著作《国富论》为资本主义市场经济制度的确立和发

[1]此文后来经与河南财经学院副院长、经济学教授李鸿昌先生商讨，联名发表在《中州学刊》杂志2006年第6期。

展提供了坚实的理论依据，他开创的自由主义经济理论一直占据西方经济理论发展的主流地位。西方经济理论，由于内容和方法论的不断完善，同时还由于它所诉求的市场经济制度在历史实践中的成功以及市场经济制度在当代世界范围的拓展，以至于在当今整个社会科学学科理论话语权境域，势成“经济学帝国主义”。在此境况之中，一方面，“经济人”假设被赞誉为市场经济理论获得成功的方法论基础，在引起其他社会科学学科的仿效、借鉴的同时，也一直招致质疑；另一方面，由于市场经济制度还是一个未臻完善的制度，或者说，由于市场经济制度对于现实世界的负面影响，所以，关于市场制度的合法性问题，始终是伴随市场经济制度在世界范围的拓展、市场竞争制度向非经济活动领域的拓展过程中备受关注的理论问题。在我国，关于“经济人”假设历久不衰的讨论，表面上似乎是关于“经济人”假设的方法论科学性问题，而实质上，也是关于市场经济制度在当代中国拓展的合法性问题。

从“市场规训”视角审视“经济人”假设，应首先对“市场规训”概念做出解释：其一，作为“理论指导实践”思想的另外一种更加具体的表达，在西方学者华勒斯坦等人那里，有“学科规训世界”的思想。❶ 由于以“经济人”概念或假设为逻辑起点的西方经济学理论演绎最终诉求的是自由竞争市场制度实践，所以，西方经济学对世界的规训可以概括为“市场规训”。市场经济制度作为一种基础性社会制度安排，除了它在关于市场行为规范和制度安排的“表征性”的经济学意义之外，还具有超经济学范畴和超市场范围的“内隐性”的思想道德“训喻”作用和社会行为“暗示”意义。借用法国社会学家布尔迪厄的概念，这一问题可以表述为：市场经济制度作为一种基础性社会制度的“现实结构”，正在以超越市场经济范围、超越经济学范畴的方式影响人们认识社会和建构社会的“心智结构”❷。这就是本文关于“市场规训”的含

❶规训，从字面意义理解，具有规范、规制和训导、训喻的意思，学科规训，指学科理论和发现对于其研究对象领域实践活动的规范、规制和训导、训喻作用。参见华勒斯坦等著《学科·知识·权力》。本文在此基础上对规训的意义稍作引申。

❷参见布尔迪厄著《国家精英——名牌大学与群体精神》序言，杨亚平译，商务印书馆2004年版。

义所指。其二，由于以“经济人”概念或假设为逻辑起点的西方经济学理论演绎最终诉求的是自由竞争市场制度实践，所以按照“实践是检验真理的标准”的原则，审视“经济人”概念或假设，必须从市场制度实践的历史和现实中寻找依据。同时我们还必须清醒地认识到：对“经济人”假设的审视，实际上表达了我们关于社会理想与现实的矛盾和探索，关于人类情感与理性的矛盾和探索，关于“义”与“利”这一传统价值观问题的当代矛盾与探索。这种矛盾和探索所诉求的是：我们究竟应该以“构成主义”的态度来承认“市场秩序”的自发合理性并被动地适应“市场规训”，还是以“建构主义”的态度去弘扬理想的价值并主动地修正“市场规训”弊端和改造现实世界，这是反思“经济人”假设的意义所在。

二、“市场规训”视角中的社会进步悖论

毋庸赘言，本文旨在通过寻求“市场规训”的弊端来审视“经济人”假设的局限性。所以，“市场规训”视角中的市场弊端，就不仅仅是经济学视野中的市场弊端。

（一）“市场规训”中“他律主义”道德隐喻与人文理想的“虚无”和“向善历史”的终结

作为市场行为主体的“经济人”的动机是自私的，其目标是追求利润最大化。如果在市场中奉行“利他主义”，是违背市场意志的，是荒诞的。市场中的道德行为（或合法行为）是被迫遵守法律、合同和契约之类的外在强力约束，而不是追求与人为善的、利他主义的、内心自省式的道德修养和道德实践。如果说道德实践可以划分“自律”和“他律”两种，那么市场行为主体的道德实践是奉行“他律主义”的；如果说最高的道德境界是自律的，那么市场制度从原则上说是排斥道德的或可以把经济学的学科性质理解为是“道德无涉”的。如果有人偶举某些市场中的成功企业家的慈善行为来辩护，那么即使他的行为果然符合自律道德，但要从市场规则的意志之外去寻求他们道德修为的思想或认识来源。所以，无论18世纪的亚当·斯密，还是当今的哈耶克，那些尤其欣赏自由竞争市场制度的人，都认为健全的法律是维护自由竞

争市场秩序的必要手段。然而,如果说他们所主张的自由竞争市场制度安排所要调节和规范的人类行为仅仅局限于合理的范围,当然是可以接受的。然而可惜的是,正如19世纪的政治经济学家约翰·斯图加特·穆勒对斯密在《国富论》中关于大学教师行为的市场手段调节的批评一样❶,亚当·斯密所主张的市场制度使用范围是边界模糊的或者说是扩大化的。在今天,当新自由主义经济学家哈耶克主张向包括政府部门在内的传统公共领域拓展市场范围的时候,当公共选择理论家布坎南在公共部门领域提出"理性人"概念来为"经济人"概念辩护并展开其理论演绎的时候,当其他形形色色的持"人性恶"认识论并试图要奉劝人们相信他们的人性观是"放之四海而皆准"的真理的时候,我们就面临着困惑和危险。人性的本质到底是什么?市场的边界究竟在哪里?在这样一种趋势中,"经济人"假设作为一种理论演绎的前提概念或方法论(在方法论上是否符合"假设"规则,稍后讨论),通过市场边界的扩展,似乎要演变成普世成立的"人性恶"认识论。这种所谓的"经济人"、"理性人"假设,似乎立志要奉劝人类在其整个社会活动中都按照"自私人"原则行事,社会秩序的维护都要依靠法律、规则、制度等外在于行为主体内心自觉的力量;立志要把世界"规训"为自私的、精于得失算计的理性世界和"道德他律"世界。在今天,当"经济人"假设似乎要从一个经济学方法论概念演变成了泛文化的认识论概念的时候,这一建立在人性恶认识论基础上的、诉求借助于法律、契约合同等来规范和调节市场主体行为的理论演绎,就正在逐渐演变成从文化和认识论角度否认人性的多面属性,排斥利他主义的人性观和道

❶关于亚当·斯密的观点,参见《国富论》"论青年教育机构的支出"等章节。约翰·斯图加特·穆勒批评斯密的理由是:其一,大学的社会功能是通过造就"伟大的头脑"(Great mind)来保持哲学的鲜活。他认为,大学功能在这一层面意义和价值,依靠学生选择是不能实现的,因为学生无法胜任这种价值判断。而把"生活的一般事务"的知识传授给那些"普通的头脑"(Common Mind)的事情,是可以放心地交给那种按照个人利益去追求、按照市场原则来供给的方式。其二,他对利用市场道路支付教师工资的制度合理性表示怀疑。他认为,这样一来,"教师和其他文化工作者只是为生计而工作,这是否应该是或可能是一个永恒的事情,是值得思想家们考虑的"。参见穆勒著《政治经济学原理——及其在社会哲学上的若干应用》。

德自律的必要性与可能性的道德阐释。这就存在一种危险：即把人类从认识论上都驱赶进"人性恶"的、片面的认识论迷幛，从行为原则上都驱赶进"他律主义"的法律、制度和文化牢笼。一种本来属于理论演绎方法论的学科假设，通过"市场规训"的作用，正在演变成一种严酷的、偏狭的、沉闷的现实主义道德观，正在消解那种基于人性向善和人性可塑性认识论基础上的、主张依靠"己所不欲，勿施于人"或"己所欲，施于人"的内省式心理活动和"慎独"等自觉行为实践的道德观，更要驱除那种"毫不利己，专门利人"的榜样道德观以及为着真理和信仰而勇于牺牲的、充满理想主义和浪漫主义的英雄主义道德观。当这样一个世界形成之时，也就是人类追求真善美和"向善的历史"的理想破灭和行为终结之日。

（二）"市场规训"中"最后的知识分子"与知识演进路径扭曲和人文精神窒息

尽管亚当·斯密在《国富论》中曾经承认少数人（尽管他认为只有少数人）是具有高尚动机的，但是可惜的是，他并没有关注这些少数可贵"利他主义者"的劳动和生存如何在他所主张的市场报酬机制中受到保护。相反，他认为，"某一职业的成功所要达成的伟大目标，有时促使少数具有特别锐气和野心的人做出努力。然而，伟大目标对于造成最大的努力显然不是必要的。"正是由于亚当·斯密《国富论》中的人性观，使他的理论演绎方法迈出了学科假设的使用规则，因而也就没有把自由竞争的市场制度的使用范围给予正确的界定。在资本主义市场经济制度的历史实践过程中，由于市场经济制度追求的是货币报偿方式和利润最大化，被卷入市场报偿机制的不仅仅是物质生产和交换领域，而是裹挟了非货币意义的精神文化生活和生产领域。教育领域、文化和传播领域、大众娱乐界等，所有关涉人们精神生活的作品或产品生产，如果没有市场化的商业"卖点"，就不易得到为继自身活动的金钱报偿和在财富分配中的生产者心理平衡。而寻找商业"卖点"，正是人类精神文化作品或产品生产中的审美标准和道德标准堕落的开始。伴随这种堕落的，也正是人类精神文化走向困境的开始和人文精神逐步走向窒息的开始。经过资本主义社会"市场规训"的几百年历程，人们今天面临的精神文化生产和精神生活状况是：传统精神生活中节俭美德被“消费促进生产”观念抵消了；传统文化中的审美经典被追求新奇、刺激的感性审美时尚抛弃了；“阳春白雪”的审美活动走向无人问津，迎合大众文化和精神生活中低级趣味的“媚俗”作品或产品屡禁不止。卖淫、嫖娼、赌博这样一些从来都被视为“无耻”、“丑恶”的人类行为在资本主义社会也能够合法化。久而久之，人们在对不良刺激的习惯性适应中，在资产阶级“个人中心主义”、“个人自由主义”的价值评判标准中，竟然将其视为符合“个人选择”标准的“时代进步”；在知识生产领域，科学技术知识的进步主要原因之一是它本身所具有市场交换价值；而在密切关涉到人类精神信仰和精神生活的人文知识生产领域，人文知识分子在市场报偿机制中始终面临着一个尴尬难题：“你有文化，可是你为什么没有钱？”一个文盲但却精明的“掮客”在市场中通过“专业”努力所得的金钱，可能往往会比一个接受过高等教育的人文知识分子甚至“走穴”鼓吹市场经济好处的经济学家要多。所以在如此的市场报偿机制中，似乎掮客比学者更具有生存优越性及合法性。在“市场规训”的数百年历史进程中，那些超越个人利益的人文知识分子如哲学家、诗人，尤其是那些关注人类终极问题、愤慨批判现实弊端的“纯粹的知识分子”等，在市场报偿机制中越来越找不到自己的生存资源，“市场规训”作用下的社会组织正在从机构建制中剥夺他们的生存场所。“纯粹的知识分子”，在今天正在或已经成为“最后的知识分子”。启蒙运动以来，以寻求建立人的主体性为己任之一的近现代西方哲学，在今天却发现主体性的消失甚至“人死了”。科学知识的无限膨胀，人文学科知识生产的萎缩和人文精神的萎靡，难道不是“市场规训”的结果之一吗？

（三）“市场规训”中“自由主义与民主制度的对立”与贤能政治的危机和精英教育价值的危机

自由市场的自身意志就是刻意制造财富占有或利润获得的不平等，其结果必然造成贫富两极分化。占有财富的程度在决定了个人及其家庭的经济地位的同时，也决定了其政治地位以及在社会诸领域支配权力的能力。“现代世界体系是资本主义世界经济体。它是建立在无休止的资本积累优先性上面。这样一个体系必然是不平等的，更确切地说，是两极分化的，不论在经济方面或是在社会方面。”❶因为“一旦企业家积累了大量资本，他必然要为保住资本而操心——防止市场出现意外，还要防范别人偷盗、没收或横征暴敛。但是他的问题还不止此，必然他还为传给继承人而操心。”❷这样，为了获取巨额利润的垄断经营权，“成功的企业家必然依赖国家机器的帮助，以便创立和保持相对的部分垄断，这些垄断才是市场上真正巨额利润的唯一来源。”❸另一方面，资本家为了把财产传给没有能力的继承人，想方设法把资本更新的来源从利润转化为租金，由此而创造出一个食利者贵族阶层。在资本主义社会发展的过程中，财富总是在工业化、城市化和工资收入较高的地域集中，在这个社会分层过程中，具有一定财富的中产阶级的比例增加，他们的政治力量也在增强。他们所要求的人民主权与平等主义，却是与企业家创造食租者来源的企图格格不入的。在此情况下，不同阶级关于自由主义与民主制度的理解就有了立场差别。“将市场合法性的意识形态与创造食租者收入的社会心理相调和，对企业家来说始终成了欺人之谈。”❹对于那些根本不能真正积累资本的工人阶级来说，决定了他们在所谓的民主政治选举中永远只能是高层权力职位的选举人而不是候选人。他们当中的不少人逃避大选并把大选当做与己无关的事情，所谓的民主权力在此成为一张空白支票。所谓的自由，对于自由市场竞争制度中的少数资本积累者才是具有真实内涵的，对于大多数人来说，少数强者的自由就意味着大多数人的不自由。由金钱和经济地位所导致的民主与自由的对立和冲突由此而生，一直被资产

---

❶[美]伊曼纽尔·沃勒斯坦著，冯炳昆译：《所知世界的终结：21 世纪的社会科学》，社会科学文献出版社 2002 年版，第 94 ~ 95 页。

❷[美]伊曼纽尔·沃勒斯坦著，冯炳昆译：《所知世界的终结：21 世纪的社会科学》，第 95 页。

❸[美]伊曼纽尔·沃勒斯坦著，冯炳昆译：《所知世界的终结：21 世纪的社会科学》，第 96 页。

❹[美]伊曼纽尔·沃勒斯坦著，冯炳昆译：《所知世界的终结：21 世纪的社会科学》，第 94 页。

阶级意识形态奉为圭臬的自由主义与民主制度理念，在“市场规训”下的资本主义社会政治经济运作机制中势成水火。对此，沃勒斯坦表示：“我要说明，它们其实成了敌对的兄弟。在某种意义上它们本是同一家庭的成员，但是它们表现为朝着完全不同的方向推进。可以说这种阋墙之争已经很激烈。”❶

今天，所有那些主张“人性自私”具有“放之四海而皆准”真理性质的各种理论演绎家们，当他们在传统公共部门宣传“经济人”、“理性人”和“博弈”概念并无限扩张其“市场规训”范围的时候，市场报偿机制同样会像在人文知识生产领域那样，在以自觉忠诚国家利益、公共利益为最高的、应然的职业道德标准的公共领域，塑造出这样一个道德困境：“你忠诚，可是你为什么没有钱?”如此一来，“权力寻租”行为就具有人性恶认识论上的合法性了。一旦人们在公共部门建立起完善的法律、制度、规定等一系列外部监督和惩罚措施，那些为了满足个人私欲而滥用权力的政府官员，如果其行为生前不被发现和惩罚，在“诸神死了”的当代人文道德意义世界，他们死后应该被追认为“人生最大的成功者”了。

现代社会文明进步的目标之一是追求贤能政治。贤能政治的形成手段之一是让精英(智慧者和道德高尚者)当政。同时，“贤能政治不同于贵族制，因为在形式上它能让每个人都参加人才的评选、考试，所以显示为平等主义的概念。”❷但是，“市场规训”下的贤能政治会走向权钱结合、忠良见弃和人才选拔、培养以及社会身份分配中的不平等。现代性高等教育的精英特征之一，就在于它配合社会发展的现代性指向，从人才选拔、培养和社会身份分配中建构一个贤能政治的社会。并且在人才的选拔、培养和社会身份分配过程中力求突破家庭出身背景的限制，以个人能力和品质作为最主要标准和依据。中国古代的科举

---

❶[美]伊曼纽尔·沃勒斯坦著，冯炳昆译：《所知世界的终结:21 世纪的社会科学》，第102 页。

❷[美]伊曼纽尔·沃勒斯坦著，冯炳昆译：《所知世界的终结:21 世纪的社会科学》，第102 页。

考试制度因为明显具有这些特征，所以被西方思想家大加赞扬（例如尼采所称颂的“贵族制”），被西方现代制度文明所吸收（例如英国的文官考试制度）。而在哈耶克关于高等教育市场化（私营化）的主张中，他所谓的“有些人在学术和研究方面表现出异乎寻常能力，应该给予他们从事该事业的机会，而不论其家庭是否富裕，这样做可能符合社会的利益。但这并没有授予任何人以获得这种机会的权利，也不意味着只有那些异常能力已得到证实的人才能获得这种机会，或者确保谁能通过同样的客观测试，谁就能获得它，否则便没有人应拥有这种机会”。“热切地渴望知识或不同寻常地具有多种兴趣要比更显见的天赋或任何可测试的能力更为重要；一般知识和兴趣的背景或由于家庭环境所造成的对知识的极端重视常常对成就的影响比天生能力更大。有些人享有良好家庭气氛的优势，对社会来说是一笔财富，平均主义政策可以毁坏这笔财富，而不出现不当的不平等这笔财富就不能得到利用”。“对政治稳定而言，没有比存在着一个有知识但无从应用自己学问的无产阶级更危险的了”。等等。无不表明他在阶级社会中的为那些具有贵族家庭背景的人进行辩护的“强者”立场。今天看来，在“经济人”、“理性人”概念所主导的“市场规训”之中，贤能政治的目标和精英教育的价值不正在面临深刻危机吗？

三、“经济人”假设只有在严格界定的范围内才具有理论和实践意义

当我们从“市场规训”视角偶举以上几个方面的分析来检视市场弊端时候，不难发现，市场最大的外部性不是环境污染和资源尽耗，而是人文世界的扭曲和人文精神的窒息。不是“市场失灵”，而是“经济人”、“理性人”概念无处不在地祭起“人性自私”的邪恶之灵。那么，我们不禁要追问，作为对现实世界如此行使规训作用的市场经济理论，果真是从假设出发的吗？

人们普遍认为，古典自由主义经济学的鼻祖亚当·斯密是“经济人”假设的出典人，例如举出诸如他说“我们每天所需的食料和饮料，不是出自屠户、酿酒师和烙面师的恩惠，而是出自他们自利的打算。”

"每一个人的利益,是生活得尽可能安逸;如果不论他是完成还是不完成某种非常辛苦的职责,他的报酬都完全一样,那么他的利益,至少就是通常所理解的利益来说,肯定是要么完全忽视这种职责,要么,如果他处于某种不许可他这样做的权力之下,就用这种权力所允许的粗心的草率的方式去履行这种职责"。等等。但是,从亚当·斯密在其《国富论》一书中类似以上观点的许多表述中可以看出,"人是自私自利的"(后来所谓的"经济人")这一表述从来不是被明确地当做一种理论演绎的假设提出来的,而是当做人性的现实来描述的。亚当·斯密在其另外一部著作《道德情操论》又承认人普遍都具有同情心,他认为:同情心"这种情感同人性中所有其他的原始情感一样,决不只是品行高尚的人才具有……最大的恶棍,极其严重地违犯社会法律的人也不会完全丧失同情心。"所谓"斯密难题"的存在,恰恰证明了他把"同情心"和"自私自利"都是当做人性现实来认识和描述的。假如亚当·斯密分别把它们当做不同研究领域理论演绎的假设起点,就会意识到作为一个假设前提的局限性和必要性,也自然就不会出现自相矛盾的认识悖论了。真正严格地把"经济人"作为学科演绎前提来对待的,最早是19世纪的政治经济学家约翰·斯图加特·穆勒。他在1836年的一篇论文《政治经济学定义及研究这门学问的哲学方法》中写到:"在我们已建构的政治经济学定义中,我们将其刻画成一门抽象科学,它的方法是演绎法。无疑所有杰出的政治经济学家都是这样理解和传授这门科学的。""这门科学必然是从假设而不是从事实进行推论的。它以假设为基础,类似于以定义为名的一些假设是其他抽象科学的基础。……政治经济学预设了一个对人的任意定义,把人看做必然是在现有知识水平上以最少的劳动和最小生理节制获取最多必需品、享受和奢侈品。"虽然穆勒的理论演绎假设前提仍旧是人性恶("经济人"),但他却科学地解释了其假设的必要性和局限性。他认为:之所以作出这样一个抽象的假设,是因为"有一些特定的社会事务,其主要的公认目的就是获取财富"。针对这样的事务领域,这个假设所假定的人的本性或行为动机是"最接近真理的假说"。他又指出:"没有一个政治经济学家会如此荒谬地认为人类事实上如此。但这种假设是这门科学研究的必要方法。当一个结果取决于几个同时发生的原因时，如果我们想通过这些原因预测或控制结果的话，就必须一个一个研究这些原因，研究他们各自的法则。”可以说，“经济人”假设只有在穆勒的方法论中才严格成立，而亚当·斯密却似是而非。

社会科学理论演进有着不同于自然科学理论演进的重要特征。其一，社会科学逻辑论断作为一种先在判断会影响人们的思想和行为，从而改变逻辑论断赖以成立的社会条件和社会进程，但却使得理论论断的社会意义就在这一具有“前摄抑制”作用的过程之中发生。资本主义市场经济制度，正是在这样一种历史实践进程中不断得到修正从而在很大程度上掩盖了“市场规训”的本来面目。其二，社会科学理论假设要得以证实或证伪，必然会人为地营造证实或证伪的社会制度条件。而这种社会制度，会借助于“学科理论假设——社会制度安排”的路径，实现对于学科对象领域的现实世界的改造、创造或塑造，这种被改造、创造或塑造的“人为现实”，在“理论—实践—再理论—再实践”循环往复的人类认识与改造世界的模式中，会以“既成现实”的面目迫使人们适应它的存在，并以“存在合理性”影响人们世界观和改造世界的精神态度，并有可能以“自然现实”的面目充当理论再研究的对象。所以一旦“经济人”概念超出了它的假设性质和适用范围，由此而来的经济理论就会以偏赅全地改造、创造或塑造出一个不适宜丰满人性所诉求的世界现实并迫使人们承认它和适应它。今天，人们如果把一个经过历史修正的资本主义市场经济制度当做市场自发秩序的结果，就难以从根本上认识到市场经济自发秩序与“市场规训”弊端的必然联系。其三，社会科学具有鲜明的、基于个人、集团或阶级利益的“立场性”。历史经验证明，只有那些真正具有“三个代表”特征的思想理论，才是最具有生命力的思想理论。其四，人性善恶多元论的存在表明了“自然人”属性的多面性、可塑性和有机整体性，支配人类行为的主观因素既有理性方面的，也有情感方面的。这些构成了人文社会科学诸学科理论演绎的不同逻辑起点。而任何一种人性假设超越了它的合理范围，就会越过真理走向谬误。今天的“经济人”假设、“理性人”假设以及博弈理论，已经面临着越过方法论的范畴走向以偏赅全的认识论的危险。基于"人性恶"认识论的"经济学帝国主义",凭借着"市场规训"的力量,正在剥夺基于"人性善"、"人性可塑性"认识论的其他人文社会学科话语权。

正因为亚当·斯密经济学一开始就不是从假设出发的,所以他对市场手段的使用范围的界定也是模糊的。虽然18世纪亚当·斯密开创的自由主义经济理论抓住了人性自私的一面,建立了市场经济制度,促进了物质生产和科学技术的普遍进步,但是由于他们所主张的市场范围和市场手段的不当,却导致了各种"拜物教"以及非货币意义世界的扭曲。从制度的文化意义看,市场经济制度体现了制度文化对于驾驭人性邪恶一面的"辔头"❶作用,在物质商品生产和交换领域以及商业服务领域,起到了"奖勤罚懒、选优汰劣"作用,市场经济制度作为一种基础性社会制度安排,极大地促进了物质生产的进步和科学技术的进步,使得人类战胜自然、驾驭自然的能力迅猛提升;同时,合理的私有财产制度也是保障公民自由、自主和个人尊严的基本条件。但是,不合理的市场调节范围和不恰当的市场调节手段无疑却会在非货币意义世界放纵人性邪恶。这就是"市场规训"的特征及其发生学原理。正是由于资产阶级学者不能从根本上认清"市场规训"的深刻弊端,并坚信"个人自由主义"、"个人中心主义"的绝对价值,才会得出"人死了""他者就是地狱"以及"民主与自由的对立"等慨叹。如此看待问题,我们围绕"经济人"假设的讨论才会避免陷入不得要领的、思维路径单薄的概念思辨游戏,才会具有把对于"经济人"假设反思与当代各种反思思潮关联起来的意识形态整体观和"鸿爪从头细细看"的唯物主义历史观,才会有把马克思主义思想和中国儒教文化传统在建设中国特色的社会主义和谐社会的实践中忠诚而科学地承继下来的科学辨证观,才会有繁荣哲学社会科学的危机感和紧迫感。今天,历史和现实决定了我们所要建设的中国特色的社会主义市场经济,决不是资产阶级的、"强者"立场的市场经济,而是服从于"三个代表"思想和"和谐社会"目标的市场经济。而要建设这样一个市场经济,在实践中就必须紧紧

❶指人类使用牲畜劳动时戴在牲畜头上、控制和调节牲畜行为的一套用具。

围绕辨识市场竞争制度的合理范围和纠正市场报偿机制的偏差方面下工夫,力求克服“市场规训”的负面影响。

关于“经济人”理性对于人文道德世界的伤害,韦伯的评价也许更为精彩:“那是一个以经济规律运行的宇宙……那里有的是已经扔掉灵魂的专才:有的是纵情声色埋没良心的人。他们其实已经身在牢笼,但脑里仍发着春秋大梦,认定自己就是将人类发展推向史无前例的颠峰的英雄。”❶

笔者的这篇文章和霍斯金的观点,在关于斯密系谱的经济学为什么获得一个圆满历史结局这一问题的看法上,是互为印证的。笔者的文章较为具体地描述或阐释了资本主义社会进步的悖论——市场价格机制、贫富差异巨大的财产私有制度扭曲了人文道德世界的非货币意义,进而扭曲了社会分工的本来面目。而霍斯金的分析则从学科规训的视角,阐释了斯密经济学是如何首先获得了在教室里的权力(考试、评分和书写),然后达到了规训世界的路径或程序。但是,霍斯金等人忽略了一点,即,并非所有学科在学校场所由于使用了考试、评分和书写等教育技术就能够获得规训世界的地位和作用的,例如宗教学科、人文学科等,一个学科能否经由学校教育技术而达到规训世界的地位和作用,还要经过学校之外的市场和社会选择过程或机制,而笔者的文章就包含了对于这一选择过程或机制的解释。

通过以上对于资本主义社会人文道德危机的阐述,我们发现,从文艺复兴、启蒙运动以来,无论是康德、黑格尔理性主义道德观,还是韦伯科学的或理智化的“志业人格”道德观,抑或是华勒斯坦等人学科规训道德观,西方社会对于道德或人生意义这一命题的认识,始终是以“世界已被除魅”、以上帝和诸神的存在为前提的道德文化已经失去合理性为前提的。他们以“科学中心主义”、“理性中心主义”的世界观和方法论来看待并改造自然,以基于各种监督和评判的学科规训制度来建构社会并从此一角度看待社会,以理性主义或生物学的科学方式来认识人。如此,他们所看到的是,原本作为认识和改造世界的主体的人,

❶[美]华勒斯坦等著:《学科·知识·权力》,第136页。

却越来越被人所建构的世界所异化或奴使。人失去了主体性,成为科学和技术无限进步这一不可控制和预测的过程中的附着物。

事实上,可以说,自从文艺复兴和启蒙运动完成了“世界已被除魅”的文化革命时,西方社会就注定进入了一个“道德上无家可归”的世界。因为,当他们以为上帝和诸神的存在为“假”的时候,他们却忘记了,即使上帝和诸神存在为“假”,但这并不能否定基于上帝和诸神的存在为“真”的宗教文化对于道德的意义。因为关于道德的诸多问题,例如如何看待和对待人的欲望(禁欲的或纵欲的)的问题、如何处理个人与他者的关系(利己主义或利他主义)问题、怎样看待生命的终极意义(善与恶的评价和奖惩)问题等等,这些问题恰恰是科学或理性所不关注或不能够回答的问题。而基督教作为古罗马帝国由腐败而衰亡之后兴盛起来的一种“劝世”的道德文化,作为西方世界的一种传统道德文化,恰恰能够起到这种作用。再次重复的理由是:作为一种习俗文化,信仰者通过对传统宗教仪式的庄重的、虔诚的操持,在这一过程中把自己作为一个道德意义和生命意义的思考对象,从中能够获得物我两忘的情感体验。信仰者通过这样的操持过程,能够不断地唤醒作为人的主体意识。此时上帝和诸神的存在与否都已无关紧要,关键之处在于上帝和诸神(你完全可以把他作为一种神话或寓言中的存在)诱使信仰者进入这样一个关于道德意义和生命意义的自我关照程序。因此,作为一种习俗文化的传统宗教在当代社会的道德作用,犹如今天的剧院里依旧上演的经典戏剧或歌剧,舞台上演着饱含悲欢离合、爱恨情仇的古代故事,现代观众在获得艺术的感官享受之时,也获得道德情感的体验。倘若有人追问古老的故事是否为真时,并不能否定它们的存在价值。因此,笔者认为,几大传统宗教经历数千年历史而不消失,关键不在于上帝和诸神是否存在,而在于它作为一种“寓言故事”的文化魅力和对于个人和社会的道德作用。其实,作为一种道德文化的建构并非一定要借助神灵,正如李泽厚先生在《孔子再评价》一文中指出的那样,古代中国儒家道德文化的高明之处,就在于不借助神灵,而是依据“天人合一”类比方法和“和谐”观念,在“天理”和“人欲”之间依然能够建立起具有东方文明特色的道德文化学说。

那些坚定的西方中心主义者，在他们那里不乏“科学中心主义”的工具理性，不乏奉为圭臬的“个人自由主义”、“个人中心主义”价值观，不乏对于完全自由竞争私有财产制度的永恒信念。那些主张开启新的自由竞争时代的新自由主义经济学家如哈耶克，在他那富有“经济人”理性的“伟大”思想中，甚至否定有所谓抽象“正义”的存在。如此一来，凡是关涉人文道德命题的理论似乎要面临彻底瓦解的危险。但是，历史也并非以西方中心主义者的自负而圆满写就，正如他们自己所哀叹的那样，在人文道德意义的道路上，他们只是怀抱残缺，无奈地走着。

第二节 市场化时代的高等教育危机

当人们开始用实验、实证的方法获取所谓真实可靠的知识并称之为科学的时候，人们对它充满了信心和崇拜。文艺复兴时期，人们把科学赞誉为“打开上帝智慧宝库的钥匙”。科学和技术所显示出来的以及它所隐含的对于客观世界的力量，使人们觉得掌握它就为人类开辟了通往幸福之路。也正是这种观念和信心，诱惑了或帮助了以康德为代表的哲学家们树立了人“为自然立法”、人“为道德立法”的哲学主体意识，诱惑了或帮助了哲学家们进入了理性中心主义世界。但是，当科学技术发展到今天，当人们感觉到科学技术的发展的现代状况及其不可控制的无限发展趋势，足以耗尽或毁灭人类赖以生存的资源和环境时，人“为自然立法”的合理性和主体性消失了。当人们发现科学并不能帮助人们知道如何运用它、如何分配由它带给人类的福利和便利的时候，“人为道德立法”的合理性和主体性也消失了。

是的，自文艺复兴以来，科学作为面向“理性和真理”的哲学观极大地影响了面向“自由和价值”的世界观。等到韦伯发现“科学不涉及终极关怀”的时候，事实上，人类已经臣服于由自然科学技术、各种学科规训（理性）所建构而成的“自发”权力意志之中。

同样，从19世纪德国的洪堡把纯科学研究引入科学大学，到今天各种自然科学和技术学科遍布所有大学、各种工程技术院校遍布世界各地，自然科学技术知识深刻改变了高等教育活动的历史形态。同时，理性中心主义价值观和自然科学实证方法也深刻地影响了人文社会科学知识的演进"范式",使得它们仅仅从方法论上,就不同程度地背离了"人本主义"的学科发轫初衷。

现代大学和各种形式的高等学校,它们把各学科知识融为一炉。但是,这些组织机构本身并不能像它们的中世纪"母体"那样,以"自由自治"的方式生存并决定自身内部各学科的地位。它们身处官僚科层制政治社会和市场竞争经济社会之中,成为各种权力意志和经济利益欲望纷纷渗透的"躯壳"。在亚当·斯密的"经济人"视野里,它们自身(大学制度)就是为自己(教职工)的利益而存在。

但是,人类的功利主义和理想主义尚且存在。二者之间的矛盾斗争依然体现在高等教育之中,并形成我们今天的高等教育危机意识。

一、高等教育的功利主义目标及其危机[1]

现代高等教育的功利主义价值观,来源于现代高等教育的经济功能的增强。理解这种经济功能有着国家和个人两个层面的意义。

在国家层面,把发展高等教育看做促进社会进步(经济增长)和提升国家核心竞争力的手段,教育被摆在国家发展的基础性、优先性地位。在个人层面,把接受高等教育看做提高个人收入和社会地位的途径,接受高等教育被视为个人生存权力的一个组成部分。国家和个人的这种两种功利主义高等教育价值观,和科学技术在现代社会分工和生产中的广泛需求,共同促进了高等教育规模的扩张。但是,在发达工业国家和发展中国家之间,其起步的时间以及目前状况是有很大不同的。但是,如上所述,促进高等教育规模扩张的理由是相同的。在基于功利主义目标的高等教育规模扩张的过程中,出现了以下危机。

(一)高等教育模式的危机

第二次世界大战以后西欧和日本等国家迅速从战争的伤害中重建国家,并进入一个技术进步和经济增长的新时代。经济计划和国家之

[1] 这里使用的"功利主义"一词,可以理解为"实用主义"或"现实主义",不含有贬义。

间的合作所创造的这一奇迹，使得西方经济学家政治领导人认为，这种模式照样适合用于发展中国家。即把大量的资本投入和现代技术从西方工业国家向发展中国家转移，可以帮助这些国家摆脱经济贫困，以比西方国家更快的速度进入现代化里程历程。于是，“发展被定义为‘经济增长’，它是通过一个国家国民生产总量的增长——这是经济学家最引以自豪的统计方法——来测量的”。自20世纪50年代起，各国教育发展战略迅速成为以国民生产总值为中心的经济发展战略的陪衬。这些经济发展战略主张首先促进发展中国家的城市化和工业化，然后带动农村经济发展。经济学家关于增加教育经费的观点获得了教育领导者的赞同，尽管教育学家反对将学校和学院看做人力工厂，但是，他们还是屈从于经济学家极端功利主义的教育价值观。正如美国著名教育学家、联合国教育规划研究所首任所长菲利普·库姆斯在《世界教育的危机》中所分析的那样，发展中国家在向工业化、城市化的发展过程中，同时也学习西方工业国家的教育模式，西方国家教育模式在帮助发展中国家发展正规教育时起到了很好作用。但是，这种正规教育只适合具备条件的城市地区或经济文化发达地区。对于农村和落后城镇，要促进当地经济发展，需要发展一种非正规教育。在20世纪“70年代，人们对非正规教育的兴趣的兴起，主要是由于一体化的、社区为基础的形式为基础发展农村，并解决贫困者最基本的生活需要的新的发展战略所促进。……那些致力于向各社区提供各种技术咨询服务和材料援助的人们，上至国家最高级的领导人和专家，下至地方的推广人员，都需要专门的不断的培训，接受这些服务的地方民众必须学会如何利用这些服务，学会如何掌握他们自己的未来”。菲利普·库姆斯提出的这一非正规教育概念，其目标和目的，正是根据发展中国家的经济文化发展的不平衡状况，通过有针对性地向贫困地区输入资源和技术，切实改善当地经济状况。但是，由于种种原因，非正规教育在发展中国家并没有发展起来。其中主要原因是：①非正规教育作为一个新事物，没有形成一个清晰的概念和行动计划。②在行政管理上，发展中国家把非正规教育纳入到正规教育的管理系统。③非正规教育所需费用不一定比正规教育少。④正规教育系统排斥非正规教育，还有些学校卫士把非正规教育看做蚕食正规教育急需资源的、与正规教育竞争的制度，从而唯恐非正规教育兴盛起来"[1]。⑤极端主义批评家既批评西方的正规教育，又批评非正规教育。"……将西方正规教育严厉谴责为是通过训练受剥削的和驯良、恭顺的工人来维护他们的权力的资本主义者的阴谋的新左翼批评家，现在又将非正规教育谴责为用来欺骗贫困者，使他们以为得到了'真正的东西'的一个骗局。"由此可见，即使出于利用新的教育模式以切实促进贫困地区经济发展愿望，在与权力相关的资源分配中，在僵化的教育观念和教育管理模式中，这种愿望多么难以实现。

另外，就正规教育模式而言，僵化的、保守的学校课程模式和教学方法，总是落后于新知识的出现和实际情况的变化。尤其是公立高等学校系统表现明显，本书在前面部分对此问题已经做过分析，这里不再重复。

（二）高等教育公平的危机

菲利普·库姆斯认为，发展中国家教育规模的扩大光明之处的确使未来充满了希望。许多新的、工资更高的职业不断产生；即使不是大多数贫困者也是相当一部分贫困者的生活条件得到了改善；即使存在各种问题，但是教育规模的扩大为成千上万的处境不利的青年创造了新的机会，使他们获得了新的向上流动的机会；发展中国家在不到20年时间里大幅度增加了过去国内很缺乏的受过中等和高等教育劳动力的数量，而这些人才是未来发展中国家进步的基础。但是，与这些光明之处同时存在的是，这些成就及其利益分布极大的不平衡，即富的越来越富，广大贫穷的人越来越穷。这使得高等教育机会扩充这项未尽的事业引起了道义上的深刻不满和政治上的忧虑。

---

[1] [美]菲利普·库姆斯著，赵宝恒等译：《世界教育危机》，人民教育出版社2000年版，第22页。

(三)精英高等教育危机

高等教育规模的扩张,使得高等教育的特征和属性发生变化,根据适龄青年毛入学率,马丁·特罗把它划分为三个阶段——精英高等教育(17%以下)、大众化高等教育(50%以下)和普及化高等教育(50%以上)。在只有少数人才有机会接受高等教育的精英教育时代,人才培养与国家政治密切相关,高等教育面向社会各领域尤其是政府公共部门培养科技精英或管理人员,在校大学生就是未来的社会精英或准官员。由于这个时代的高等教育主要体现为一种国家需求,因此作为高等教育服务的"埋单"者,国家有理由根据政府的愿望干预高等学校人才培养的课程计划以及训练方式和方法。把学生训练成符合国家意识形态价值观的、带有明显的社会精英意识(社会责任感以及由此而来的优越感等)。高等教育走出精英教育时代之后,也多半身陷经济社会的职业竞争和"经济人"文化结构之中。高等教育的主要目的在于帮助受教育者在快速变化和竞争激烈的经济社会中"学会生存"。越来越多的大学毕业生自我创业,成为"自我雇佣者"。高等学校的专业课程计划根据就业市场需求调节,根据个人需求设计灵活的课程学习方式。在国家整个高等教育体系之中,精英高等教育的内涵和功用尚在,但是已经边界模糊地、特征变异地身陷大众化、普及化高等教育体系之中。这种变化使得过去那些在国家高等学校系统中处于顶尖层次的、性质纯粹的培养国家和社会精英人才的综合性、研究型大学迷失了办学方向。在今天,"学会生存"的理念一视同仁地浸染了每一所高等学校的教学和学习生活之中。没有谁会保证任何一所大学的毕业生未来一定能够进入社会精英阶层甚至不会失业。但是,传统精英大学却不愿意就此放弃自己的传统地位、办学特色乃至社会责任(角色)意识。一些著名大学的校长、院系主任和他们的教授为了突出他们的精英特色和精英意识,主张应该培养他们的学生具备进入上流社会的教养。例如培养他们的学生学打高尔夫、桥牌等。可见,今天的所谓精英高等教育,与高等教育的精英时代相比,已经大异其趣了。

在高等教育大众化、普及化阶段,精英高等教育的传统特质被消解了。教育精英与社会精英已经失去了过去那种制度层面和意识形态层面的直接联系。这看上去似乎体现了某种形式上的教育公平。但事实上,由于高等教育身处一个政治、经济不平等的社会结构之中,学生家庭的社会政治、经济和文化背景,在学生就业过程中发挥出更多的支配作用。由于这种支配作用的增强,出身于贫寒之家的好学生和出身于富贵之家的坏学生都极可能体现为不合理流动。一种实质上的高等教育不公平产生了。同时,对于发展中国家来说,大众化时代精英高等教育因为缺失了过去那样一种"国家看顾"方式,在就业处境中不利的精英学子就会利用自己的学业优势选择到发达国家去深造或发展。无疑,这是人才流失。大众化时代精英高等教育"国家看顾"的缺失,还意味着,与精英高等教育时代相比较,国家意识形态作用和民族文化观念作用在当代高等教育之中被削弱。加之经济全球化的影响,市场经济制度对于人文知识生产的排挤,后现代思潮以及新自由主义经济学家如哈耶克之流对于人文意义的消解等。发展中国家在全球化与本土化之间的应对能力,在高等教育制度安排本身,就体现为一种削弱或缺失。

二、高等教育理想主义目标的危机——道德教育危机

科学技术创造了一个崭新的世界,韦伯等思想家关于"世界已被除魅"所作的道德危机的思考,越来越被思想家和教育家在学校道德教育的层面予以关注、思考和焦虑。

现代科学技术的迅速发展,使得"所有以前的社会都失去了其技术和意识形态的根基,这是因为新的(环球)科学及其在技术上的体现,创造了一个无论从意念或物质上说都是崭新的世界。这意味着教育的双重作用——把传统的技术与(更重要的)传统的价值观一代一代传递下去——正在被颠倒过来"[1]。菲利普·库姆斯在《世界教育危机》中认为,科学和技术革命所引发的文化动荡,把古老的德育问题变成现代学校教育的焦点。在19世纪的欧洲和北美,德育课程构成学校教育的主要内容,"德育同3R,同冉冉升起的太阳一样是天经地义的"。那时工业化尚未发达,城市化尚未盛行,对宗教的虔诚还深深地

[1] [美]菲利普·库姆斯著,赵宝恒等译:《世界教育危机》,第259页。

影响着人们的道德观，大多数家庭都生活在一起，家庭、教堂和学校一起对学生实施道德教育。到了20世纪30年代，政治、经济和教育风气开始变坏，道德教育开始被起领导作用的教育家们看做是时代的错误，学校教育开始崇拜“科学精神与科学观念”，教师只乐意承担读写算(3R)教育，而把德育工作留给家庭和教堂。到了20世纪70年代后期，文化动荡达到高峰，扰乱社会的行为不断出现，报纸上醒目地宣传着令人焦虑的社会趋势，人们甚至遇见到了另一次“罗马帝国的衰亡”——既定社会结构的解体与随之而来的价值观真空，而社会却把传统价值观的灾难性解体归咎为学校的失职。到了80年代，西欧各城市有成千上万的人走上街头，反对政府发展核武器和核设施，抗议工业化所造成的环境污染和生态破坏。然而，“具有讽刺意味的是那些反对改革的人们通常都以保护旧价值观、或以国家安全及经济发展的名义，维护相当客观的既得利益，而这些利益都与国家的短期损失和利益有关。所有这些做法都与他们自己宣扬的价值观背道而驰”。菲利普·库姆斯认为，赋予旧价值观以新的形式与作用，自20世纪60年代以来这种活动在国际舞台上已经越来越频繁，但是尽管如此，“当面临的事实是经济——社会综合体奖励和尊崇贪婪、追求个人享乐、虚伪掩饰、欺骗、腐败、妒忌、野心，或追求权力时，在西方我们如何理解我们自己对基督—民主的无私、宽宏、博爱、爱邻居，诚实、真挚等价值的信仰?”[1]菲利普·库姆斯还认为，在这样一个经济—社会综合体中，如果把价值观教育或德育工作仅仅交付于学校是不行的，因为学校里的教师身处这样一个经济—社会综合体中，已经失去了承担新的道德教育任务的能力和勇气。尽管“同学校与伟大宗教所教导(政治家们宣扬却未必实行)的道德与‘体现于现代工业、商业和财政的道德’的相互抵触一样长久地持续下去，但是，任何社会都不能等闲视之，从最高的政策制定者甚至授课教师，任何从事教育工作的人都不能漫不经心。迟早每个人都必须彻底考虑这一问题，决定自己站什么立场，并响应行事”。

[1] [美]菲利普·库姆斯著，赵宝恒等译:《世界教育危机》，第265页。

第三节 现代大学的科学使命和文化使命危机

当代关于大学的诸多问题探讨和理论演绎，尤其是高等教育史学研究与现代大学制度研究，都难免追本溯源地关涉到大学起源问题。因此，关于大学起源和现代大学制度的关系，就有了不同学者的个人叙事和解释以及围绕叙事和解释所产生的争议。这些争议主要发生在对于"史实"的叙事角度及分析评价方面。迄今为止，这些个人叙事和相互之间的争议依然在继续。也许这是一个必然的永远过程，因为，正如争议背后所呈现的事实那样：由于学者个人心智品质[1]的不同，给予同一历史事件和现象以不同的解读。这种个人心智品质，既包括建立在科学的方法论基础上个人知识结构和理性认知能力，也包括基于个人情感的价值取向偏好和潜意识支配下的个人思维盲点或规避。

大学，作为一个纵贯人类文明几千年沧桑变化历史的社会组织，她的组织建构权力、组织文化价值取向、组织资源获取方式、组织活动内容和方式等，都无不经受几千年历史过程中整个人类社会政治、经济、文化以及知识进步等变化的影响。英国学者珀金曾经说："大学对一切都进行研究，就是不研究它自己。"[2]的确可以说，迄今为止，在历史的、社会的开放视野中，即使出于人类理性的共同探索，我们对于大学的研究还相当贫乏，我们对于大学的见识还相当无知。但是，这种状况正在发生改变，在国内和国外，关于大学和高等教育的多学科研究正在慢慢展开，并且这种多学科研究已经初步表明：形成珀金所言的尴尬现象的原因，是由于大学或高等教育在现代社会文明进程中的独特而奇妙的地位所造成的。之前，大学在社会权力的构成中的地位是边缘化

---

[1]这里的个人心智品质是指基于个人知识文化背景、生活经验和情感偏好的、个性化理解事物方式和能力。个人心智品质作为个性化理解事物的方式和能力，既包含客观地理解事物的个人理性成分，也包含主观地理解事物的个人情感偏好、潜意识等非理性心理成分。美国批判社会学家赖特·米尔斯在其《社会学的想象力》（陈强、张永强译，三联书店 2005 年 3 月版）一书中曾使用"心智品质"一词，主要是指基于个人知识修养的思维品质。

[2]朱永新：《高等学校教学管理系统研究》，江苏教育出版社 1998 年版。

的，自大学和高等教育大众化发展以来，在当代“以知识为基础的社会”背景中，她正在悄悄地从社会边缘走向中心（轴心）地位。不过，当人们逐渐认识到关于当代大学和高等教育的研究不可或缺且相当紧迫时，多学科研究视角发现，大学和高等教育在当代社会是一个如此成分驳杂、价值多元的系统，很难概括性阐释它和预测它。

社会进步的当代状况，在把大学逐步推向社会中心时使她面临两个方面的问题：①大学和高等教育应该如何服务社会。②大学和高等教育应该如何存在。在第一个问题中，社会追问大学和高等教育的当代功用。在第二个问题中，大学和高等教育诉求自己的社会独立性以及生存合法性。在围绕这两个方面所展开的思维和话语中，人们往往从大学发展历史中寻找回答问题的经验性依据。由于如上所述的认知局限性，我们在探讨现代大学起源时同样缺乏开放的视野或多学科视角。毋庸讳言，本书也难免存在出于以上原因的更多局限。但是，人类的认知活动和成果总是在残缺中进步的。因此，本书也不避诟病，力求从更开放的视角展开自己的叙述，以磋商的态度丰富我们的认识。

一、古代社会生产方式、社会权力构成与现代大学起源

如果把古代社会的智者传授知识或传播信仰的活动——比如西方古希腊罗马时期的哲学家柏拉图等、东方古中国战国时期的诸子百家和春秋时期的孔子等——算做高等教育活动的话，那么，在没有大学组织之前，高等教育活动很早就开始了。同时，根据教育史记载，无论东方或西方社会，很早就有传播高深学问的场所。但是，人们并不把柏拉图的“学园”和中国春秋时代的“稷下学宫”看做是现代大学的起源，而是把西欧中世纪出现的“教师行会”和“学生行会”❶组织，看做是现代大学的母体。

---

❶12 世纪时，大学指“学者行会”（university of scholars）、“学生型行会”（universitas scholarium）和“教师型行会”（universitas magistrorum et scholarium）。到 13 世纪，university 专指学者或师生行会。13 世纪后期，university 与 studium general（指接受学生学习的场所）意义统一，指传授高深学问的场所。欧洲最早的大学 11 世纪已经产生，例如意大利的波隆那大学。参见黄福涛《外国高等教育史》第 56、57 页。

中世纪大学作为一种“行会组织”，与早期柏拉图的“学园”，或是古中国的“稷下学宫”相比有很多不同之处。①与柏拉图的“学园”不同。它不是智者个人潜心思考或作为教师单独传播知识的场所，而是有组织的教师群体在从事教学工作。②与“稷下学宫”不同，“稷下学宫”是当时中国社会王室“养士”风气的延伸和养士制度的变迁。它以“官办民营”的形式运作，目标在于服从齐国图谋政治霸权的需要。虽然各家各派学者云集，但在很大程度上它是各家学者思想争鸣的论坛，教学是其附属活动。③就知识传播的内容和应用方向而言，无论“学园”或是古中国的“稷下学宫”都不传播面向民众社会的职业知识，例如医学教育。④教师行会还是一个职业教师的再生产组织，一个大学“毕业生”或学者是否适合做大学教师，要经过教师行会所规定的评价程序，比如公开辩论以及之后的教师行会的集体决断等。⑤就办学的独立性和稳定性而言，早期学者个人化的教学活动，很容易遭遇外部力量(政治的与社会的)干预。比如柏拉图的流亡生涯和他的“学园”存亡，齐国的兴衰和“稷下学宫”的存亡，孔子的周游列国和他四处碰壁的学问传播。中世纪大学则不同，他们以集体的力量抗衡来自城邦市民社会、世俗王权或宗教权力的干预。即使主动地或被动地迁徙校址，即使有教师离任，仍旧能够保证有组织的教学活动。⑥最为关键的是，中世纪大学设置文、法、神、医四个学部，这种多学科教学机构建制方式，与知识演进历史中的现代学科理论“范式”相互促进❶。同时，中世纪大学还创立了学位制度。如涂尔干所言，“要是有一个中世纪的学生回到我们中间，听我们谈论大学、院系、学院、业士学位、执教权、博士学位、学习课程、常设课和非常设课，很有可能这样想，除了从前使用的拉丁词被法语词所取代，其他一切照旧。只有当他坐进我们的讲演厅或课室，才会体会到已经发生的变化。他会就此看到，学术生活已发生

---

❶例如16世纪苏格兰的大学，用少数教授负责单独学科取代传统的每个人都负责全部学科的全科导师制，开近代大学之先河。既创新了大学制度，又推进了近代自然科学和社会科学的发展。参见伯顿·克拉克主编《高等教育新论》(浙江教育出版社2003年11月版)第36～37页。

了转型,但依然在中世纪为它挖就的沟渠里流动"❶。⑦值得重视的是,中世纪大学是西欧城邦社会民众需求的产物,她既是满足西欧城邦社会民众职业知识需求(比如波隆那大学的诞生和医学教育)的产物,又是西欧城邦社会民众追求精神自由和信仰自由(比如巴黎大学的诞生和经院哲学家阿波拉尔的叛逆性思想)的产物。因而,中世纪大学同时还是一种跨越"国家"(城邦)的世界性民间组织。

如果以上所分析和列举的中世纪大学特征是客观的,那么,可以说,前五个特征主要是中世纪大学与古代大学的区别,第六个特征既把中世纪大学区别于古代大学,又把自己与现代大学紧密地联系在一起。而第七个特征,是中世纪大学所独有的,既区别于它之前的古代高等教育机构,又与现代大学特征相阻抗。因为,现代大学的形成过程也是大学国家化过程。大学国家化过程的特征之一,就是伴随着以民族国家为单位实体的社会意识形态和文化价值观认同化及统一化过程,大学的文化使命从自由探索转化为权威灌输。所以,从后两个特征看,中世纪大学既具有现代大学的起源性质,同时也具有反现代化、反国家化性质,包含着大学后现代走向的基因。

针对中世纪大学产生这一历史事件或现象,有不少学者和思想家做过分析和评价。英国历史学家哈罗德·珀金说:"大学是一个独特的既分裂又分权的社会的偶然产物。"❷"中世纪欧洲是一个四分五裂、高度分权的文明之地。"❸"大学就是在这种分权的、有社团思想的时代精神影响下发展起来的。"❹可以说,历史学家珀金从社会权力构成和文明发展基础两个方面解释了中世纪大学的产生。法国社会学家涂尔干说:中世纪大学是中世纪欧洲民众社会精神生活的"适配器官"❺。

---

❶[法]爱弥尔. 涂尔干著,李康译:《教育思想的演进》,第225~226页。

❷[美]伯顿·克拉克主编,王承绪等译:《高等教育新论》,浙江教育出版社2003年版,第27页。

❸[美]伯顿·克拉克主编,王承绪等译:《高等教育新论》,第28页。

❹[美]伯顿·克拉克主编,王承绪等译:《高等教育新论》,第29页。

❺[法]爱弥尔·涂尔干著,李康译:《教育思想的演进》,上海人民出版社2003年版,第107页。

他的这句话在很大程度上要以中世纪具有反叛精神的院哲学家阿贝拉尔和巴黎大学的诞生为注脚,并不能充分解释中世纪最初以职业教育起源的大学类型如波洛尼亚产生的社会机制。值得注意的是:他从“社会有机体”理论角度解释了当时欧洲民众社会渴望从宗教束缚中寻求精神解放和自由以及基于这种渴望在权力空隙中所进行的创造性社会组织建构。这是一种民间组织,它不具有后来的民族国家大学的“上层建筑”性质。中国早期的马克思主义教育理论家杨贤江这样解释教育的起源:“浅言之,教育的发生就植根于当时当地的人民的实际生活的需要;它是帮助人营造社会生活的一种手段。所谓生活,一方面是衣食住的充分获得,另一方面是知识才能的自由发展;还有,这种生活是集体社会的,决不是孤立的个人的;所以教育的定义应是社会所需要的劳动领域之一,是给予社会的劳动力以一种特殊的资格的。自有人生,便有教育。因为自有人生,便有实际生活的需要。不过人生的需要,随时随地有不同;教育的资料与方法也跟着需要变迁。这种变迁的根源,就存于社会的经济结构的转易。”杨先生的理论尤其对于中世纪以职业教育起源的大学具有直接的、充分的解释力。如果我们进一步运用马克思主义关于经济基础决定上层建筑的理论进行分析,就不难理解,在西欧权力结构分裂的中世纪,民众社会如何可能从追求精神生活自由的向度建构起民间组织性质的“适配器官”。我们还不难从社会权力构成的角度理解古代中国大学产生的社会机制并有效地做出它与中世纪大学之间的比较性分析。关于这一问题的研究已经通过零散而又关联的成果达成一个结论:文化发祥很早的古代中国,在以农业社会为生产方式和经济结构的背景基础上,建构了适合这一社会生产方式和经济结构背景的、自我谐统性极强的政治制度和文化观念,在这种政治制度和文化观念的谐统性之下,儒家学校作为一种最终教育价值选择结果被予以肯定。儒家学校在学科建制和教育内容选择方面与中世纪大学相比具有巨大差异,既不能适应现代学科知识发展逻辑,因此又不能帮助国家适应近现代国家遵从“强权就是真理”的生存法则,最终导致了它自身的衰落以及它所服务的国家形式的消亡。至于说中国古代“大学”是否可以称为大学以及它与中世纪的大学在现代大学意义上检讨价值，稍后进一步讨论。

二、中世纪大学的“反”现代化属性

在脱离事物发展时空逻辑的前提下，声称一个社会的先在之物，反对不可预见的后来之物。这个题目本身具有悖论性质。但是，从历史反思的角度看，这一命题得以建立的思维逻辑是：我们至今还拥抱着中世纪大学的理念或幻想，把它作为一种价值观或行为准则来诉求和评价今天的大学。所以，不是中世纪大学本身具有“反”现代大学的属性和特征，而是现代人以一种价值观赋予中世纪大学以反现代化属性。

为了使这一声言得以成立，我们从比较中世纪大学与现代大学的特征开始分析。

可以这么说，现代大学是社会运动现代化的结果，虽然现代化运动的肇始可以追溯到文艺复兴和启蒙运动，但是现代化进程早期阶段是与现代民族国家的形成过程相重叠的，主导这场运动的最终主体是现代民族国家。

现代化运动有几个主要向度：①在社会政治权力构成方面。伴随着近代资本主义的兴起，最早在西欧形成了现代资本主义民族国家。这些具有侵略扩张性质的资本主义民族国家及其侵略扩张行为，刺激了世界范围内的民族国家形成和民族国家运动。在这种刺激—反应模式和过程中。不断追求统一和强大的民族国家成为具有共同语言、文化和情感心理的局部社会最高权力形式。②在经济制度安排上。以承认私有财产制度的合法性和以承认人都是自私自利的“经济人”、“理性人”为前提，市场经济制度最终获得全面胜利[1]。③在文化观念上。文艺复兴和启蒙运动以来，在驱除宗教蒙昧主义的人本主义的旗帜下，生命不再具有“生死轮回”的终极意义和“天堂地狱”的道德意义。在“经济人”文化和“市场规训”作用之下，个人生活以物质主义、享乐主义、消费主义作为价值观和幸福观；在科学主义的推动下，现代人成为

[1]参见本人文章：《从“市场规训”反思“经济人”假设的局限性》，《中州学刊》2006 年第 6 期。

"精于算计的理性人"[1];社会行为调节的道德基础取向,主要依靠法律、制度、契约等"他律主义"的外部强制性手段,而不是建立在宗教信仰和宏大社会理想基础上的个人道德自觉。④在知识进步方面。在市场经济制度的刺激下、文化观念变迁过程中,知识进步服从实用主义、功利主义价值观和市场交换原则。科学知识、实用知识受到推崇,人文知识被贬抑甚至扬弃。当然,以上这些并不是现代化进程和结果的全部含义,本书只是选取了那些密切关涉论题的主要方面。

那么,在这样一个漫长的社会政治、经济和文化观念变迁的历史过程中,中世纪大学是如何实现了现代化,同时依旧保留着那些与现代大学相阻抗的、被现代人怀念的特征和属性呢?

民族国家的形成,意味着高度统一的社会政治权力形式的形成。在社会政治权力从分散、分裂走向集中统一的过程中,①中世纪大学从国际化走向国家化,大学被赋予国家政治功能。即大学的精神文化活动要以服从国家意志为前提并在精神文化活动中担负起维护民族尊严、国家政权和社会秩序的任务。与中世纪大学相比较,大学的文化使命从社会政治权力分散背景中的"自由探讨"走向社会政治权力集中背景中的"权威灌输"。②现代大学的建构权集中于国家,国家具有干预大学的举办或撤消的绝对权力,中世纪民众社会所拥有的自由建构大学的权力及其社会背景完全发生了变化。③国家化的现代大学进一步经历了高度组织化的管理过程,从政府到大学组织内部,国家自上而下建立起一个教育行政管理系统,中世纪大学作为一个"知识共同体"逐渐被改造成为一个政治化的官僚科层制学术组织。知识生产和传播的背景与目的发生改变,正如美国社会学家米尔斯所言:"在科层制的社会科学中,整个社会科学的努力局限于为占统治地位的权威服务。"[2]④国家还通过控制大学和大学教师及学生的生存资源,如经费拨付、土地使用、教师劳动报酬制度及教师流动管理制度、学生学籍管

---

[1]参见马克斯·韦伯《学术与政治》。

[2][美]米尔斯著,陈强、张永强译:《社会学的想象力》,北京:生活·读书·新知三联书店2005年版,第138页。

理制度等，进一步控制大学内部活动。现代大学丧失了中世纪大学“自由迁徙”的权力和能力，限制了教师和学生自由流动的权力与能力。⑤中世纪欧洲社会处于宗教禁欲主义精神文化背景之中，虽然中世纪知识分子在精神信仰追求方面具有怀疑精神和批判勇气，但是在日常生活方面，与那个诞生了“修行主义”和“托钵僧”❶时代的观念相适应，中世纪大学的教师大多奉行独身主义，他们不贪图财货，收取学费的标准以维持生计为度。然而他们对于知识、真理和智慧的追求却毫不懈怠。更进一步说，中世纪知识分子承继了古代知识分子的精神传统。例如，亚里士多德认为知识和真理是无价的，因而想通过传播知识与真理来换取金钱与财富的人是可耻的。在古代中国，孔子也说：“自行束脩以上，吾未尝无诲焉。”❷文艺复兴以来，欧洲社会冲破了宗教禁欲主义财富观念，资产阶级为个人追逐财富贴上“获取财富是对上帝的荣耀”的美丽标签。在资本主义市场经济制度规训下，现代人（包括知识分子）往往自觉或不自觉地按照“经济人”观念支配自己的行为。市场在刺激具有市场交换价值的科学知识、实用知识生产的同时，也在驱逐不具有市场交换价值的人文知识生产。现代大学渗透着商业气息，甚至成为营利组织。⑥在知识传授和学生培养方面，中世纪大学虽然设置文、法、神、医四个学部，但是所有学生都要接受“通识教育”（七通艺），亚里士多德的著作作为主要课程，更是百科全书式的知识大全。根据格莱夫斯的《中世教育史》，13、14 世纪时中世纪大学所谓的神学教育，其内容并不是讲授《圣经》或宗教经典，而是教授对于上帝和圣经充满了质疑精神态度和质疑精神的经院哲学。在教学方法

---

❶中世纪欧洲的修行主义起源于 3、4 世纪基督教人士对于世风衰颓和道德败坏的反抗，修行者离群索居的生活以避免奢靡生活的诱惑，过着一种祈祷、冥想、斋戒、烈日曝晒、笞体等等压束身体、安静精神、寻求高尚的生活。这种修行主义逐渐影响了当时的道院生活并形成了道院教育的三种理想观念：服从、贞洁与贫穷。见格莱夫斯著《中世教育史》第二章：修行主义与道院学校，华东师范大学出版社 2005 年 9 月版，第 7 ~ 28 页。托钵僧同样起源于宗教教派对于腐败的反抗。13 世纪时，欧洲一些教派因为拥有大量财富而骄奢淫逸，于是，新生的弗朗西斯和多米尼克两大教派禁止派中个人和团体拥有世俗财产，提倡节欲守贫的生活。见伍尔夫著《中古哲学与文明》第 43 ~ 45 页，华东师范大学出版社 2005 年版。

❷《论语·述而》。

上，根据涂尔干《教育思想的演进》的说法，中世纪大学主要推崇“辩论”、“三段论”。这种辩论和推理的方法在当时大行其道，不仅活跃思想、训练思维，同时也说明师生所关注的知识，多是适合这些方法论的关于价值、信仰的是与非的知识。可见，中世纪大学虽然有职业教育的成分，但是学生在整个大学生活里所接受的主要是一种文化的教育、心智的训练。现代大学的学科建制处于“两种文化”的分裂之中，现代大学的人格教育处于经济学“经济人”人性文化假说和教育学“可塑人”人性文化假说的矛盾分裂之中，现代大学的教学处于面向事务的知识教学和针对价值、理想的心智训练的结构性偏差之中。

通过以上比较我们不难看出，经过数百年历史变迁，现代大学除了承继着中世纪大学的“形式的外壳”之外，实在很少有共同之处。然而，究竟中世纪大学的什么属性或特征使得我们念念不忘呢？

仔细分析我们不难发现，比起中世纪大学，现代大学有效地生产和传播着科学知识，并为人类社会的物质生产、技术进步和生活富裕、便捷做出了巨大贡献，然而，现代大学却不能在精神文化方面形成像中世纪大学那样与社会之间的良好互动。这也许是由于民族国家政权形式钳制的结果，也许是由于资本主义市场经济制度的结果，也许是由于文艺复兴以来的人本主义思想本身就包含着纵欲主义的结果，也许是多方面共同作用的结果。总之，无论人们最终找到的形成这种结果的原因是什么，一个客观的现象是，现代大学已经历史地失去了中世纪大学那种活跃民众社会精神文化和精神生活的能力。但是现代人精神上的失落感、道德迷茫、对人类终极走向的眷顾和担忧等，使得人们对于中世纪大学那种活跃的精神文化探究活动希望重燃，希望现代大学能够重新担负文化使命，以自由探究的精神、敢于批判的勇气活跃并引领民众社会的精神文化生活。正是在此意义上，人们赋予中世纪大学以反现代化属性。

三、现代大学起源诠释中的理性与情结

无论中世纪大学或是现代大学，其根本属性是作为一个“知识的共同体”而存在的。这种知识的共同体，就中世纪大学来说，既有实用

的、职业教育的知识成分，也有非实用的、心智教育的知识成分。然而，二者浑然一体共同作为大学学术生活不可分割的组成部分。对于受教育者来说，中世纪大学是一种文化的教养和心智的训练。由此，中世纪大学也显现出了它的社会作用和意义，正如格来夫斯所言："这些大学，甚至为一种直接鼓吹自由讨论和促进平民主义的机关。它们变为当时注意普通社会利害问题的代表，而大大减轻教皇和专制君主的势力。所有各阶级的社会，都视他们为一种公断的法庭……当日诸大学的影响所及，使所有中世纪各机关的旧日束缚，全行解放。且大有助于促进个人主义的发展，和引导文明与进步的光明到前面的路上去。"

综上所述，中世纪大学之所以获得如此殊荣，不仅仅是因为它自身所具备教育内容和方法的优势、追求自由探讨的精神和拥有自由自治的权力，同时还在于：①当时外部社会权力给予它如此存在的条件时，并非完全出于强迫，有时甚至包含着宽容。例如教皇、皇帝和国王在给予中世纪大学独立司法权和各种豁免权时，容忍学生在大学特权庇护下的放荡不羁行为而依然保留其特权。②在精神文化领域，四分五裂的中世纪欧洲社会，存在着征服者日尔曼人对于破碎的罗马文明的沉醉，存在着虔诚的基督徒对于世俗繁荣与腐败的拒斥和对于高尚精神生活的追求，存在着叛逆的经院哲学家对于宗教教义的质疑，也存在随着贸易发达而逐渐富裕起来的市民社会希望冲破宗教束缚而获个性解放和情欲解放的愿望，更存在知识分子对于古希腊罗马文明的发现、研究、传播和向往。这些因素共同形成了那一个时期的城邦社会的精神风貌。中世纪大学就是这个权力分散而宽容的城邦社会精神风貌的产物。与其说中世纪大学的自由自治应该为现代人所沉醉，不如说中世纪大学与当时社会良好的互动关系应该为现代人所沉思。

与中世纪大学相比较，现代大学是如此让人依赖的同时又感到失望，人们之所以依赖它，是因为在现代"以知识为基础的社会"中，社会分工的运行和个人生存越来越依靠大学和高等教育传播"面向事务"的知识。人们之所以失望，是因为现代大学在活跃社会的精神生活方面越来越显得单薄乏力。现代大学之所以如此，仅仅是因为现代大学缺乏"自由自治"的权力这样简单的原因吗？放言之，即使果真赋予现代大学以自由自治的权力,它是会像中世纪大学那样成为民众社会精神生活的"适配器官"呢,或是会成为一个主要依靠传播"面向事务"的知识而追求营利的组织呢?恐怕在相当大的程度上是后者。

现代大学为什么如此?正如伯顿·克拉克等所进行的多学科研究所表明的那样:这是一个需要仔细辨析的艰难问题。针对现代大学的状况和走向,珀金说:历史经验的作用只能是"如果你想要知道你去哪儿,它帮助你了解你曾去过哪儿"[1]。是的,现代人之所以对于现代大学感到失望的同时还抱有希望,是因为历史上曾经有过中世纪大学那样一种令人向往的大学形式,它的真实存在使我们对于现代大学的文化使命仍旧抱有一种希望。就目前而言,有充分理由说明,这种希望是一种缺乏理性分析支撑的情结。①大学作为一种知识共同体和思想的共同体是社会需求的产物。这种知识和思想的共同体如何同社会需求相耦合,在其现实性上,取决于时代社会的政治、经济和文化等综合力量的影响,这种综合力量的影响决定了一个时代的知识演进和精神风貌,也进一步形塑了大学的存在。现代大学之如何让人们感到失望,应该从大学外部寻找原因。但是,我们往往首先把社会现实这样一种"强迫性存在"作为"合理的存在",对于现代大学的缺陷也就无法做出合理的解释。②既然现代大学是现代社会政治、经济和文化等综合力量共同形塑的结果,那么,要想在现在大学身上实现中世纪大学的理想效果几乎是不可能的。因为历史经验表明,大学和高等教育的重大变化首先是以外部的社会政治、经济和文化观念的运动变化为前提的,更准确地说,大学和高等教育的重大变化往往是社会政治、经济或文化观念因素发生重大变化的结果。关于这一点,制度变迁的路径依赖理论也可以帮助我们得出同样的结论。

毋庸讳言,在现代社会政治、经济和文化观念等因素作用下,现代大学和各种高等教育机构如影随形地依附着"面向事务"的知识生产和传播形式的多样化而变化,越来越层级分隔、成分驳杂,越来越深厚地浸染着商业气息和官僚科层制气质,它的组织目标和它的知识分子

---

[1] [美]伯顿·克拉克主编,王承绪等译:《高等教育新论》,第49页。

的生存观念与原则，已经越来越远地背离了它的中世纪母体的文化使命，甚至在商业化的影响下，它已经越来越远地背离了它作为现代大学初衷的发展科学的使命。因此，本书把人们寄托于现代大学的文化使命的希望，解读为缺乏理性分析支撑的一种情结，并把这种情结解读为中世纪大学作为一种历史的真实存在留给我们现代人的只是一种时空阻隔的幻影。但是，这并不会使我们感到彻底的沮丧和绝望。因为，正如在《高等教育新论》中历史学家哈罗德·珀金所表明的那样：现代大学是过去社会对于传统大学不满的产物。如果现代大学不能够按照人们的希望和情结得到令人满意的改造，人们会创造新的机构来取代它。

什么是现代大学，哈罗德·珀金把它解释为自12世纪产生于意大利和法国以来的古老机构向非欧洲世界迄今为止的“移植”。这种机构依靠改变自己的形式和职能以适应当时当地的社会政治环境并保持自己的连贯性和名实相符[1]。如果我们遵从现代科学知识和现代学科发展与西方大学发展的关系的历史以及这一机构无论发生了多么重大的实质性变化而始终以“University”冠名的话，也许我们无法否认那种西方中心主义的立场和观点。但是，如果我们质问，西方社会的现代大学与其中世纪大学果真名实相符吗？答案无疑是否定的。再次重复的理由是：现代大学，在关于人与社会发展的精神文化建树方面，已经越来越远地消失了它的中世纪历史踪影。而关于这一点，中国古代大学（太学、书院等儒家高等教育机构）那种“明明德、新民、止于至善”的文化精神传统不可与中世纪大学相媲美吗？你可以不把中国古代大学看做是现代大学的起源，因为现代大学既辜负了中世纪大学的文化精神和使命，同样也为中国古代大学的文化精神所鄙夷。在这个层面上，我们现代人却怀恋那种古老机构——东方的和西方的——他们共同的文化精神。

[1]参见哈罗德·珀金的观点。《高等教育新论》第24、25页，浙江教育出版社2003年11月重印版。

第四节　现代大学危机的后现代视角及批判

现代性思潮作为一种思想文化观念，开启了现代性与后现代性这样一个检视和讨论历史、哲学、文化、知识等许多领域及学科的新视角。在许多学科那里已经取得颇有影响的进展甚至丰硕成果。

现代性与后现代性作为一个讨论问题的视角，在不同的学科领域，或在同一个学科领域都有不同的定义和解读。在本书关于高等教育的现代性与后现代性的视角命题下，也应有着自己的指涉。那么，本书关于高等教育的现代性与后现代性，是指高等教育属性和大学组织的特征(作为一个事物或问题的两个方面)，在历史上某个时期曾经形成某种长期稳定的特征，这些属性和特征，曾经在认识论上有意识或无意识地被人们总结和接受，形成了人们长期稳定的观念。然而随着历史的发展，这些稳定的高等教育属性和大学组织特征正在为新的力量所驱动从而发生着改变，从某种意义上讲，这种改变在消解高等教育和大学组织的原有属性和特征的同时，赋予其新的属性和特征，从而使得高等教育属性与大学组织特征的历史发展出现了断裂的、非连续性的状况，使得人们理论认知与实践把握出现了困惑和危机。

从高等教育活动与其他社会运动在“现代性”概念之下的相互关系而言，现代性高等教育的形成与发展，是与欧洲文艺复兴和启蒙运动以来的社会精神文化世俗化、在哲学上意义上人的“主体”地位的确立、科学研究和科学知识的昌明与发达、欧洲民族主义和民族国家的形成等社会组织结构变化及意识形态演进紧密联系的。从历史跨度而言，现代性高等教育的起源和形成可以看做从中世纪世俗大学的出现直到欧美国家高等教育进入大众化发展时期。而当下，随着世界范围内众多国家的高等教育进入大众化发展阶段，尤其是高等教育市场化运作成为当今世界各国高等教育改革的普遍趋势的时候，高等教育的属性和大学组织的特征正经历着快速变化。这些变化越来越表明，与其说高等教育属性和大学组织特征在今天的快速变化与其历史发展是一种历史的有机联系，毋宁说是一种历史的断裂式发展。高等教育发展作为社会运动的一个方面，它的这种断裂式发展虽然有着自身原因，但却不是孤立的，而是在“现代性与后现代性”视角之下，与其他社会系统的发展紧密联系的。因此，高等教育的“现代性与后现代性”，在西方社会构成了检讨大学组织和高等教育发展的一个视角之一。

一、现代性高等教育的形成与特征

现代性高等教育特征的形成，经历了一个漫长时期。我们在做如此界说的同时必须清醒地意识到，由于我们所说的“现代性”高等教育是相对于“后现代”这一在多学科领域都正在“时髦”使用的概念而言的，因此当我们界说现代性高等教育特征形成过程时，事实上隐含着我们已经预设了一个与现代性高等教育特征诀别、分离或断裂式发展的高等教育新时期及其新特征——后现代性高等教育及其特征。

哲学意义上的所谓“现代性”，是指文艺复兴以来，随着人文主义思潮的发展、科学知识和科学发现的发展以及科学观念的变化，对基督教宗教文化展开猛烈批判这样一个启蒙运动（世界的祛魅——康德语）过程中所确立的人在世界中的主体地位，和人类以“理性”与科学为智慧依据和手段，以“人为自然立法”、“人为道德立法”的物质与精神世界主人翁态度和勇气，以追求人世间的自由和幸福为生存目的时所产生的新的思维方法、世界观和自由、平等、博爱等现代社会价值观念。所有这些为现代资本主义社会的产生和形成提供了思想基础，它们因此构成了哲学意义上的现代性基本特征[1]。

现代性的划时代特征在于它标示着一个文化转折，一个从上帝本位的基督教宗教文化向人本位的人文文化的转折。从这个意义上说，教育意义的现代性也相应地标示着一个转折，即从宗教教育向世俗教育的转折。事实上，从欧洲启蒙运动的现实来看，中世纪教育，尤其是中世纪世俗性大学的出现、学校里的人文学科教师的活动——他们对于古典自由学科的推崇以及复兴古希腊罗马文化的主张，对于当时文艺复兴运动在思想层面的深入发展，起着推波助澜的奠基作用。因此，

[1] 陈嘉明：《现代性与后现代性》，人民出版社 2001 年版，第 3 页。

可以说,中世纪从宗教教育向世俗教育的转型,是欧洲文艺复兴运动或启蒙运动的重要组成部分,标示着教育现代性的发轫。涂尔干把中世纪世俗大学的出现,解释为当时欧洲社会民众精神生活需求所催生的"适配器官",可以说是更深刻地揭示了在那样一个社会转型时期,中世纪世俗性大学的出现所表示着的教育运动与文艺复兴运动之间的内在联系。在这一过程中产生的现代教育理论和教育学学科,包含着对人性的重新认识和对于教育方法的重新建构。即不再把人看做是上帝的"造物"、把人性看做是包含着"原罪"和"神性"的混合物,而是把人看做大自然和生物历史的产物,把人性看做是社会属性和生物属性的结合,在此基础上确立了教育、尤其是学校教育对于人的发展的重要作用并不断寻求发挥教育作用的有效途径和方法。

现代性的划时代特征还在于它标示着一种社会转型,即从农业社会向工业社会的转型。随着资本主义工商业的萌芽和发展,随着自然科学知识的积累和发达,随着现代经济理论、尤其是亚当·斯密经济学的出现和西方经济理论的发展,从文艺复兴运动开始到 18 世纪,西方社会首先建立起工业化社会和自由竞争的资本主义市场经济制度。但是,马克思主义理论的产生秉承和发展了不同于亚当·斯密的另外一条思想路线,在工业文明的进步过程中催生了社会主义制度和国家理论。从此也出现了社会主义国家与资本主义国家两大阵营,并围绕个人主义与集体主义、计划与市场等意识形态价值观方面和国家制度安排等方面产生对抗与交锋。高等教育在两大阵营的国家或社会制度中的发展,显然受到截然不同的意识形态价值观和社会制度安排的影响。尽管如此,教育,尤其是学校教育,由于其自身发展的历史永恒性和相对独立性,在整个世界的工业文明过程中形成了具有趋同性质的现代性特征。

高等教育现代性的发展经历了一个漫长时期,这个漫长时期从文艺复兴开始,完成于民族国家的形成过程中——高等教育和大学组织的国家化。因此,现代高等教育属性和大学组织特征是以高等教育现代性的完成为内涵和标志的。但是,作为生活用语的"现代高等教育",却往往是指高等教育现代性特征形成以来直到当代状况这样的一个历史跨度的“时代标签”。事实上，作为历史跨度“时代标签”的“现代高等教育”，不仅仅包含者高等教育现代性特征的形成和延续，同时也包含着高等教育后现代性的出现及其对于高等教育现代性特征的侵消。

（一）现代性教育理论演进隐含着这样一个人性假设：“人是通过教育可以被塑造的。”同样，这也是现代教育哲学的理论前提。文艺复兴以来、尤其是启蒙运动以来的大学教育运作把这一潜在的理论假设当做关于学生人格塑造的基本理念来秉承

文艺复兴和启蒙运动以来，人的主体地位的确立和以人为中心的价值观的确立，鼓励或引致了自然科学和人文社会学科的进步，亚当·斯密古典经济学和早期的泰勒管理学等人文社会学科，都把人性“恶”当做理论演绎的哲学前提。教育思想理论演进的哲学前提也关涉到这一问题。然而，教育哲学和其他教育学科理论在人性善恶问题上尽管有着“性善论”、“性恶论”以及“中立论”等多元观点，但那个时代的教育思想家们并没有在这个问题上发生过多的理论纠缠而达成了一种共识：无论人性如何，在影响人的发展的三大主要因素——遗传、环境和教育中，只有教育，尤其是有组织、有计划、有目的的学校教育，在人的发展中，尤其是在人的思想道德修养和行为习惯养成方面，具有主导性影响或塑造作用。由教育哲学和教育学科理论在人性假设上的理论切入方式的特殊性，可以看出教育学学科属性之复杂和特殊，因此教育学通常被界定为人文科学，而关于学生个性、人格或思想品德的教育理论和教育行为也往往被称为教育艺术。注重用“真、善、美”价值理念引导学生的道德思想和道德行为发展；通过规定统一课程和班级授课方式，培养学生的共同价值观和集体主义纪律等。在扬弃教会教育的愚昧和弊端（例如把体罚当作驱魔）的过程中，教育学、心理学等现代教育学科由此生发开去。在学生人格发展上，文艺复兴时期就已经提出了培养新人——“绅士”而非“圣徒”的人格教育目标和人文主义教育理想。

相信教育对学生成长的塑造作用，这一理念本身同时也为学校教育的国家政治功能和民族文化功能的生发埋下了深厚的理论根基。文艺复兴时期，西欧封建君主曾经提出了大学要培养具有知识、道德修养和举止文雅的人才为国家政府和公共部门服务。当时那些与宫廷来往密切的人文主义知识分子，很快就把培养"绅士"昌明为大学教育的目标。至此，大学教育逐渐具有了"人格化"、"偶像化"的人格教育目标，大学组织而不再像之前的"学生帮会"或"教师帮会"时期那样的松散组织。在以后，随着欧洲民族国家的出现，大学在国家化的过程中，逐步走向制度化和规范化的官僚科层制管理模式。在学生发展上，遵循德智体全面发展的培养目标和评价标准。这一时期资产阶级思想家、教育家所提出的公民教育思想，则直接渊源于对于教育塑造作用的认识。在学生思想教育方面，相信通过思想和理论的"灌输"，可以改变和塑造学生的精神信仰及价值观念。教师职业，被誉为"太阳底下最高尚的职业"。在集权制国家和社会主义国家，还进一步扩大了教育对于全体国民的思想和人格的影响作用，利用理论灌输、舆论力量和"榜样"示范作用来提高全体国民的思想道德素质或人格修养水平。尤其在国家非常时期，高等学校往往实行军事化管理。大学组织作为一个传统的学术场所达到了前所未有的政治化程度。

（二）现代性高等教育是一种崇尚权威的精英教育

在人是通过教育可以被塑造的这一现代性教育哲学和教育学学科理论的预设前提之下，崇尚权威，以"权威性"替代"神性"作为知识传输和人格培养"范型"很自然地成为现代教育理念和教育方式选择。

崇尚权威的现代性高等教育的形成，主要是与崇尚权威的现代性知识运动、崇尚权威的现代性科层制管理运动，以及崇尚权威的现代性社会分层运动同步构成的。在这一过程中，崇尚权威的现代性教育（尤其是现代性高等教育）运动是崇尚权威的现代性社会分层运动的一支重要力量。当然，在最终导致了崇尚权威的现代性社会分层架构和趋势的诸多社会（子系统）力量中，崇尚权威的现代性教育运动并不是独立的发挥影响，而是作为社会系统的一个方面，与其他社会子系统一起，在构造崇尚权威的现代社会分层方面目标一致地共同运动，并同时接受社会整体或局部运动的影响，在崇尚权威运动中形塑了崇尚权威的高等教育自身。

文艺复兴运动及之后，人们对于思想家、艺术家和科学家的崇拜是权威崇拜的典型表现。现代性高等教育的精英特征在于：国家权力部门和上层社会控制着教育权，适龄青年中的少数人拥有受教育权。这少数人的遴选要经过智力、知识甚至出身的考试和考查。然后进入层级化[1]的高等学校系统，学习经过拣选和统一编排的、可以称为科学知识的学科知识；大学组织采取官僚科层制管理模式，政治精英和学术权威控制学校，师生关系是建立在"师道尊严"基础上的说教——服从关系；大学用统一化、标准化的教育教学模式和考核方式来培养和评价在校生，德智体成绩优异者获得褒奖；这个系统把他们培训之后，按照择优原则分别把他们输送到层级和地位不同的社会部门，从教育精英转变成为社会精英。

（三）现代性高等教育是一种在"理性"观念统摄之下的教学内容科学化、思维方式规范化的教育

康德和黑格尔哲学论证了人类依靠理性而"为道德立法"的可行性。然而，他们的理性观念也为忽视或无视个人偶然的"非理性"思想行为的客观现实性，以及忽视或无视或鄙视那些处于非理性状态的精神病患者、思想和行为上的特立独行者、犯罪前科者等社会人群中"非大多数"者的人权和尊严，深深埋下了制度文化和观念文化的隐患。遵从这一原则，大学以科学标准拣选知识和编排教学内容，排斥不以符合科学标准的经验性知识、地方性知识以及缄默知识等；以符合"理性"标准的思维方式选拔成绩优异的适龄青年作为受教育者，然后用符合科学标准的学科内容和思维方式训练他们，用统一班级纪律和学生行为规范来约束他们的思想和行为，压抑和排斥思维独特怪异者、行动特立独行者。

---

[1]层级化的高等教育系统，是指一个国家的所有高等学校在行政制度安排、学校的业绩和社会声誉等多方面因素的影响下，形成一个在社会地位和社会观念中等级不同的分层结构。这是现代性高等教育的又一特征，是社会和教育在崇尚权威的运动中所构造的产物。美国高等教育学家菲普·G·阿特巴赫在《比较高等教育：知识、大学与发展》（北京：人民教育出版社，第6页）一书中更是把这种层级化特征描述为世界范围内的高等教育现象，并建立他关于大学发展"中心—边缘"现象的依附论学说。

（四）现代性高等教育是一种崇尚科学与道德、但最终走向崇尚科学主义的病态知识和文化教育

文艺复兴和启蒙运动以来确立的人本主义思想，至今仍旧令人们备加赞扬的，是它的“祛魅”作用和效果。但是人本主义的产生并发了纵欲主义，纵欲主义裹藏在人文主义华丽外衣之中，驱使科学主义受到推崇和迷信。科学知识的市场经济使用方式，使人类走向掠夺和破坏自然。由此也引发了“两种文化”之间的深刻冲突。裹挟着纵欲主义、个人中心主义的人本主义最初埋下的隐患，随着历史的推进，越来越彰显出人本主义价值观的根本危机。它从一种具有积极进步的思想和价值观，在某种程度上逐步走向了自己的反面。另外，人本主义相信“以人为中心”是价值尺度合法性的依据，但是，它最初没有、至今仍旧没有回答、后来事实证明的不可回避的问题是：以“什么人”和“哪些人”的价值为中心，才可以作为普遍的价值尺度合法性依据。事实证明：作为一个被地域、宗教或文化、民族、国家、阶级或阶层、部门或行业、利益集团、社会群体以及个人等等所区隔的、具有无限多样价值观的人类共同体，决定了以人为中心的价值尺度合法性依据是模糊的、大而不当的。在这样一个拥有无限多样、矛盾冲突的价值观的人类共同体中，现代性社会制度构建只是遵从了作为强者、权威和精英的少数人的意志和价值观念。在这少数人与多数人的矛盾对抗中，科学技术应用和自然资源开发在解决利益冲突的同时也制造新利益冲突。这个扭曲的过程越来越被人们意识到，但却无法控制。这就是人本主义作为一种思想和价值观自身不可救药的现代症结。高等教育和大学组织正是在这样一个过程中充当了满足外部需求的工具，在知识的拣选和专业的设置上，逐渐走向推崇“面向事务的知识”；逐渐忽视了关于心灵或精神生活的文化和知识的创造和传承，造成了科学教育的过度发达和人文教育的日益衰落。

高等教育属性和大学组织特征的现代性，主要地表现为以上几个方面，即通过高等教育的国家化、大学组织活动政治化、大学组织管理官僚科层化、教学内容科学化、培养目标人格化、培养方式齐整化、学生选拔精英化，使得高等教育具有浓厚的政治属性和文化属性。由于社

会制度不同、经济发展水平不同和历史传统差异等原因，世界各国高等教育现代性发展的完备性和表现状况不尽相同。从发达资本主义国家的高等教育发展状况、高等教育现代性的完成和后现代性的发轫是一个交接重叠的过程。随着科学技术知识的发达以及知识的市场价值机制运作，随着教育民主化运动和高等教育规模扩大，随着传媒技术的发达和网络课程、虚拟大学的出现，随着经济全球化运动和教育服务贸易的出现，随着后现代思潮的兴起以及与之紧密联系的话语权（现代知识建构）解构与重构等，高等教育的现代性特征立足未稳，便已遭遇到来自内部与外部的裂变力量，开始了它的后现代走向。

二、高等教育的后现代走向

在从文艺复兴运动到民族国家的形成这一历史时期，高等教育现代性发展最早在发达资本主义国家完成。高等教育的后现代走向，在前文所述因素的影响下，一般也是在发达资本主义国家以高等教育进入大众化发展阶段为标志发端的。如果说高等教育现代性主要表现为上述特征，那么，如前所言，后现代高等教育走向恰恰则是对于上述特征的消解和反动。高等教育的后现代走向，作为高等教育现代性的断裂式发展，作为一种对于高等教育现代性的反抗和未来走向诉求，正如其他学科在有关领域的后现代理论发展一样，在理论主张和概念辨识上是观念明确与模糊的浑然一体。

把高等教育进入大众化发展阶段作为高等教育后现代走向的发端，关于这一点，主要基于以下理由：高等教育的后现代走向是对于高等教育现代性特征的消解，这样一种新旧特质的关系，正是从高等教育进入大众化发展阶段以后开始明显表现出来并逐步全面展开的。在马丁·特罗首先提出的高等教育发展精英化、大众化和普及化三阶段理论中，高等教育发展大众化阶段之后，随着高等教育入学率的提高，高等教育的属性和大学组织的特征等都会发生变化。虽然某些变化是明显的，方向性是明确的，某些变化是潜在的，方向性是模糊的而且是难以把握的；虽然由于各国的大学深受其政治、经济和文化观念以及传统高等教育观念的影响，高等教育的大众化发展状况和高等教育后现代走向的具体情况和表现不尽相同，但是从高等教育发展外部表现的一般趋势和内在要求来说，仍旧具有极大的趋同性。

高等教育大众化首先消解的是现代性高等教育的精英特征。随着科学技术知识量的膨胀及其社会应用的推广与普及，社会生产和社会生活要求公民接受教育的程度提高；随着公民社会的出现和教育民主观念的增强，扩大受教育权问题在民主运动中作为基本人权观念在政治上被重视起来，随着人力资本理论的传播，提高公民受教育程度被认为是增加个人收入和推动国家发展（经济增长、社会进步）的重要手段与方面，多重因素引致了高等教育规模的扩张，随之而来的是大学在校生数量增加、选拔学生的成绩标准降低和培养方式多样化，大学的边界模糊和传统精英高等教育的变异。接受高等教育学历教育的人越来越多的不仅仅是传统的适龄青年，也可能是成年人；越来越多的人接受的不是传统普通教育，而是接受职业技术教育或者越来越贴近职业技术教育性质的高等教育培训。众多的毕业生中只有极少数人像精英教育时代那样进入国家政府或公共管理部门的高级阶层，成为所谓的社会精英，而是进入公共服务部门或私部门成为生产领域或服务部门的一般职员，或自谋职业成为"自我雇佣"者。

在后现代视角中，关于现代知识建构与"话语权"关系问题的反思，关于"宏大叙述"的反思，关于主体性的反思，等等，使得大学的学科知识选择和课程编选标准遭遇非议，关于传统班级授课方式遭遇非议，传统智育和德育的理性标准遭遇非议；与此同时，"大学知识超市"、"潜课程"、"非智力因素"、"后现代课程"、"后现代班级"、"地方知识"、"缄默知识"等具有后现代意味的新概念不断出现，使得大学传统运作方式甚至生存问题遭遇全面危机。

三、高等教育危机的后现代视角及后现代视角批判

现代高等教育危机的后现代视角，从反思理性中心的视角、从反对崇尚权威的视角等，揭示了从知识演进的当下状况，批评或反思了现代性高等教育在对象选拔、课程编排以及教学方式的安排等方面存在的不当和不适宜，其中有着不可回避的真知灼见。但是，后现代主张的缺

陷是,它在主张个人知识、地方知识、缄默知识的重要性时,它在主张个人"话语权"和分散决策的重要性时,主张"传统大学的向往"和"知识超市"的出现时,忘记了自己是站在一个极端个人主义的立场之上的。而这种极端个人主义立场,正是构成现代社会人文危机和教育危机的一个重要原因。而这种极端个人主义发展方向只会把现代人文危机推向更深而不是相反。最终的结果只能是导致更为专制的社会局面的出现。后现代视角之所以如此包含祸根,是因为这些后现代批评家或反思者,同其他资本主义社会批评家一样,不能够或不愿意深刻反思资本主义自由竞争的市场经济制度、贫富差异巨大的私有财产制度和个人中心主义所组成的经济—社会综合体,必然导致道德文化危机和信仰危机。而道德文化危机和信仰危机是现代资本主义社会最为严重的社会问题。后现代视角的、个人中心主义的道德文化价值观乃至知识观、教育观,只能是危机的纵深延续而不是拯救。

第五节　市场化时代大学危机的中国语境

改革开放以来,社会主义计划经济向有计划的社会主义市场经济的转轨,为我国社会经济发展、技术进步和广大人民群众物质生活的普遍提高已经做出了巨大贡献。但是,随着市场经济的发展,社会财富分配中的贫富差距拉大,社会消费结构不合理现象出现,人们的财富心理失衡现象,随之出现。为着金钱的各种道德沦落、刑事犯罪、职业腐败、行业腐败现象也随之出现。正如人们所看到的那样,资本市场经济制度与私有财产制度,在促进社会物质技术进步的同时,内含着对于精神文明和道德文化建设的侵蚀作用。如何建设中国特色的社会主义市场经济,正面临着考验。

历史经验证明,市场经济制度是推动人类社会物质技术进步的有效制度。但是,历史经验也同样证明,市场经济制度的资本主义使用,曾经或仍然使得某些资本主义国家成为对内压迫和剥削弱者,对外侵略扩张、遵从"强权就是真理"生存逻辑的"国家猛兽"。同时,市场经济制度、私有财产制度和西方文化传统个人自由主义、个人中心主义价值观痼疾，使得自文艺复兴以来的资本主义社会一步一步地失去了中世纪道德文化根基，陷入当代社会自由与价值世界的迷茫。

中国作为一个文明古国，有着自己的源远流长的独特人文道德文化。以“和谐”为精神主旨这种古老的人文道德文明，自近代被列强凌辱以来，在崇尚科学与民主、救亡图存、建设现代民族国家的过程中一直经受着“全盘西化”或“中体西用”的考验，同时也还遭致来自内部的“除魅”运动破坏。这样一个过程，使得这种根基深厚的古老文化没有得到很好的梳理和发展。然而今天，当被人们一直崇尚的资本主义制度遭遇着越来越深重的信仰和道德文化危机时，越来越彰显出这种古老道德文化的现代魅力和生命力。但是，那些为社会主义初级阶段的市场经济弊端所迷障的人，那些为福利资本主义的物质制度文明所迷障的人，也许依旧抱着“全盘西化”的主张，他们看不到复兴中国古老的道德文明对于我们伟大民族走向未来的至关重要性，也看不到资本主义社会物质文明或福利文明之下的信仰危机和道德文化危机的危险性。国家领导人已经多次强调了繁荣我国哲学社会科学的重要性，这个光荣而巨大的任务，与如何发展我国市场经济条件下的高等教育事业密切相关。诚然，如何发展我国市场经济条件下的高等教育事业，还是一个艰深课题。但是，建设社会主义市场经济条件下的有中国特色的高等教育事业，必须首先建立在提高辨识和批判资本主义文化弊端和教育弊端的能力和基础之上。

现代社会科学技术知识的广泛运用所刺激起来的不断高涨的学习需求，不仅使促进高等教育规模扩张，同时也深刻地改变了现代高等教育的功能和属性。但是，从高等教育需求主体的角度，仍旧可以做出国家需求、市场需求和个人需求的大致划分。包容于大众化高等教育之中的传统精英教育成分，在今天依旧构成直接的国家需求。那些主要服务于国家需求的精英高等教育成分，通过院校人才培养层次和学科专业设置的“国家政治相关性”、“国家人文文化相关性”和“国家科学技术竞争力相关性”等指标和技术判断，仍旧可以做出一个大致的区分，政府有理由和责任保护这样的院校与专业免受商业化的侵袭。有理由和责任保持这一高等教育成分的机会公正与公平。同时，针对面向市场需求的高等教育成分，政府有理由把他们交付市场。对于一个基于科学技术无限发展和更新的学习需求无限膨胀的社会来说，除非出于人口变动的因素，否则，高等教育规模的扩张肯定是持续不退的。从政府经费和办学效率两个方面来看，高等教育市场化甚至产业化的趋势是不可避免的，而政府的干预，就在于保护精英教育并维持大众化高等教育中的效率和公平。

市场化时代的政府官员和大学知识分子，他们的职业行为和动机也不可避免地浸染着"经济人"理性，大学里的学科专业也不可避免地遭受市场选择的影响。但是归根结底，缩小收入差别，调整消费结构，打击腐败和堕落，是克服市场规训弊端的有效手段。

参考文献

一、著作

[1] [法]爱弥尔·涂尔干. 教育思想的演进[M]. 李康,译. 上海:上海人民出版社,2003.

[2] [美]亚伯拉罕·弗莱克斯纳. 现代大学论——美英德大学研究[M]. 徐辉,等,译. 杭州:浙江教育出版社,2001.

[3] [美]德里克·博克. 走出象牙塔:现代社会大学的责任[M]. 徐小洲,陈军,译. 杭州:浙江教育出版社,2001.

[4] [西班牙]奥尔特加·加塞特,大学的使命[M]. 徐小洲,陈军,译. 杭州:浙江教育出版社,2001.

[5] 潘懋元. 新编高等教育学[M]. 北京:北京师范大学出版社,1996.

[6] 王伟廉. 高等教育学[M]. 福州:福建教育出版社,2001.

[7] 戴晓霞. 高等教育大众化与市场化[M]. 台北:扬智文化事业股份有限公司,2000.

[8] 闵维方. 高等教育运行机制研究[M]. 北京:人民教育出版社,2002.

[9] 罗红波. 博洛尼亚大学[M]. 长沙:湖南教育出版社,1993.

[10] [英]W C·丹皮尔. 科学史及其与哲学和宗教的关系[M]. 北京:商务印书馆,1995.

[11] 马骥雄. 外国教育史略[M]. 北京:人民教育出版社,1991.

[12] 黄福涛. 外国高等教育史[C]. 上海:上海教育出版社,2003.

[13] [英]博伊德,金合. 西方教育史[M]. 北京:人民教育出版社,1985.

[14] [美]菲力普·G·阿特巴赫. 比较高等教育:知识、大学与发展

[M]. 人民教育出版社教育室，译. 北京：人民教育出版社，2000.
[15] [美]克拉克·克尔. 高等教育不能回避历史[M]. 王承绪，译. 杭州：浙江教育出版社，2001.
[16] [英]亚当·斯密. 国富论[M]. 杨敬年，译. 西安：陕西人民出版社，2001.
[17] [英]约翰·穆勒. 政治经济学原理[M]. 胡企林，朱泱，译. 北京：商务印书馆，1991.
[18] 王善迈. 市场经济中的政府与市场[M]. 北京：北京师范大学出版社，2002.
[19] [法]让·弗朗索瓦·利奥塔尔. 后现代状况——关于知识的报告[M]. 北京：生活·读书·新知三联书店，1997.
[20] [美]里贾纳·E·赫茨琳杰. 非营利组织管理[M]. 北京：中国人民大学出版社，2000.
[21] [英]托尼·布什. 当代西方教育管理模式[M]. 南京：南京师范大学出版社，1998.
[22] [澳]欧文·休斯. 公共管理导论[M]. 彭和平，等，译. 北京：中国人民大学出版社，2001.
[23] [英]弗雷德里希·奥古斯特·冯·哈耶克. 自由宪章[M]. 杨玉生，等，译. 北京：中国社会科学出版社，1998.
[24] [美]米尔顿·弗里德曼. 资本主义与自由[M]. 张瑞玉，译. 北京：商务印书馆，1986.
[25] [美]约翰·E·丘伯，泰利·M·默. 政府、市场和学校[M]. 蒋衡，等，译. 北京：教育科学出版社，2003.
[26] [英]斯蒂芬·J·鲍尔. 教育改革——批判和后结构主义的视角[M]. 侯定凯，译. 上海：华东师范大学出版社，2002.
[27] 梁展. 全球化话语[M]. 上海：读书、生活、新知三联书店，2002.
[28] 俞可平. 全球化与政治发展[M]. 北京：社会科学文献出版社，2003.
[29] 克拉克·科尔. 大学的功用[M]. 陈学飞，等，译. 南昌：江西教育出版社，1993.

[30] 王健刚. 行政领导学[M]. 济南:山东人民出版社,1985.
[31] 吴志宏. 教育行政学[M]. 北京:人民教育出版社,2000.
[32] [美]伯顿 · 克拉克. 高等教育系统[M]. 王承绪,等,译. 杭州:杭州大学出版社,1994.
[33] [美]罗伯特 · G · 欧文. 教育组织行为学[M]. 窦卫霖,等,译. 上海:华东师范大学出版社,2001.
[34] [英]安迪 · 格林. 教育与国家形成:英、法、美教育体系之比较[M]. 王春华,等,译. 北京:教育科学出版社,2004.
[35] [德]卡尔曼海姆. 重建时代的人与社会:现代社会结构的研究[M]. 张旅平,译. 北京:生活 · 读书 · 新知三联书店,2002.
[36] [美]布鲁贝克. 高等教育哲学[M]. 王承绪,译. 杭州:浙江教育出版社,2000.
[37] [英]埃德蒙 · 金. 别国德学校和我们的学校[M]. 王承绪,译. 北京:人民教育出版社,1989.
[38] 李华兴. 民国教育史[M]. 上海:上海教育出版社,1997.
[39] 杨东平. 艰难的日出:中国现代教育的 20 世纪[M]. 上海:文汇出版社,2003.
[40] [英]卡尔 · 波普尔. 通过知识获得解放[M]. 范景中,李本正,译. 杭州:中国美术学院出版社,1996.
[41] [美]S · 鲍尔斯 H · 金蒂斯. 美国:经济生活与教育改革[M]. 王佩雄,等,译. 上海:上海教育出版社,1990.
[42] [美]杰弗里 · C · 戈德法布. "民主"社会中的知识分子[M]. 杨信彰,等,译. 沈阳:辽宁教育出版社,2002.
[43] 张俊宗. 现代大学制度[M]. 北京:中国社会科学出版社,2004.
[44] 靳希斌. 市场经济大潮下的教育改革[M]. 广州:广东教育出版社,1998.
[45] 史秋衡. 高等教育产业的特殊性研究[M]. 厦门:厦门大学出版社,2002.
[46] 袁振国,等. 发展我国教育产业政策研究[M]. 上海:华东师范大学出版社,2002.

[47] 潘懋元. 多学科观点的高等教育研究[M]. 上海:上海教育出版社,2001.
[48] [意]拉吉罗. 欧洲自由主义史[M]. 杨军(英译本)译. 长春:吉林人民出版社,2003.
[49] [法]雅克·勒戈夫. 中世纪的知识分子[M]. 张弘,译. 北京:商务印书馆,2002.
[50] [美]杰弗里·戈德法布. "民主"社会中的知识分子[M]. 杨信彰,周恒,译. 沈阳:辽宁教育出版社,2002.
[51] [波兰]弗·兹纳涅茨基. 知识人的社会角色[M]. 郏斌祥,译. 南京:译林出版社,2000.
[52]《马克思恩格斯选集》第2卷,人民出版社,1995.
[53]《列宁全集》第3卷.
[54]《马克思恩格斯全集》第3卷.
[55]《毛泽东选集》第5卷.
[56]《毛泽东著作选读》.
[57]《邓小平文选》1975-1981.

二、论文集

[1] [美]亨利·埃兹科维茨,[荷]劳埃特·雷德斯多夫,等. 大学与全球知识经济[C]. 夏道源,等,译. 江西教育出版社,2001.
[2] 郝克明、淡松华. 市场经济与高等教育改革[C]. 广西教育出版社,1996.
[3] [德]格尔哈德·帕普克. 知识、自由与秩序[C]. 黄冰源,等,译,中国社会科学出版社,2001.
[4] 戴晓霞,莫家豪,谢安邦. 高等教育市场化——台、港、中趋势之比较[C]. 高等教育文化事业有限公司出版社,2002.
[5] 高平叔. 蔡元培教育文选[C]. 北京:人民教育出版社,1980.
[6] 高平叔. 蔡元培全集(4)[C]. 北京:中华书局,1984.

三、期刊论文

[1] [美]菲利浦·G·阿特巴赫.大众高等教育的逻辑[J].高等教育研究,1999(2).
[2] 潘懋元,朱国仁.高等教育的基本功能——文化选择与创造[J].高等教育研究,1995(1):1.
[3] 邬大光,赵婷婷.也谈高等教育的功能与高等学校的职能[J].高等教育研究,1995(3):57.
[4] 邬大光.机遇、挑战、危机与使命——21世纪中国民办高等教育面临的四大课题[J].广西大学学报(哲社版),1999(5):64.
[5] 黄福涛.21世纪日本高等教育的行政体制改革[J].有色金属高教研究,2000(5).
[6] 邬大光.高等教育规模扩大与大学制度[J].创新现代大学教育,2001(4):24.
[7] 邬大光.中国民办高等教育的市场化特征与政策走向分析[J].中国高等教育,2001,11.
[8] 范元伟.高等教育市场化改革——教育凭证拨款机制研究[J].上海综合经济,2002(5):4.
[9] 朱科蓉.竞争——英美教育市场化改革的核心[J].中外教育,2002(3).
[10] 朱仁崎,彭黎明.新公共管理研究综述[J].求索,2003.
[11] 卢乃桂,操太圣.中国改革情景中的全球化:中国高等教育市场化现象透析[J].北京大学教育评论,2003(1).
[12] 李盛兵. 高等教育市场化:欧洲观点[J]. 高等教育研究,2000(4).
[13] 霍力岩.论教育特征的变化——从工业社会到信息社会[J].教育科学研究 2000(5):3.
[14] 温正胞.知识转型与大学功能的历史转变[J].www.cnki.net 高教理论.
[15] 孟丽菊.从中西大学功能演变看知识经济时代大学的使命[J].

辽宁师范大学学报(社会科学版),2001(1):44.
[16] 周游.新制度经济学视野中的教育经营——中国高等教育市场化透析[J].贵州财经学院学报,2002(6):78.
[17] 赵婷婷.大学市场化趋势与大学精神传承[J].高等教育研究,2001(5):1.
[18] 秦国柱.国际教育贸易与大学市场化趋势[J].广州大学学报,2001(10):14.
[19] 韩延伦.大学市场化趋势与大学本质特征的探究[J].临沂师范学院学报,2002(2):94.
[20] 胡建华.大学市场化行为的若干理论分析[J].南京师范大学学报(社科版),2001(7):71.
[21] 许亚丹.对高等教育市场化的理论思考[J].计划与市场,2000(1):37.
[22] 刘湘果.高等教育市场化辨析[J].山西高等学校社会科学学报,1996(1):62.
[23] 刘怀德.高等教育市场化研究[J].经济问题,1999(12):7.
[24] 孙聪贵.西方高等教育管理中的管理主义述评[J].比较教育研究,2003(10):67.
[25] 张丽英."全球化"所引发的"新管理主义"、"学术资本化"和"大学企业化"思潮[J].高等师范教育,2003(3),76.
[26] 程普宽.当代西方教育管理研究新思潮论析[J].比较教育研究,2004(1):67.
[27] 石伟平.西方新自由主义和新保守主义对英国当前教育改革的影响[J].教育研究,1996(7):65.
[28] 堪启标.澳大利亚"新管理主义"教育改革述评[J].外国教育研究,2003(4):6.
[29] 高益民.日本教育改革的新自由主义侧面[J].清华大学教育研究,2002(6):45.
[30] [澳]Robert Connell.雕刻象牙塔:高等教育,新自由主义和澳大利亚知识分子[J].康建秀,译.外国教育资料,2000(3):39.

[31] [日]金子元久.市场化与国立大学[J].许嫣嫣,译.复旦教育论坛,2003(1):42.

四、学位论文

[1] 尹海涛.竞争机制与政府责任——我国教育体制改革的思考.北京大学,管理学硕士学位论文(2001),北京大学图书馆.

[2] 戴斌红.中国高等教育民营化的问题研究.北京大学光华管理学院,管理学硕士学位论文(2002),北京大学图书馆.

[3] 徐颃.产业化:中国高等教育改革的战略选择.北京大学政府管理学院,管理学硕士学位论文(2002),北京大学图书馆.

[4] 李泽彧. 我国高等学校办学自主权研究.厦门大学,博士学位论文,2001.

[5] 柯佑祥.民办高等教育盈利问题研究.厦门大学,博士学位论文,2001.

[6] 赵婷婷.论大学理想和社会现实需要的矛盾. 厦门大学,博士学位论文,1999.

[7] 王建华.大学中介性组织研究.硕士学位论文,2002.

五、英文文献

[1] J. Patrick raines and Charles G. Leathers: The Economic Institution of Higher Education, Published by Edward Elgar publishing Limited, UK, 2003.

[2] [加]Stacey Johanna Young: The market model in higher education: Ontario in comparative perspective.多伦多大学教育系,哲学博士学位论文(2001),加拿大国家图书馆.

[3] Gareth Williams; Sandra S. liu; Qiuheng Shi: Marketization of higher education in the People's Republic of China[J]. Higher education policy, Vol. 10, No. 2, pp. 151 -157, 1997.

[4] Ka Ho Mok: Marketizating higher education in post-Mao China[J]. International Journal of Educational Development 20 (2000) 109 -

126.

[5] Ka-hO; king-yee wat: merging and private boundary: education and the market place in china[J]. International Journal of Educationai Development, Vol. 18, No. 3, pp. 255 - 267.